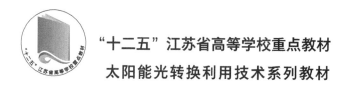

"十二五"江苏省高等学校重点教材

太阳能光转换利用技术系列教材

太阳能热利用技术

邵理堂　刘学东　孟春站　陶　涛　编著

化学工业出版社

·北京·

内容简介

本书全面介绍了太阳能热利用的原理、技术与工程。全书共9章，第1章作为太阳能利用的基础主要介绍了太阳辐射的相关计算方法；第2章主要介绍了选择性吸收涂层的原理及制备方法；第3～5章详细介绍了太阳能热利用的原理和技术，包括平板型集热技术、真空管集热技术、聚光集热技术；第6章介绍了太阳能的热储存；第7、第8章全面介绍了太阳能热水系统的性能分析及设计方法；第9章简要介绍了其他太阳能热利用系统，包括太阳能采暖系统、太阳能制冷、太阳能热动力发电、太阳能海水淡化。

本书内容丰富，体系完整，可作为普通高等学校新能源科学与工程专业及能源动力类专业的教材或教学参考书，也可供其他专业和有关科技工作者选用及参考。

图书在版编目（CIP）数据

太阳能热利用技术/邵理堂等编著. —北京：化学工业出版社，2021.11（2025.5重印）
太阳能光转换利用技术系列教材
ISBN 978-7-122-39909-0

Ⅰ.①太… Ⅱ.①邵… Ⅲ.①太阳能利用-高等学校-教材 Ⅳ.①TK519

中国版本图书馆 CIP 数据核字（2021）第 185020 号

责任编辑：郝英华　　　　　　　　　　　文字编辑：孙亚彤　陈小滔
责任校对：刘　颖　　　　　　　　　　　装帧设计：韩　飞

出版发行：化学工业出版社（北京市东城区青年湖南街 13 号　邮政编码 100011）
印　　装：北京机工印刷厂有限公司
787mm×1092mm　1/16　印张 17½　字数 430 千字　　2025 年 5 月北京第 1 版第 5 次印刷

购书咨询：010-64518888　　　　　　　售后服务：010-64518899
网　　址：http://www.cip.com.cn
凡购买本书，如有缺损质量问题，本社销售中心负责调换。

定　　价：68.00 元

前　言

　　20世纪70年代以来，鉴于常规能源供给的有限性和环保压力的增加，世界上许多国家掀起了开发利用太阳能等可再生能源的热潮。开发利用可再生能源特别是太阳能已成为国际社会的一大主题和共同行动。随着可再生能源利用技术的突破和产业化发展，许多国家已经在战略上将可再生能源作为近中期的重要替代能源和中长期的主体能源。而太阳能作为一种取之不尽、用之不竭的绿色能源，更具有其特殊的优势和广阔的发展空间。

　　太阳能是各种可再生能源中最重要的基本能源，生物质能、风能、海洋能、水力能等都来自太阳能。广义上，太阳能包含以上各种可再生能源。狭义上，则是指太阳能的直接转化和利用。按照太阳能利用途径的不同，太阳能利用技术可分为太阳能热利用、太阳能光伏发电、太阳能光化学利用等几种形式，而太阳能热利用技术发展相对较为成熟。

　　太阳能热利用技术涉及物理、材料、热工、电子等多个学科领域的知识，如何将这些知识合理地融合到一起，满足本科教学需要且便于学生学习，这是编者需要解决的首要问题；近年来，随着科学技术的发展和国家对能源结构的调整，太阳能利用在我国节能减排事业中发挥着越来越重要的作用，太阳能建筑一体化、太阳能热发电等方面的技术突破和发展，引起相关研究和工程应用的再度兴起，需要将成熟的太阳能热利用新技术、新工艺、新方法纳入教材中，让学生了解本专业最新技术动态，这是编者要解决的又一问题。本书在内容选取上，从太阳辐射的基本理论、太阳辐射能的转换技术及工艺、太阳能的集热技术、热能的储存技术、太阳能热水系统的性能分析方法和系统集成设计方法到太阳能采暖系统、太阳能制冷、太阳能热动力发电、太阳能海水发电等其他太阳能热利用系统介绍，基本上涵盖了目前太阳能热利用领域的主要技术和方法；在内容安排上，兼顾基础和工程应用两个方面，既注重太阳能热利用的基本理论和基本知识，又反映出利用基本知识分析实际问题并进行系统集成设计的方法，同时力争将最新的工程技术和方法吸收到教材中来，取材力求做到深浅适度，并能与相关课程相互衔接，以避免不必要的交叉重复；在结构上，分为理论、技术和应用三个模块，各模块之间既相互联系又相对独立，有利于按需施教，理论知识模块论述力求简洁，技术和应用模块重视知识的应用、融合与贯通。学生通过本课程的学习，能有效提升其解决工程实际问题的能力和创新能力。

本书共分9章，第1章至第2章为太阳能热利用的基础理论，主要介绍太阳辐射的特点、相关计算方法以及太阳能热利用中各选择性涂层材料及其制备方法；第3章至第5章为太阳能集热技术，主要介绍平板型太阳能集热器、真空管太阳能集热器、聚光太阳能集热器的原理及性能；第6章为太阳能的热储存，主要介绍太阳能的热储存方法；第7、第8章为太阳能热利用工程的内容，主要介绍太阳能热水系统的技术要求、性能分析及设计方法；第9章简要介绍了太阳能采暖系统、太阳能制冷、太阳能热动力发电、太阳能海水淡化等其他太阳能热利用系统。

本书配套电子课件、习题解答、教案可提供给用书学校使用，如有需要，登陆 www.cipedu.com.cn 注册后下载使用。

本书由江苏海洋大学新能源科学与工程系邵理堂教授主持编写。参与本书编写的有：孟春站（第1章、第6章、第9.1节）、刘学东（第2章、第9.2节）、邵理堂（第3、4、7、8章、第9.3节）、陶涛（第5章、第9.4节），由邵理堂统稿及定稿。

本书承蒙东南大学能源与环境学院陈振乾教授、江苏大学能源与动力工程学院王助良教授、南京理工大学能源与动力工程学院张后雷副教授、重庆大学能源与动力工程学院李隆键教授、江苏海洋大学理学院李明教授仔细审阅，提出了许多宝贵的修改意见，特此致谢。在本书编写过程中，参阅并引用了大量国内外出版和发表的相关著作、文献，在此，对这些著作和文献的作者一并表示衷心感谢。

限于编者水平，书中难免有疏漏和不妥之处，诚恳欢迎读者批评指正。

编著者
2021 年 7 月

目 录

第9章 其他太阳能热利用系统 211

附　录 258

参考文献 267

第 1 章

太阳辐射

在研究太阳能利用时，首先必须掌握太阳辐射能的计算方法。而到达地球表面的太阳辐射能要受天文、地理、几何、物理等诸多因素的影响。

本章首先介绍关于太阳辐射学的一些基础知识，然后给出与太阳辐射有关的角度的定义及计算方法，最后介绍地球表面太阳辐射的计算方法。

1.1 太阳和太阳能

1.1.1 太阳

太阳是位于太阳系中心距地球最近的恒星，离地球的平均距离约为 1.5×10^8 km，是太阳系唯一会发光的天体，其直径大约是 1.39×10^6 km，大约相当于地球直径的 109 倍，体积大约是地球的 130 万倍，质量约为 1.989×10^{30} kg，约是地球质量的 332000 倍，平均密度为 1.4×10^3 kg/m³，约为地球的 1/4。太阳内部各处密度相差悬殊，外层密度很小，内部在巨大压力的作用下密度极大。从化学组成来看，太阳质量的约 3/4 是氢，剩下的几乎都是氦，此外还包括氧、碳、氖、铁和其他的重元素，但它们的质量少于 2%，故太阳是一个主要由氢和氦组成的炽热气体火球。

太阳内部通过核聚变把氢转变为氦，在反应过程中，太阳每秒要亏损 4.0×10^9 kg（1g氢转变成氦时质量亏损为 0.072g），根据质能方程（$E = mc^2$），可产生 360×10^{21} kJ 的能量。这股能量以电磁波形式向空间四面八方传播，到达地球大气层上界的只占上述总功率的 $1/(2 \times 10^9)$，即 180×10^{12} kJ。考虑穿越大气层时的衰减，最后到达地球表面的功率为 85×10^{12} kJ。因此地球表面 1 个小时所接收的太阳能量就相当于 2021 年全世界发电量（28.466万亿千瓦时）的 3 倍。按照目前的太阳辐射水平，太阳上氢的含量足够维持太阳至少 50 亿年的正常寿命，从这个意义上讲太阳提供的能量是无穷尽的。

太阳结构如图 1-1 所示。按照由里往外的顺序，太阳是由核心、辐射层、对流层、光球层、色球层、日冕构成的。光球层以内称为太阳内部，光球层以外称为太阳大气。

（1）核心

太阳的半径为 R，在 $0 \sim 0.25R$ 范围内为太阳核心，是太阳发射巨大能量的真正源头，也称为核反应区。这里温度高达 1500 万摄氏度，压力相当于 3000 亿个大气压，随时都在进行着 4 个氢核聚变成 1 个氦核的热核反应。根据原子核物理学和质能方程，每秒有质量为 6 亿吨的氢经过热核聚变反应为 5.96 亿吨的氦，并释放出相当于 400 万吨氢的能量，正是这巨大的能量带给了人们光和热。

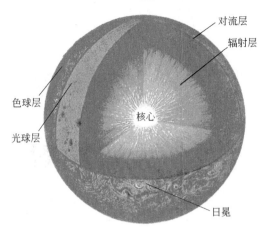

对流层
辐射层
色球层
光球层
核心
日冕

图1-1　太阳结构

（2）辐射层

$0.25R \sim 0.86R$ 范围内是太阳辐射层，这里包含了各种电磁辐射和粒子流。辐射从内部向外部的传递过程是多次被物质吸收而又再次发射的过程。

（3）对流层

对流层是辐射层的外侧区域，其厚度约有十几万千米，由于这里的温度、压力和密度梯度都很大，太阳气体呈对流的不稳定状态。太阳内部能量就是靠物质的这种对流，由内部向外部传输。

（4）光球层

对流区的外层也就是肉眼可见的太阳表面，称为光球层。光球层是一层不透明的气体薄层，它确定了太阳非常清晰的边界，其温度约为6000K，密度为 $10^{-3} \mathrm{kg/m^3}$，厚约500km。光球层内的气体电离程度很高，因而能吸收和发射连续的辐射光谱。光球层是太阳的最大辐射源，几乎所有的可见光都是从这一层发射出来的。光球层表面常有黑子及光斑活动，这对太阳辐射量及电磁场有强烈的影响，其活动周期约为11年。

（5）色球层

色球层位于光球层之上，厚度约2000km。太阳的温度分布从核心向外直到光球层，都是逐渐下降的，但到了色球层，却又反常上升，到色球层顶部时已达几万摄氏度。色球层发出的可见光总量不及光球层的1%，因此人们平常看不到它。只有在发生日全食时，即食既之前几秒或者生光以后几秒，在光球所发射的明亮光线被月影完全遮掩的短暂时间内，肉眼才能在日面边缘看到太阳呈现出狭窄的玫瑰红色的发光圈层，这就是色球层。平时，要通过单色光（波长为656.3nm）色球望远镜才能观测到太阳色球层。

（6）日冕

日冕是太阳大气的最外层，由高温、低密度的等离子体组成，亮度微弱，在白光中的总亮度要比太阳圆面亮度的百分之一还低，约相当于满月的亮度，因此只有在日全食时才能展现其光彩，平时观测则要使用专门的日冕仪。日冕的温度高达百万摄氏度，其大小和形状与太阳活动有关，在太阳活动极大年时，日冕接近圆形；在太阳宁静年则呈椭圆形。自古以来，观测日冕的传统方法都是等待一次罕见的日全食，此时在黑暗的天空背景上，月面把明亮的太阳光球面遮掩住，而在日面周围呈现出青白色的光区，这就是人们期待观测的太阳最外层大气——日冕，如图1-2所示。

1.1.2　太阳光谱

如前所述，太阳并不是某一固定温度的黑体辐射体，而是各层发射和吸收各种波长的综合辐射体。太阳辐射中辐射能按波长的分布称为太阳辐射光谱。大气上界太阳光谱能量分布曲线，与用普朗克黑体辐射公式计算出的6000K的黑体光谱能量分布曲线非常相似，因此可以把太阳辐射看作黑体辐射。根据维恩位移定律，可以计算出太阳辐射峰

值的波长 λ_{max} 为 $0.475\mu m$。在全部太阳辐射能中，波长在 $0.15\sim4\mu m$ 之间的占 99% 以上，且主要分布在可见光区和红外区，前者约占太阳辐射总能量的 50%，后者约占 43%；紫外区的太阳辐射能很少，约占总量的 7%。在太阳能热利用技术中，可将太阳看成温度为 $6000K$、波长为 $0.3\sim3\mu m$ 的黑体辐射。

图 1-3 为日地平均距离的标准太阳辐射光谱。为使用方便，相应的数据列在表 1-1 中。

图 1-2 日冕

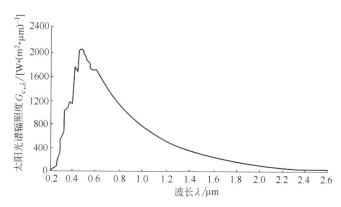

图 1-3 太阳辐射光谱（NASA，1971）

表 1-1 太阳辐射能量按波长分布

光谱段	波长范围/μm	辐射强度/(W/m^2)	占总辐射能的比例/%	
			分区	总计
紫外区				
紫外-A	$0.20\sim0.28$	7.864×10^0	0.57	
紫外-B	$0.28\sim0.32$	2.122×10^1	1.55	8.02
紫外-C	$0.32\sim0.40$	8.073×10^1	5.90	
可见光区				
可见-A	$0.40\sim0.52$	2.240×10^2	16.39	
可见-B	$0.52\sim0.62$	1.827×10^2	13.36	46.43
可见-C	$0.62\sim0.78$	2.280×10^2	16.68	
红外区				
红外-A	$0.78\sim1.40$	4.125×10^2	30.18	
红外-B	$1.40\sim3.00$	1.836×10^2	13.43	44.54
红外-C	$3.00\sim100.00$	2.637×10^1	0.93	

1.1.3   太阳常数

太阳和地球的几何关系如图 1-4 所示。由于地球在椭圆轨道上绕太阳运行，引起太阳和地球间的距离在 1.7% 范围内变化。若把日地的平均距离 $(1.495 \times 10^{11} \mathrm{m})$ 定义为天文单位 (AU)，当距离为 1AU 时，太阳所对的张角为 $32'$。由于日地距离变化不大以及太阳发射辐射能的特点，地球大气层外的太阳辐照度基本保持不变。当日地距离为平均值时，在被照亮的半个地球的大气上界，垂直于太阳光线的每平方米面积上，每秒获得的太阳辐射能量称为太阳常数 (solar constant)，用 G_{sc} 表示，单位为 $\mathrm{W/m^2}$。太阳常数是一个非常重要的常数，一切有关研究太阳辐射的问题，都要以它为参数。

早在 20 世纪初，人们就已经通过各种观测手段估计太阳常数的大小，认为大约应在 $1350 \sim 1400 \mathrm{W/m^2}$ 之间。太阳常数虽然经多年观测，但由于观测设备、技术以及理论校正方法的不同，所测数值常不一致。据研究，太阳常数的变化具有周期性，这可能与太阳黑子的活动周期有关。在太阳黑子最多的年份，紫外线部分某些波长的辐射强度可为太阳黑子最少年份的 20 倍。近年来，气候学家指出，只要地球的长期气候发生 1% 的变化，就会引起太阳常数的变化。目前已有许多无人或有人操作的空间实验站对太阳辐射进行直接观测，并在宇宙空间实验站设计了名为"地球辐射平衡"的课题，其中一个重要的项目就是对太阳辐射进行长期观测。这些观测数据将对进一步了解大气物理过程及全球气候变迁的原因有很大帮助。1981 年世界气象组织推荐的太阳常数值 $G_{\mathrm{sc}} = (1367 \pm 7) \ \mathrm{W/m^2}$，通常采用 $1367 \mathrm{W/m^2}$。

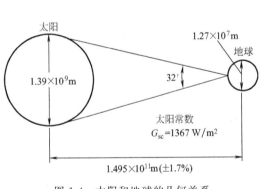

图 1-4   太阳和地球的几何关系

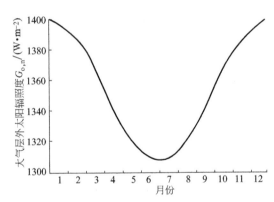

图 1-5   大气层外太阳辐照度与月份的关系

实际上，大气层外的太阳辐照度随着日地距离的改变，在 ±3% 范围内变化。它可由式 (1-1) 和图 1-5 确定。

$$G_{\mathrm{o,n}} = G_{\mathrm{sc}} \left[1 + 0.033 \cos \left(\frac{360° n}{365} \right) \right] \tag{1-1}$$

式中，$G_{\mathrm{o,n}}$ 为一年中第 n 天在法向平面上测得的大气层外的辐照度。

1.1.4   太阳能利用的特点

太阳能利用是开发利用可再生能源的重要领域。依据能量转换的形式，太阳能可以分别转换为热能、电能和化学能等，即太阳能的转换方式有光热转换、光电转换和光化学转换等几种。依据太阳能这些转换原理而加以利用的技术，分别称之为太阳能热利用技术、太阳能光电利用技术和太阳能光化学利用技术等。

太阳能作为一种可再生能源，与煤炭、石油、天然气等化石能源相比较，其特点可概括为：

① 普遍。阳光普照大地，处处都有太阳能，可以就地利用，不需要到处寻找，更不需要火车、轮船、汽车等运输工具日夜不停地运输。这对于解决边远偏僻地区以及交通不便的乡村、山区、海岛等地的能源供应问题尤为重要。

② 巨大。太阳能储量无比巨大。一年内到达地面的太阳能的总量，要比地球上现在每年消耗的各种能源的总量多几万倍。

③ 长久。只要太阳存在，就会有太阳能。因此，利用太阳能作为能源，可以说是取之不尽、用之不竭的。

④ 无害。利用太阳能作为能源，没有废渣、废料、废水、废气排出，不产生对人体有害的物质，因而不会污染环境，没有公害。

当然，太阳能还有如下几个不可忽视的缺点：

① 分散性。太阳能的能流密度低。晴朗白天的正午，在垂直于太阳光方向的地面上，$1m^2$ 面积所能接收的太阳能，平均只有 1kW 左右。作为一种能源，这样的能流密度是比较低的。因此在实际利用时，往往需要一套相当大的装置来收集太阳能，这就使得太阳能利用装置占地面积大、用料多、成本较高。

② 间歇性。到达地面的太阳能，随昼夜的交替而变化，这就使大多数太阳能利用装置在夜间无法工作。为克服夜间没有太阳能所造成的困难，就需要配备必要的储能设备，以便在白天把太阳能收集并储存起来，供夜晚使用。

③ 随机性。到达地面的太阳能，由于受气候、季节等因素的影响，是极不稳定的，这也给太阳能利用增加了不少难度。为克服阴雨天没有太阳能所造成的困难，也需要配备必要的储能设备，以便在晴朗天时把太阳能收集并储存起来，供阴雨天使用。

1.2 与太阳辐射有关的角度的计算

1.2.1 相关角度的定义

采光面（集热器的集热面、太阳能电池板等）所截取的太阳直接辐射能量，主要取决于太阳入射角 θ，而 $\theta = f(\delta, \varphi, \beta, \gamma, \omega)$，它是太阳赤纬角 δ、地理纬度 φ、采光面的倾斜角 β、方位角 γ 和太阳时角 ω 的函数。以下给出相关角度的定义。

1.2.1.1 太阳入射角

太阳光线与采光面表面法线之间的夹角，称为太阳光线的入射角，用 θ 表示。太阳光线可分为两个分量，一个垂直于采光面表面，一个平行于采光面表面，只有前者的辐射能被采光面所收集。由此可见，实际使用时应使太阳入射角 θ 越小越好。

1.2.1.2 赤纬角

地球在椭圆形轨道上围绕太阳公转，公转周期为一年，椭圆的偏心率不大，1月1日近日点时，日地距离为 1.47×10^8 km，7月1日远日点时，日地距离为 1.52×10^8 km，相差约为 3%。地球公转轨道所在平面称为黄道面。地球自转轴（地轴，即贯穿地球中心与南、北极相连的线）与黄道面的夹角为 $66°33'$，地轴在空间的方向始终不变，因而赤道面与黄道面的夹角（赤黄角）为 $23°27'$。但是，地心与太阳中心的连线（即午时太阳光线）与地球赤道面的夹角是一个以一年为周期变化的量,它的变化范围为±23°27′,这个角被定义为太阳赤纬角。

赤纬角是地球绕日运行规律造成的特殊现象,它使处于黄道面不同位置上的地球接收到的太阳光线方向也不同,从而形成地球四季的变化,如图1-6所示。北半球夏至(6月22日左右)即南半球冬至,太阳光线正射北回归线,$\delta = 23°27′$;北半球冬至(12月22日左右)即南半球夏至,太阳光线正射南回归线,$\delta = -23°27′$;春分及秋分太阳正射赤道,赤纬角都为0°,地球南、北半球日夜相等。每天的赤纬角可由式(1-2)近似计算。

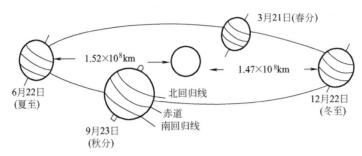

图 1-6 地球绕太阳运行图

$$\delta = 23.45° \sin\left(360° \times \frac{284 + n}{365}\right) \tag{1-2}$$

式中,n 为所求日期在一年中的日子数,也可借助表1-2查出。

表 1-2 推荐每月的平均日及相应的日子数

月份	各月第 i 天的日子数	各月平均日[①]	该天的日子数 n[②]/天	该天赤纬角/(°)
1	i	17	17	-20.9
2	$31+i$	16	47	-13.0
3	$59+i$	16	75	-2.4
4	$90+i$	15	105	9.4
5	$120+i$	15	135	18.8
6	$151+i$	11	162	23.1
7	$181+i$	17	198	21.2
8	$212+i$	16	228	13.5
9	$243+i$	15	258	2.2
10	$273+i$	15	288	-9.6
11	$304+i$	14	318	-18.9
12	$334+i$	10	344	-23.0

① 按某日算出大气层外的太阳辐照量和该月的日平均值最为接近,则将该日定为该月的平均日。

② 表中的 n 没有考虑闰年,对于闰年3月份之后的 n 要加1,赤纬角也稍有改变。

1.2.1.3 太阳时与时角

(1) 太阳时

在太阳能工程计算中,涉及的时间都是当地太阳时,如无特别说明,本书中的时间均为太阳时。太阳时的特点是午时(中午12点)阳光正好通过当地子午线,即太阳在空中最高

点处，它与日常使用的标准时间并不一致。转换公式为

$$t_s = t + E \pm 4(L - L_s) \tag{1-3}$$

式中，t_s 为太阳时；t 为当地标准时间；E 为时差；L 为当地经度；L_s 为制定标准时间采用的标准经度。所在地点在东半球取正号，西半球取负号。

我国以北京时间为标准时间，式(1-3)可为

$$t_s = 北京时间 + E + 4(L - 120) \tag{1-4}$$

转换时考虑了两项修正：

① E 为时差，是地球绕日公转时进动和转速变化而产生的修正，E 以 min 为单位，可按式(1-5)计算。

$$E = 9.87\sin 2B - 7.53\cos B - 1.5\sin B \tag{1-5}$$

式中，$B = \dfrac{360(n-81)}{364}$，$n$ 为所求日期在一年中的日子数，$1 \leqslant n \leqslant 365$。时差 E 也可以从图1-7上查出。

② 考虑所在地区的经度与制定标准时间的经度（我国定为东经120°）之差所产生的修正。由于经度每相差1°，在时间上就相差4min，所以式(1-4)中最后一项乘4，单位也是 min。

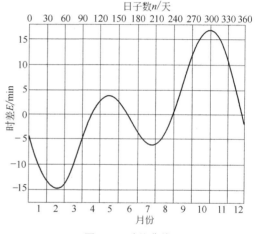

图1-7 时差曲线

（2）时角

地球始终绕着地轴由西向东自转，每转一周（360°）为一昼夜（24h）。因此时间可以用角度来表示，每小时相当于地球自转15°。

用角度表示的太阳时叫太阳时角（简称时角），以 ω 表示。它是以一昼夜为变化周期的量，太阳午时 $\omega = 0°$，上午取负值，下午取正值。每昼夜变化为 $\pm 180°$，每小时相当于 15°。例如上午10点相当于 $\omega = -30°$；下午3点半，$\omega = 52.5°$。

1.2.1.4 太阳高度角和太阳方位角

从地面某一观察点向太阳中心作一条射线，该射线在地面上有一投影线，射线与投影线的夹角叫太阳高度角，用 α 表示。该射线与地面法线的夹角叫太阳天顶角，用 θ_z 表示。这两个角度互为余角。假如采光面水平放置，则太阳入射角 θ 与太阳高度角 α 互为余角。

地面上投影线与正南方的夹角为太阳方位角，用 γ_s 表示，并规定正南方为0°，向西为正、向东为负，变化范围是 $-180° \sim +180°$。

1.2.1.5 采光面方位角

和太阳方位角 γ_s 相类似，采光面法线在地平面上也有一投影，此投影线与正南方的夹角称为采光面的方位角，用 γ 表示，度量方法与太阳方位角 γ_s 相同。

1.2.1.6 采光面倾斜角

采光面平面与水平面的夹角叫采光面倾斜角，用 β 表示。

以上各角度的定义如图1-8所示。

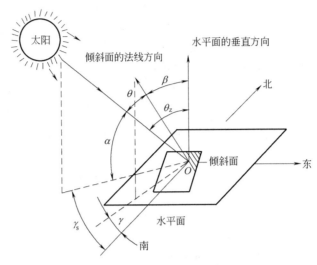

图 1-8　有关几何角度示意图

1.2.2　角度之间的关系和有关公式

计算采光面表面辐照量最重要的是确定太阳入射角 θ，太阳入射角 θ 与其他角度之间的关系为

$$\cos\theta = \sin\delta(\sin\varphi\cos\beta - \cos\varphi\sin\beta\cos\gamma) + \cos\delta\cos\omega(\cos\varphi\cos\beta + \sin\varphi\sin\beta\cos\gamma) + \cos\delta\sin\beta\sin\gamma\sin\omega \tag{1-6}$$

式(1-6)是一个非常重要的公式，用它可以求出处于任何地理位置、任何季节、任何时候、采光面处于任何几何位置上的太阳入射角。

以下对不同条件下的简化形式加以讨论。

(1) 若采光面朝向正南放置

即采光面方位角 $\gamma=0$，式(1-6) 变为

$$\cos\theta = \sin\delta\sin(\varphi-\beta) + \cos(\varphi-\beta)\cos\delta\cos\omega \tag{1-7}$$

式(1-7) 说明，北半球纬度为 φ 处、朝南放置 ($\gamma=0$)、倾角为 β 的采光面表面上的太阳入射角等于纬度为 ($\varphi-\beta$) 处水平表面上的入射角。它们之间的关系如图1-9所示。

若把采光面倾斜角置于和当地纬度角相同，即 $\beta=\varphi$，式(1-7) 简化为

$$\cos\theta = \cos\delta\cos\omega \tag{1-8}$$

(2) 若 $\beta=0°$

式(1-6) 和式(1-7) 都变为

$$\cos\theta = \cos\theta_z = \sin\delta\sin\varphi + \cos\delta\cos\varphi\cos\omega = \sin\alpha \tag{1-9}$$

这是采光面在水平位置上入射角的计算公式，也是太阳高度角 α 的计算式。

对式(1-9) 还可以讨论几种特殊情况：

① 在正午时刻，时角 $\omega=0°$，代入式(1-9) 可得

$$\sin\alpha = \sin\varphi\sin\delta + \cos\varphi\cos\delta = \cos(\varphi-\delta)$$

若 $\varphi=\delta$，则太阳高度角 $\alpha=90°$。这就是说，

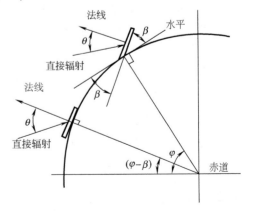

图 1-9　倾斜面上入射角与 φ、β 角的关系

水平面上最大的太阳辐射发生在纬度刚好等于该日太阳赤纬角那些地区的正午时刻。

② 若在春、秋分日的正午时刻，即 $\delta = 0°$、$\omega = 0°$，则式(1-9) 变成 $\sin\alpha = \cos\varphi$，这说明太阳高度角随纬度增加而减小。

③ 每天日出及日落时刻，太阳处于地平面上，此时太阳高度角 $\alpha = 0°$，式(1-9) 变为

$$\sin\delta\sin\varphi + \cos\delta\cos\varphi\cos\omega = 0$$

$$\cos\omega = -\tan\delta\tan\varphi \tag{1-10}$$

即 $\omega = \arccos(-\tan\delta\tan\varphi)$，根据此式可求出地面上任何地区、任何一天的日出和日落时的时角。

按纬度和赤纬角，也可在图 1-10 上求出夏天及冬天的日落时间。例如北纬 36°、赤纬角 20°时，夏天的日落时间为下午 7:08，冬天日落时间为下午 4:52。

再用式(1-11) 算出相应那天的白昼长。

$$T = \frac{2}{15}\omega = \frac{2}{15}\arccos(-\tan\delta\tan\varphi) \tag{1-11}$$

式中，T 为日照时间，h。式(1-11) 中，乘以 2 表示日落、日出时间对午时来说是对称的，除以 15 是将时角转化为小时数。

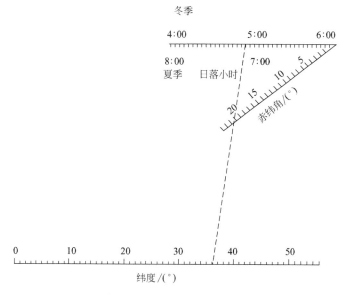

图 1-10　由纬度及赤纬角求冬、夏的日落时间

【例 1-1】　假定某地（东经 120°，北纬 35°）11 月 15 日（平年）为标准晴天，试计算该日的日照时间。

解：11 月 15 日的日字数 $n = 319$，则该日赤纬角为

$$\delta = 23.45°\sin(360° \times \frac{284+n}{365})$$

$$= 23.45°\sin(360° \times \frac{284+319}{365})$$

$$= -19.15°$$

则该日日出日落时角为

$$\cos\omega = -\tan\delta\tan\varphi$$

$$\omega = 75.93°$$

日照时间为

$$T = \frac{2}{15}\omega = \frac{2}{15} \times 75.93 = 10.12(h)$$

(3) 若垂直表面

即 $\beta = 90°$，式(1-6) 变为

$$\cos\theta = -\sin\delta\cos\varphi\cos\gamma + \cos\delta\sin\varphi\cos\gamma\cos\omega + \cos\delta\sin\gamma\sin\omega \tag{1-12}$$

1.2.3 跟踪太阳时太阳入射角的计算

对于聚光型太阳能集热器，往往需要跟踪太阳，对于不同的跟踪方式，式(1-6) 的形式也不同。

① 集热器平面沿东西向的水平轴每天调节一次，以使中午太阳光始终保持与集热器相垂直，式(1-6) 成为

$$\cos\theta = \sin^2\delta + \cos^2\delta\cos\omega \tag{1-13}$$

② 为使太阳入射角最小，集热器平面连续沿着东西向的水平轴调节，式(1-6) 成为

$$\cos\theta = (1 - \cos^2\delta\sin^2\omega)^{\frac{1}{2}} \tag{1-14}$$

③ 为使太阳入射角最小，集热器平面连续沿着南北向的水平轴调节，式(1-6) 成为

$$\cos\theta = \left[(\sin\varphi\sin\delta + \cos\varphi\cos\delta\cos\omega)^2 + \cos^2\delta\sin^2\omega\right]^{\frac{1}{2}} \tag{1-15}$$

④ 集热器平面连续沿着平行于地球自转轴方向的南北轴调节，式(1-6) 成为

$$\cos\theta = \cos\delta \tag{1-16}$$

⑤ 集热器沿双轴连续跟踪，始终使太阳光垂直于集热器平面，则有

$$\cos\theta = 1 \tag{1-17}$$

1.3 太阳辐射的计算

1.3.1 与太阳辐射有关的名词和符号

(1) 太阳辐射分类

太阳辐射按方向可分为：

① 直射辐射：采光面接收到的、直接来自太阳而不改变方向的太阳辐射。

② 散射辐射（扩散辐射或天空辐射）：受大气层散射影响而改变了方向的太阳辐射。

③ 总辐射：接收到的太阳辐射总和，等于直射辐射加散射辐射。

按波长可分为：

① 太阳辐射（短波辐射）：由太阳产生，波长范围 $0.3 \sim 3\mu m$。

② 长波辐射：任何物体只要温度高于绝对零度，都会产生辐射，物体温度接近环境温度时，发出的辐射波长一般大于 $3\mu m$，称为长波辐射。

(2) 反映太阳辐射能大小的物理量

① 辐照度 G：单位面积采光面单位时间内接收的太阳辐射能量，W/m^2。

② 辐照量 H：单位面积采光面全天接收的太阳辐射能量，$J/(m^2 \cdot d)$。

③ 辐照量 I：单位面积采光面一小时内接收的太阳辐射能量，$J/(m^2 \cdot d)$。

（3）角标的含义

o 为大气层外；c 为地面；b 为直射辐射；d 为散射辐射；T 为倾斜平面；n 为法向平面。角标中不出现 T 或 n 就表示水平面，不出现 b 和 d 则表示总辐射。

1.3.2 大气层外水平面上太阳辐射的计算

计算太阳辐照量时，通常将大气层外（即假设不存在大气的外层空间）、水平面上的辐照量作为参考依据。

由式(1-1)，任何地区、任何一天、白天内的任何时刻，大气层外水平面上（即与地面平行的面）的太阳辐照度可由下式计算

$$G_o = G_{sc}\left[1 + 0.033\cos\left(\frac{360°n}{365}\right)\right]\cos\theta_z \tag{1-18}$$

$\cos\theta_z$ 可从式(1-9)求得。因而有

$$G_o = G_{sc}\left[1 + 0.033\cos\left(\frac{360°n}{365}\right)\right](\sin\varphi\sin\delta + \cos\varphi\cos\delta\cos\omega) \tag{1-19}$$

对式(1-19)从日出到日落时间区间内进行积分，即可求出大气层外水平面上、一天内太阳的辐照量，即

$$H_o = \frac{24 \times 3600 G_{sc}}{\pi}\left[1 + 0.033\cos\left(\frac{360°n}{365}\right)\right]$$
$$\times \left[\cos\varphi\cos\delta\sin\omega_S + \frac{2\pi\omega_S}{360°}\sin\varphi\sin\delta\right] \tag{1-20}$$

式中，ω_S 为日落时角，(°)，可用式(1-10)求出。

若要求大气层外水平面上月平均日一天内太阳的辐照量 $\overline{H_o}$，只要将表 1-2 上规定的月平均日对应的 n 和 δ 代入式(1-20)计算即可。

至于计算大气层外水平面上每小时内太阳的辐照量 I_o，可通过对式(1-19)在 1h 内的积分求得。ω_1 对应该小时的起始时角，ω_2 是终了时角，ω_2 大于 ω_1。

$$I_o = \frac{12 \times 3600}{\pi}G_{sc}\left[1 + 0.033\cos\left(\frac{360°n}{365}\right)\right]$$
$$\times \left[\cos\varphi\cos\delta(\sin\omega_2 - \sin\omega_1) + \frac{2\pi(\omega_2 - \omega_1)}{360°}\sin\varphi\sin\delta\right] \tag{1-21}$$

若 ω_1 和 ω_2 定义的时间区间不是 1h，式(1-21)仍然成立。

1.3.3 大气层对太阳辐射的影响

虽然约有 99% 的大气位于 30km 以下的高空，不及地球直径的 1/400，但却对太阳辐射的数量和分布都有着较大的影响。到达地面的太阳辐照量会因大气的吸收、反射和散射而发生变化。

（1）大气成分

100km 以下标准大气的气体成分如表 1-3 所示。大气的组成可分为三大部分：一是永久气体，包括氮、氧、氩、氖、氢、氪、氙等；二是变动气体，包括水汽、二氧化碳、臭氧等，其中水蒸气的分子量为 18.02，它在大气分子总量中所占比例在 0～0.4% 之间变化；三是固体尘埃，如烟、尘、微生物、花粉和孢子一类的有机微粒及放射性颗粒等。这些空气分子、水蒸气、尘埃的存在均会影响太阳辐射。

表 1-3　100km 以下标准大气的气体成分

成分	分子量	含量(分子总数的比例)
氮(N_2)	28.01	0.7808(质量的 75.51%)
氧(O_2)	32.00	0.2095(质量的 23.14%)
氩(Ar)	39.95	0.009
二氧化碳(CO_2)	44.01	340×10^{-6}
氖(Ne)	20.18	18×10^{-6}
氦(He)	4.00	5×10^{-6}
氪(Kr)	83.80	1×10^{-6}
氢(H_2)	2.02	0.5×10^{-6}
臭氧(O_3)	48.00	$0 \sim 12 \times 10^{-6}$(变化的)

(2) 大气质量

到达地面的太阳辐照量与太阳光线通过大气层时的路径长短有关,路径越长,太阳辐射被大气吸收、反射、散射的可能越大,到达地面的越少。把太阳直射光线通过大气层时的实际光学厚度与大气层法向厚度之比定义为大气质量,以符号 m 表示。

$$m = \sec\theta_z = \frac{1}{\sin\alpha}(0° < \alpha < 90°) \tag{1-22}$$

应当指出,大气质量这个术语似乎并不恰当,因为大气质量与通常所说的质量毫无关系,是一个无量纲的数。估算大气质量的简易方法是测量竖直物体在地面上投影的长度,设物体高度为 h,其投影长为 s,则大气质量为

$$m = \sqrt{1 + \left(\frac{s}{h}\right)^2} \tag{1-23}$$

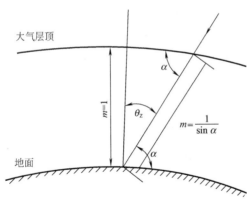

图 1-11　太阳光在大气中的入射路径

由图 1-11 可见,地球大气上界的大气质量为 0;当 $\theta_z = 0°$ 时,太阳在天顶,$m = 1$;当 $\theta_z = 60°$ 时,$m = 2$。太阳高度角 α 越小,m 越大,地面接收到的太阳辐射就越少,当 $\alpha = 0°$ 时,对应于太阳落山的情形。夏至时,在北回归线地区,该天的赤纬角 δ 正好和地理纬度 φ 相等,午时太阳高度角 $\alpha = 90°$,$m = 1$,阳光最强烈。而这天北极的太阳高度角为 23.5°,尽管日照 24h,但太阳光线通过大气层的路径约为北回归线处的 2.5 倍,辐照量较小,加上冰雪的高反射率,不易吸收阳光等因素,所以造成极区严寒。图 1-12 给出五种不同大气质量的太阳辐射光谱,其中 $m = 0$ 代表大气层外的太阳辐射光谱,不受大气层影响,$m = 1$、4、7、10 是在很洁净大气条件下绘制的。

(3) 大气对太阳辐射的吸收

图 1-13 给出了太阳辐射被大气吸收的分布情况,可以看出:与大气上界的太阳辐射光谱相比较,通过大气层后,太阳总辐射能有明显减弱,辐射能随波长的分布变得极不规则,波长短的辐射能减弱得最为显著。产生这些变化的原因是大气中某些成分具有选择吸收一定波长辐射能的特性。大气中吸收太阳辐射的成分主要有水蒸气、液态水、二氧化碳、

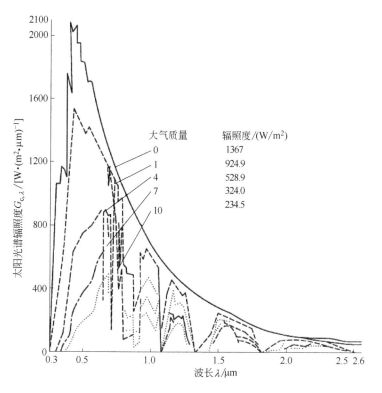

图 1-12 不同大气质量的太阳辐射光谱

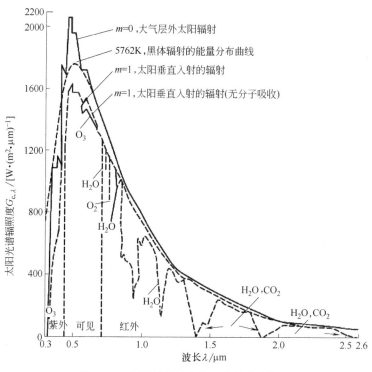

图 1-13 太阳辐射被大气吸收的分布情况

氧、臭氧及固体杂质等。紫外线部分主要被 O_3 吸收，红外线由 H_2O 及 CO_2 吸收。小于 $0.29\mu m$ 的短波几乎全被大气上层的臭氧吸收，在 $0.29\sim0.35\mu m$ 范围内臭氧的吸收能力降低，但在 $0.6\mu m$ 处还有一个弱吸收区。水蒸气在 $1.0\mu m$、$1.4\mu m$ 和 $1.8\mu m$ 处都有强吸收带，太阳辐射因水蒸气的吸收可减弱约 $4\%\sim15\%$。大于 $2.3\mu m$ 的辐射大部分被 H_2O 和 CO_2 吸收，到达地面时占不到大气层外总辐射的 5%。氧只对波长小于 $0.2\mu m$ 的紫外线吸收很强，在可见光区虽然也有吸收，但较弱。臭氧在大气中的含量很少，但在紫外区和可见光区都有吸收带，在 $0.2\sim0.3\mu m$ 波段的吸收带很强，由于臭氧的吸收，小于 $0.29\mu m$ 波段的太阳辐射不能到达地面，因而保护了地球上的一切生物免遭紫外线过度辐射的伤害。臭氧在 $0.44\sim0.75\mu m$ 还有吸收，虽不强，但因这一波段正好位于太阳辐射最强的区域内，所以吸收的太阳辐照量相当多。二氧化碳对太阳辐射的吸收比较弱，仅对红外区 $2.7\mu m$ 和 $4.3\mu m$ 附近的辐射吸收较强，但该区域的太阳辐射较弱，被吸收后对整个太阳辐射的影响可忽略。悬浮在大气中的水滴、尘埃、污染物等杂质，对太阳辐射也有吸收作用，大气中这些物质含量越高，对太阳辐射吸收越多，如在工业区、森林火灾、火山爆发、沙尘暴等情况下，太阳辐射都有明显减弱。

总之，大气对太阳辐射的吸收，在平流层以上主要是氧和臭氧对紫外辐射的吸收，平流层至地面主要是水蒸气对红外辐射的吸收。被大气成分吸收的这部分太阳辐射，将转化为热能而不再到达地面。由于大气成分的吸收多位于太阳辐射光谱两端，而对可见光部分吸收较少，可以说大气对可见光几乎是透明的。

（4）大气对太阳辐射的散射

大气中的空气分子、水蒸气和灰尘会使太阳光线的能量减小并改变其传播方向，这种衰减和变向的综合作用称为散射。散射不像吸收那样是把辐射转变为热能，而只是改变辐射的方向，使太阳辐射以质点为中心向四面八方传播，使原来传播方向上的太阳辐射减弱。如果太阳辐射遇到的散射质点的直径比入射辐射的波长要短（如空气分子），则对入射辐射中波长较短的辐射的散射强，也即辐射波长愈短，散射愈强；而对波长较长的辐射散射弱。对于一定大小的分子来说，散射能力与波长的 4 次方成反比。这种散射是有选择性的，称为分子散射，也叫瑞利（Rayleigh）散射。

当大气中的水汽、尘粒等杂质较少时，主要是空气分子散射。太阳辐射中波长较短的蓝紫光被散射得多，所以晴朗的天空呈蔚蓝色。日出、日落时，因光线通过大气路程长，可见光中波长较短的光被散射殆尽，所以看上去太阳呈橘红色。

当太阳辐射遇到的散射质点的直径是比入射的波长大的粗粒质点时，辐射虽然也被散射，但这种散射是没有选择性的，即辐射的各种波长都同样地被散射，这种散射称米（Mie）散射，又称粗粒散射。例如当空气中污染较严重，或存在较多的雾粒或尘埃等杂质时，一定范围的长短波都同样地被散射，使天空呈灰白色。

考虑到大气的散射和吸收，到达地面的太阳辐射中紫外线范围占 5%（大气层外为 7%），可见光占 45%（大气层外为 47.3%），红外线占 50%（大气层外为 45.7%）。

（5）大气云层及颗粒物对太阳辐射的反射

大气中的云层和较大颗粒物能将部分太阳辐射反射回宇宙空间，其中云的反射能力最强。云的反射能力随云状、云量和厚度的不同而不同。一般情况下云的平均反射率为 $0.50\sim0.55$，因此云的反射作用对太阳辐射影响很大，参见表1-4。

表 1-4　辐照量在不同云层与全天晴相比所占的比例　　　　单位:%

大气质量	绢云	绢层云	高积云	高层云	层积云	层云	乱层云	雾
1.1	85	84	52	41	35	25	15	17
1.5	84	81	51	41	34	25	17	17
2.0	84	78	50	41	34	25	19	17
2.5	83	74	49	41	33	25	21	18
3.0	82	71	47	41	32	24	25	18
3.5	81	68	46	41	31	24		18
4.0	80	65	45	41	31			18
4.5					30			19
5.0					29			19

　　上述提到的大气对太阳辐射的三种衰减方式中，以反射作用最为重要，尤其以云层对太阳辐射的反射最为明显，散射作用次之，吸收作用相对最小。

　　如上所述，到达地面的太阳辐射由两部分组成：一部分是太阳以平行光的形式直接投射到地面上，称为太阳直射辐射；另一部分是经过散射后到达地面，称为散射辐射，两者之和就是到达地面的太阳总辐射。

(6) 大气透明度

　　关于大气层对太阳辐射的影响，中外科学家都做过许多研究，以建立精确模型直接计算到达地面的太阳辐照量。下面介绍 Hottle 在 1976 年提出的标准晴空大气透明度计算模型。大气透明度（或浑浊度）τ 是气象条件、海拔高度、大气质量、大气组分（如水汽和气溶胶含量）等因素的复杂函数。

　　对于直射辐射的大气透明度 τ_b，可由下式计算，即

$$\tau_b = a_0 + a_1 e^{-k/\cos\theta_z} \tag{1-24}$$

　　式中，a_0、a_1 和 k 是具有 23km 能见度的标准晴空大气的物理常数。当海拔高度小于 2.5km 时，可首先算出相应的 a_0^*、a_1^* 和 k^*，再通过考虑气候类型的修正系数 $r_0 = \dfrac{a_0}{a_0^*}$、$r_1 = \dfrac{a_1}{a_1^*}$ 和 $r_k = \dfrac{k}{k^*}$，最后求出 a_0、a_1 和 k。a_0^*、a_1^* 和 k^* 的计算公式为

$$a_0^* = 0.4237 - 0.00821(6-A)^2 \tag{1-25}$$
$$a_1^* = 0.5055 + 0.00595(6.5-A)^2 \tag{1-26}$$
$$k^* = 0.2711 + 0.01858(2.5-A)^2 \tag{1-27}$$

　　式中，A 为海拔高度，km。
　　考虑气候类型的修正系数由表 1-5 给出。

表 1-5　考虑气候类型的修正系数

气候类型	r_0	r_1	r_k
亚热带	0.95	0.98	1.02
中等纬度,夏天	0.97	0.99	1.02
高纬度,夏天	0.99	0.99	1.01
中等纬度,冬天	1.03	1.01	1.00

对于散射辐射，相应的大气透明度为

$$\tau_d = 0.2710 - 0.2939\tau_b \tag{1-28}$$

上述大气透明度公式是在标准晴空（23km 能见度）下考虑了大气质量（即太阳天顶角）、海拔高度和四种气候类型所建的数学模型。我国学者从大气中水汽和气溶胶含量、大气质量以及海拔高度等因素研究大气透明度，也取得很好的结果。

到达采光面上的太阳辐照量（或辐照度）受许多因素影响。归纳起来有以下几个方面。

① 天文、地理因素：日地距离的变化、太阳赤纬角、太阳时角、地理经纬度、海拔高度和气候等。

② 大气状况：云量、大气透明度、大气组成及污染程度（灰尘粒子密度、二氧化碳和氯氟烃等的含量）。

③ 采光面设计考虑：采光面的倾斜角和方位角、是否采用选择性吸收涂层、采用何种类型的集热器、安装场地周围的辐射是否受到大树或建筑遮挡等。

由于因素太多，随机性很强，要完全依靠理论计算难以取得精确结果。目前，普遍采用的方法是，用辐射仪实测水平面上的辐射数据，在大量实验统计基础上，用若干相关的气候参数整理出一些相关关系式，借助这些关系式将水平面上的实测总量分解为直射和散射两部分，最后用公式计算出采光面在任意方位上接收到的太阳辐照量。

1.3.4　标准晴天水平面上太阳辐照量的计算

太阳辐照量是太阳能利用系统设计中最重要的数据。对于没有实测辐射数据的地方，一是根据邻近地区的实测值用插值法推算；二是用相对容易测量的太阳持续时间（日照百分率）或云量等数据推算。有气象站的地方，通常是测量水平面上的总辐射，然后将它分解为相应的直射辐射和散射辐射，最后将它们转换到处于不同方位的采光面上去。

上一节已给出标准晴空大气透明度的计算模型，用它不难求出晴天时水平面上的辐照度。

$$G_{c,b,n} = G_{o,n}\tau_b \tag{1-29}$$

式中，τ_b 为晴天、直射辐射的大气透明度，可用式(1-24) ～式(1-27) 计算；$G_{o,n}$ 为大气层外垂直于辐射方向上的太阳辐照度，可由式(1-1) 计算；$G_{c,b,n}$ 为地面上晴天垂直于辐射方向上的直射辐照度。

水平面上的直射辐照度为

$$G_{c,b} = G_{o,n}\tau_b\cos\theta_z \tag{1-30}$$

1h 内，水平面上直射辐照量为

$$I_{c,b} = I_{o,n}\tau_b\cos\theta_z = 3600G_{c,b} \tag{1-31}$$

相对应的散射辐射部分计算式为

$$G_{c,d} = G_{o,n}\tau_d\cos\theta_z \tag{1-32}$$

$$I_{c,d} = I_{o,n}\tau_d\cos\theta_z = 3600G_{c,d} \tag{1-33}$$

1h 内，水平面上的总辐照量为

$$I_c = I_{c,b} + I_{c,d} \tag{1-34}$$

把全天各个小时的量加起来，就是晴天水平面上的总辐照量 H_c。

大气透明度无论是 τ_b 还是 τ_d 都是大气质量 $m = 1/\cos\theta_z$ 的函数，而天顶角 θ_z 随时间不断变化。考虑到计算精度，把时段取为 1h，并以该小时中点所对应的时角 ω 来计算有关的量。

【例 1-2】 假定某地（东经 $120°$，北纬 $35°$，海拔高度为 $100m$）11 月 15 日（平年）为标准晴天，试计算该日上午 $11:00 \sim 12:00$ 水平面上的总太阳辐照量。

解： 11 月 15 日的日子数 $n = 319$，则该日赤纬角为

$$\delta = 23.45° \sin(360° \times \frac{284 + n}{365})$$

$$= 23.45° \sin(360° \times \frac{284 + 319}{365})$$

$$= -19.15°$$

上午 $11:30$ 对应的 $\omega = -7.5°$

对水平面

$$\cos\theta_z = \sin\delta\sin\varphi + \cos\delta\cos\varphi\cos\omega = 0.579$$

$$a_0^* = 0.4237 - 0.00821 \times (6 - 0.10)^2 = 0.138$$

$$a_1^* = 0.5055 + 0.00595 \times (6.5 - 0.10)^2 = 0.749$$

$$k^* = 0.2711 + 0.01858 \times (2.5 - 0.10)^2 = 0.378$$

修正系数（中等纬度，冬天）$r_0 = 1.03$，$r_1 = 1.01$，$r_k = 1.00$

$$\tau_b = 0.138 \times 1.03 + 0.749 \times 1.01 \times e^{-0.378 \times 1.00/0.579} = 0.536$$

$$G_{o,n} = G_{sc}\left(1 + 0.033\cos\frac{360° \times 319}{365}\right) = 1398.7 (W/m^2)$$

$$G_{c,b,n} = G_{o,n}\tau_b = 1398.7 \times 0.536 = 749.7 (W/m^2)$$

$$G_{c,b} = G_{o,n}\tau_b\cos\theta_z = 749.7 \times 0.579 = 434.1 (W/m^2)$$

$$\tau_d = 0.2710 - 0.2939 \times 0.536 = 0.113$$

$$G_{c,d} = G_{o,n}\tau_d\cos\theta_z = 1398.7 \times 0.113 \times 0.579 = 91.51 (W/m^2)$$

$$I_{c,b} = 3600 \times 434.1 = 1.56 (MJ/m^2)$$

$$I_{c,d} = 3600 \times 91.51 = 0.33 (MJ/m^2)$$

据式(1-34)，该日上午 $11:00 \sim 12:00$ 水平面上的总太阳辐照量即为

$$I_c = I_{c,b} + I_{c,d} = 1.89 (MJ/m^2)$$

1.3.5 水平面与倾斜面上辐照量的比较

(1) 水平面与倾斜面辐照量的转换

前面计算的辐照量都是指水平面上接收到的太阳辐射。实际使用中，采光面多是倾斜安放的（$\beta \neq 0°$），因此，下面将讨论如何将水平面上的辐照量转换为倾斜平面的。

首先讨论直射辐射的转换。图 1-14 分别表示出直射辐射在水平面和倾斜面上的入射角，水平面上的入射角为 θ_z，倾斜面上的入射角为 θ。倾斜面和水平面上接收到的直射辐照量之比，称为修正因子 R_b。

$$R_b = \frac{G_{b,T}}{G_b} = \frac{G_{b,n}\cos\theta}{G_{b,n}\cos\theta_z} = \frac{\cos\theta}{\cos\theta_z} \tag{1-35}$$

若采光面方位角 $\gamma = 0°$（北半球朝南放置），则上式变成

$$R_b = \frac{\cos(\varphi - \beta)\cos\delta\cos\omega + \sin(\varphi - \beta)\sin\delta}{\cos\varphi\cos\delta\cos\omega + \sin\varphi\sin\delta} \tag{1-36}$$

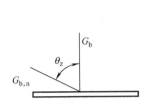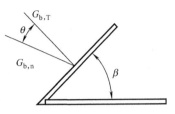

图 1-14　水平面和倾斜面上的直射辐射

一般而言，采光面既能接收直射辐射，又能接收散射辐射（包括来自太阳的散射和太阳照到地面反射回来的散射两个部分）。直射辐射转换时有个修正因子 R_b，对于散射辐射也分别有修正因子 R_d 和 R_ρ。

假设采光面倾斜角为 β，散射辐射是各向同性的，采光面对天空的可见因子为 $(1+\cos\beta)/2$，它就是对太阳散射的修正因子 R_d。采光面对地面的可见因子 $(1-\cos\beta)/2$，也就是对地面反射的修正因子 R_ρ。

$$I_T = I_b R_b + I_d R_d + (I_b + I_d)\rho R_\rho$$

$$I_T = I_b R_b + I_d \left(\frac{1+\cos\beta}{2}\right) + (I_b + I_d)\rho\left(\frac{1-\cos\beta}{2}\right) \tag{1-37}$$

总的修正因子 R 可写成

$$R = \frac{I_T}{I} = \frac{I_b}{I}R_b + \frac{I_d}{I}\left(\frac{1+\cos\beta}{2}\right) + \left(\frac{1-\cos\beta}{2}\right)\rho \tag{1-38}$$

式中，ρ 为地面反射率，普通地面为 0.2，积雪时可取 0.7。

(2) 采光面的最佳方位

采光面最佳方位的确定，应根据使用周期内收集的太阳能最多为原则。根据理论分析和实验研究，有以下一般原则：

① 对于全年，取 $\beta=\varphi$；

② 对于夏半年（春分到秋分），取 $\beta=\varphi-(10°\sim15°)$；

③ 对于冬半年（秋分到第二年春分），取 $\beta=\varphi+(10°\sim15°)$；

④ 如无特殊困难，方位角应取 $\gamma=0°$（北半球）。

【例 1-3】 已知某地（北纬 34.3°）8 月 16 日（平年）下午 1:00～2:00 水平面上的 $I=3.22\text{MJ/m}^2$，$I_b=2.52\text{MJ/m}^2$，$I_d=0.698\text{MJ/m}^2$。问该小时内方位角为 0°、倾斜角为 34.3° 的集热器上的辐照量和辐照度各是多少？（$\rho=0.2$）

解： 8 月 16 日的日子数 $n=228$，则该日赤纬角为

$$\delta = 23.45° \times \sin\left(360° \times \frac{284+n}{365}\right)$$

$$= 23.45° \times \sin\left(360° \times \frac{284+228}{365}\right)$$

$$= 13.5°$$

中间点的时角 $\omega=22.5°$，则

$$R_b = \frac{\cos\theta}{\cos\theta_z} = \frac{\cos\delta\cos\omega}{\cos\varphi\cos\delta\cos\omega + \sin\varphi\sin\delta} = 1.028$$

$$R_d = \frac{1+\cos\beta}{2} = 0.913$$

$$R_\rho = \frac{1-\cos\beta}{2} = 0.0870$$

因此，采光面上的辐照量和辐照度分别为

$$I_T = I_b R_b + I_d R_d + I_\rho R_\rho = 2.52 \times 1.028 + 0.698 \times 0.913 + 3.22 \times 0.2 \times 0.0870 = 3.284 (MJ/m^2)$$

$$G_T = \frac{3.284 \times 10^6}{3600} = 912 (W/m^2)$$

1.3.6 太阳能资源的评估

对太阳能资源的丰富程度和稳定程度进行评估是太阳能利用领域的一项重要指标。在进行评估时，需要选用具有气象意义的30年气候平均值。

（1）太阳能丰富程度的评估

太阳能资源的丰富程度是以年太阳能总辐照量的多少为标准来进行划分的，其等级可参见附表1。

（2）太阳能资源稳定程度评估

太阳能资源稳定程度是用各月的日照时数大于6h的天数的最大值与最小值的比值表示，比值越小，表明太阳能资源越稳定，越利于太阳能资源的利用。太阳能资源稳定程度等级见表1-6。

表1-6 太阳能资源稳定程度等级

太阳能资源稳定程度指标	稳定程度
<2	稳定
2~4	较稳定
>4	一般

（3）我国太阳能资源分布

我国地处北半球，土地宽广，幅员辽阔，南从北纬4°的曾母暗沙，北到北纬52.5°的漠河，西自东经73°的帕米尔高原，东至东经135°的乌苏里江汇流处，距离都在5000km以上。我国有着丰富的太阳能资源，全国各地的年太阳辐射总量为3340~8400MJ/(m²·a)，中值为5850MJ/(m²·a)。与同纬度的其他国家和地区相比，和美国类似，比欧洲、日本优越得多。

根据各地太阳总辐照量的多少，可将全国划分为四类地区，如附表2所示。

习题

1.什么叫太阳常数？大气层外，垂直于太阳辐射传播方向上的太阳辐照度是常数吗？

2.太阳能利用的优缺点是什么？

3.什么叫太阳时？太阳时和时角的关系是什么？北京地区的太阳时等于当地标准时间吗？

4.太阳辐射穿过地球大气层会产生哪些变化？

5.什么叫大气质量？大气质量 $m=0$ 和 $m=1$ 分别表示什么？

6.影响到达采光面上的太阳辐照度的因素有哪些？

7.说出符号 $G_{c,b,n}$ 的物理意义。

8.什么叫直射辐射的修正因子,其值必小于1吗?

9.家用太阳能热水器的最佳安装倾角和方位角是多少?

10.某集热器安装在某地(北纬45°),可沿东西向的水平轴连续调节,试求2021年11月16日上午10时(太阳时)该集热器表面的最小太阳入射角。

11.某集热器朝向正南安装在某地(北纬35°,海拔高度为100m),2021年7月22日上午11:30(太阳时)要使该集热器接收的太阳辐射最强,其安装倾角为多少?在该角度下11:30~12:30该集热器接收的太阳辐照量是多少(标准晴天,不考虑来自地面的反射)?

第 2 章

太阳光谱选择性吸收涂层

2.1 概述

在太阳能热利用装置中，要先将太阳辐射能转换为热能，实现这个光-热转换的装置称为太阳能集热器（简称集热器）。太阳能集热器虽然有各种各样的形式或结构，但都要有一个用来吸收太阳辐射的吸收部件，该部件的吸收表面所具备的辐射换热性能对集热器的集热性能有着重要影响。吸收表面的辐射换热性能是由吸收比和发射比决定的，吸收比表征吸收太阳辐射的能力，发射比表征吸收表面本身温度下发射辐射的能力，这种吸收表面也称为吸收涂层。要提高太阳能集热器的热转换效率，就要使吸收涂层能最大限度地吸收太阳辐射能的同时，尽可能减少其辐射热损失。

一般来讲，吸收涂层可分为非选择性吸收涂层和选择性吸收涂层两大类。非选择性吸收涂层是指吸收涂层的光学特性与辐射波长无关；选择性吸收涂层是利用太阳辐射光谱与受热物体的辐射光谱之间的不同，即利用太阳辐射的波长范围（$0.3\sim2.5\mu m$）与集热器的热辐射波长范围（$>3\mu m$）不同，增强吸热体对太阳辐射吸收，减少吸热体向周围环境的辐射热损失。

1955 年以色列物理学家 Tabor 提出了光谱选择性吸收涂层的概念，并研制出实用的黑镍和氧化铜两种选择性吸收涂层，为高效太阳能集热器的发展创造了条件。越来越多的研究人员都将采用选择性吸收涂层作为提高太阳能集热器集热效率的重要途径，至 20 世纪 70 年代，已研制出近百种光谱选择性吸收涂层，并部分商业化。具有代表性的是澳大利亚悉尼大学研究发明的"渐变膜"选择性吸收涂层，被成功应用于真空集热管。随着选择性吸收涂层材料和结构研究的日臻成熟及直流溅射、磁控溅射等真空涂层技术的飞速发展，涂层稳定性越来越好，成本大幅度降低，有力地推动了真空管集热技术和平板集热技术的发展。

2.2 太阳光谱选择性吸收涂层原理

太阳辐射能投射到物体表面上，会发生吸收、反射和透射现象，如图 2-1 所示。入射到物体表面的辐射总能量 Q 中，被物体吸收、反射和透射的能量分别为 Q_α、Q_ρ 和 Q_τ。由能量守恒定律可得

$$Q=Q_\alpha+Q_\rho+Q_\tau \tag{2-1}$$

或写成
$$\alpha+\rho+\tau=1 \tag{2-2}$$

式中，$\alpha=Q_\alpha/Q$ 称为吸收率（吸收比），指被物体吸收的辐射能与投射到物体表面的总

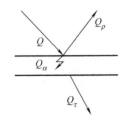

图 2-1 入射辐射被物体
吸收、反射和透射示意图

辐射能之比；$\rho = Q_\rho / Q$ 称为反射率（反射比），指被物体表面所反射的辐射能与投射到物体表面的总辐射能之比；$\tau = Q_\tau / Q$ 称为透射率（透射比），指透过物体的辐射能与投射到物体表面的总辐射能之比。

实际上，α、ρ 和 τ 都是入射辐射波长的函数。自然界中不同物体的吸收比 α、反射比 ρ 和透射比 τ 是千变万化的，这给热辐射的研究和工程应用带来很大麻烦。人们从理想的物体入手研究，找出解决复杂问题的简便方法。

当物体的吸收比 $\alpha = 1$ 时，该物体称为绝对黑体或黑体；当物体的反射比 $\rho = 1$ 时，该物体称为镜体，若反射是漫反射，该物体称为绝对白体；如果物体的透射比 $\tau = 1$，该物体称为绝对透明体或透明体。自然界中并不存在绝对黑体、镜体、绝对白体和绝对透明体。

对太阳辐射而言，其辐射能主要集中在可见光和近红外波长范围内（$0.3 \sim 2.5 \mu m$）。对一个受热物体，辐射主要在波长大于 $3\mu m$ 的红外区域。若物体表面对太阳辐射的可见光和近红外有高的吸收，自身被加热后向外界发射的辐射又很小，这种表面就称为选择性吸收表面。理想化的选择性吸收表面对太阳可见光和近红外范围的辐射有完全的吸收，吸收比 $\alpha = 1$。理想化的选择性吸收材料和表面在自然界中并不存在，通常需要通过一定的技术手段获得高性能的吸收膜或表面，增加太阳光和近红外波长范围内光线的吸收，减少光线的反射。采取的办法主要有两种：一是采用选择性材料并利用涂层薄膜的干涉效应和光学陷阱增强表面的吸收效率；二是利用减反射膜减少光线的反射损失。

适合作为选择性吸收涂层的物质主要分为三大类：

① 在太阳可见光和近红外波长范围内有高的吸收，但是在红外范围是透明的。

② 在太阳可见光和近红外波长范围内有高的吸收，但是在红外范围有高反射。

③ 在太阳可见光和近红外波长范围内是透明的，但是在红外范围有高反射。

三种类型材料的特性可用图 2-2 表示。可以看出第二类材料 [图 2-2 (b)]可以直接作为太阳光谱选择性吸收表面使用。第一类材料 [图 2-2 (a)]需要在其底部配有红外高反射的基体，一般采用铜、铝、银等金属增加红外反射，如图 2-3 (a) 所示。第三类材料 [图 2-2 (c)]需要在下方配置对所透过的太阳可见光和近红外波长具有高吸收的材料，如图 2-3 (b) 所示。

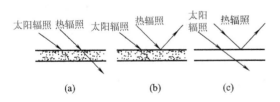

图 2-2 三类材料的选择性及表面结构

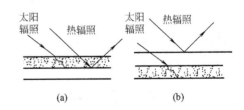

图 2-3 三种类型材料组成的选择性吸收表面组合

在实际应用中，考虑到干涉效应和较少反射等情况，可根据需要将三种类型的材料组合形成选择性吸收涂层。根据涂层结构、吸收机理的不同，典型的选择性吸收涂层分为本征吸收选择性吸收型、半导体吸收-金属反射组合型、半透明电介质-金属干涉叠层型、电介质-金属复合材料选择性吸收型以及表面纹理型等类型。

根据基尔霍夫定律，在给定温度 T 时，实际物体的单色发射率与该物体在同一温度下对同波长辐射的吸收比相等；而且，所有表面的单色吸收比 α_λ 与单色发射率 ε_λ 之比是相同的，即

$$\alpha_{\lambda,T} = \varepsilon_{\lambda,T} \tag{2-3}$$

如果物体的温度不同，即使在相同的波长下，它的吸收比也不等于发射率，即

$$\alpha_{\lambda,T_1} \neq \varepsilon_{\lambda,T_2}, T_1 \neq T_2 \tag{2-4}$$

同理，温度相同时，对不同的波长，物体的吸收比与发射率也不相等，即

$$\alpha_{\lambda_1,T} \neq \varepsilon_{\lambda_2,T}, \lambda_1 \neq \lambda_2 \tag{2-5}$$

式(2-5)给出的就是光谱选择性吸收涂层的工作原理。太阳辐射可以近似看作 6000K 的黑体辐射，发射辐射的主要波长范围为 $0.3 \sim 2.5\mu m$，一般情况下，实际物体本身温度下发射的辐射主要集中在 $5 \sim 50\mu m$ 范围内。当一个表面能够获得对 $0.3 \sim 2.5\mu m$ 波长范围的高吸收，而对 $5 \sim 50\mu m$ 波长范围内的低发射，就是选择性吸收涂层的基本功能。

2.2.1 太阳光谱选择性吸收表面材料能带理论基础

量子理论已经证明，晶体中的电子处于共有化状态，这使得原先每个原子中具有相同能量的电子能级，因各原子间的相互影响而分裂成一系列和原来能级很接近的新能级，这些新能级基本上连成一片，人们形象地称之为"能带"。按能带理论可将物质分为导体、绝缘体、半导体三大类。导体具有良好的导电性能，常见的金属一般都是导体，如金、银、铜、铝、不锈钢等。绝缘体的导电性能极差，几乎不传导电流，例如玻璃、陶瓷、橡胶等。半导体的导电性能介于导体和绝缘体之间。三类材料的导电能力与它们的电子结构（能带）有关。导电性能不同，它们的光学性能也不同。

在晶体中，价电子不可能都集中在能量最低的一个能级上，而是首先填充能量最低的能级，然后再填充高能级。原来孤立的原子的能级分裂成了能带，价电子能级所对应的能带称为价带；没有被电子填充满的能带称为导带；还没有被电子填充的能带是空带；价带顶至导带底的能带称为禁带。只有导带中的电子才能导电。晶体的能带分布如图 2-4 所示。能带是描述晶体中电子能量状态的一个物理概念。不同的晶体，原子结构不同，它们的能带结构也不相同。图 2-5 描述了导体、半导体、绝缘体的能带结构。

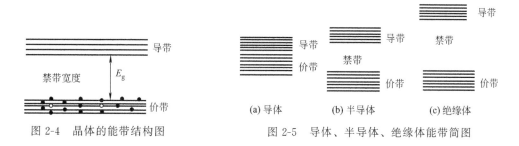

图 2-4 晶体的能带结构图   图 2-5 导体、半导体、绝缘体能带简图

导体的价带与导带有重叠，无禁带，电子很容易运动，所以电阻率低。半导体中的价带与导带之间有一个禁带，不同的半导体材料，它们的禁带宽度不同。绝缘体中的禁带要比半导体的禁带宽。半导体中，当价带中的电子获得足够的能量之后，能从价带跨过禁带跃迁到导带上去，但绝缘体中的禁带太宽，价带电子无法从热激发中获得那么高的能量去跨越如此

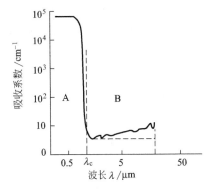

图 2-6　半导体典型的吸收光谱

宽的禁带跳到导带上去，绝缘体导带上的电子很少，所以它几乎不导电。

半导体的本征吸收是指在价带和导带之间电子的跃迁产生与自由原子的线吸收谱相当的晶体吸收谱，它决定着半导体的光学性质。本征吸收最明显的特点是具有基本的吸收边（吸收系数陡峭增大的波长），这也是半导体及绝缘体光谱与金属光谱的主要不同之处，它标志着低能透明区与高能强吸收区之间的边界。半导体典型的吸收光谱如图 2-6 所示。图中 A 区域为本征吸收区，吸收系数高达 $10^3 \sim 10^5 \mathrm{cm}^{-1}$，甚至更高。

吸收系数陡降部分称吸收边。B 区域是电子或空穴的吸收曲线。在光谱选择性吸收涂层中涉及的半导体吸收过程最主要的是本征吸收。

产生本征吸收的条件是：光子的能量不得小于半导体的禁带宽度。即

$$h\nu_0 \geqslant E_g \tag{2-6}$$

式中，$h = 6.625 \times 10^{-34} \mathrm{J \cdot s}$，为普朗克常数；$\nu_0$ 为光的频率，Hz；E_g 为禁带宽度，eV。

从式 (2-6) 可以得出，若光的波长大于某个值（对应的频率小于某个值），这种材料就不产生本征吸收，这个波长称为截止波长或吸收限，如图 2-6 中的 λ_c。在截止波长 λ_c 处，吸收系数迅速下降。从图中可以看出，产生本征吸收所对应的波长范围在可见光及近红外范围内。显然，太阳能热利用中所需要的正是半导体的本征吸收。

将 $\lambda_c = c/\nu_0$ 代入式 (2-6)，可得到截止波长，即

$$\lambda_c = \frac{hc}{E_g} = \frac{1.24}{E_g} \tag{2-7}$$

式 (2-7) 中，E_g 单位是 eV 时，得到的波长单位是 μm。半导体材料硅（Si）和锗（Ge）的禁带宽度分别是 1.12eV 和 0.67eV，可得它们的吸收限分别为 $1.11\mu m$ 和 $1.85\mu m$。如果用单一的半导体材料作为光谱选择性吸收涂层，如锗的吸收限覆盖了更宽的太阳辐射光谱范围，可以获得更大的吸收。

了解半导体材料的吸收系数与它的电学特性及光学常数之间的关系，在设计和制作光谱选择性吸收涂层时是非常有用的。

半导体材料具有一定的导电性，它的折射率应该写成复数形式

$$N = n - \mathrm{i}k \tag{2-8}$$

硅和锗的折射率 n 分别是 3.4 和 4.0。

消光系数 k 是表征光波能量在介质中被吸收并转化为热能的特性，也即介质的吸收特性。消光系数、折射率与半导体材料的介电常数及电导率有关。如果电导率 $\sigma = 0$，消光系数 $k = 0$，即没有吸收。假如材料的导电性能增加，σ 增加，那么 k 就变大。当单色光进入半导体后，光强度要衰减，衰减的程度用吸收系数 α 来表示，即

$$\alpha = \frac{2\omega k}{c} = \frac{4\pi k}{\lambda_0} \tag{2-9}$$

式中，ω 为光波角频率；λ_0 为光波在真空中的波长。

当 k 值一定时，吸收系数与光波波长成反比，即短波长时吸收系数大，进入半导体的

距离小，意味着在半导体的表层就完成了对入射光的吸收。当光波波长一定时，吸收系数与 k 成正比，k 又与电导率有关系。利用电磁波在介质中传播的公式，可以得到光学常数与电学常数的另一种表达形式

$$\begin{cases} n^2 = \dfrac{1}{2}\varepsilon_r \left[1 + \left(1 + \dfrac{\sigma^2}{\omega \varepsilon_r^2 \varepsilon_0^2}\right)^{1/2}\right] \\ k^2 = \dfrac{1}{2}\varepsilon_r \left[1 - \left(1 + \dfrac{\sigma^2}{\omega^2 \varepsilon_r^2 \varepsilon_0^2}\right)^{1/2}\right] \end{cases} \tag{2-10}$$

式中，n、k、σ、ε_r 都是对同一频率而言的。当 $\sigma \approx 0$ 时，$n = \sqrt{\varepsilon_r}$，$k \approx 0$。

作为吸收体的半导体材料，还可以用 Serephin 的经验公式，即

$$n^4 E_g = 77 \tag{2-11}$$

如选用半导体材料 Si，它的 $E_g = 1.12\text{eV}$，利用式(2-7)可以计算出它的截止波长 $\lambda_c = 1.1\mu\text{m}$，再由式(2-11)得出它的折射率为 $n = 3.0$。由反射公式 $R = |r|^2 = \left|\dfrac{n_0 - n_1}{n_0 + n_1}\right|^2$ 得出它的反射比为 $R = 0.24$。这表明该表面至少有 24% 的入射能量被反射出去，被吸收的能量不会超过 76%。

常用材料室温下的禁带宽度列于表 2-1 中。

表 2-1　常用材料室温下的禁带宽度

材料	E_g/eV	材料	E_g/eV
金刚石	5.33	SiC	3.0
Ge	0.75	Cu_2O	2.17
Si	1.14	SiO_2	2.3
PbS	0.42	ZnO	3.4
CdS	2.53	TiO_2	3.1
InSb	0.23	NiO_2	4.0
InP	1.29	AlN	6.2
GaAs	1.4	Al_2O_3	8.3
InN	2.4	MgF_2	约 11

在太阳能热利用的选择性吸收涂层中，AlN 常用作减反射膜。纯的 AlN 禁带宽度为 $E_g = 6.2\text{eV}$，当一束光照射到它上面时，如果光子的能量超过或等于 6.2eV，光子的能量才可以被 AlN 吸收；如果光子的能量小于 6.2eV，光子直接透过 AlN 而不被吸收。根据式(2-7)可以计算出 AlN 的吸收限 $\lambda_c = 0.2\mu\text{m}$。显然，太阳光谱中可见及红外范围各光子都可以通过 AlN 而不会被吸收。因此，纯 AlN 只能在表面作减反射膜或保护膜，不能用作吸收膜。当杂质（除 AlN 之外的任何材料）掺入到纯 AlN 晶体中时，这些杂质会使 AlN 晶体的禁带宽度减小，吸收限 λ_c 增加。也就是说，在纯 AlN 中掺入杂质之后，原本不能被吸收的光子能量现在可以被吸收。实验表明，通过改变 AlN 晶体中掺入杂质的浓度，就会改变 AlN 的 λ_c，使波长小于 λ_c 的光子入射到掺杂的 AlN 时，穿过晶体的光子会被晶体吸收。材料的这种特性为制作多层渐变选择性吸收涂层提供了可能。

2.2.2　光谱选择性吸收涂层

经过长期的科学研究及生产实践,在本征吸收选择性吸收型、半导体吸收-金属反射组合型、表面纹理型、半透明电介质-金属干涉叠层型、电介质-金属复合材料选择性吸收涂层的吸收机理及实际应用等方面取得了突出的成果。目前,在太阳能选择性吸收涂层中研究最多、应用最广的是电介质-金属复合材料选择性吸收型和半透明电介质-金属干涉叠层型吸收涂层。

(1) 本征吸收选择性吸收涂层

本征吸收选择性吸收涂层主要由一些在太阳光谱范围内 (0.3~2.5 μm) 具有适当禁带宽度 E_g (0.5~1.26eV) 的半导体和过渡金属组成,如硅、锗、硫化铅等半导体和钨、钼、钴、硫化铜、碳化铪、四氧化三铁等过渡金属及其化合物。过渡金属的辐射吸收机理类似于半导体。过渡族氧化物具有一定的选择性吸收,原因是它们的金属离子在 d 壳层中没有被电子填满。当离子与氧结合时,d 壳层电子被固定,结果就产生了独特的光学性能。

单一化合物的本征吸收具有明显的局限性,吸收性能提升空间有限,达不到选择性吸收涂层的要求,常采用掺杂、共混等方法提升本征吸收,或通过化学刻蚀等技术调控吸收涂层的表面形貌、几何构型,降低涂层表面的反射率,以提高吸收率。

(2) 半导体吸收-金属反射组合涂层

半导体吸收-金属反射组合涂层是指由具有一定能带间隙的半导体吸收层和高红外反射金属层复合形成的吸收涂层,即将单晶硅、多晶硅、硫化铅等半导体吸收材料沉积在高反射金属层上,所形成的涂层对太阳辐射的吸收比 α 可达到 0.8~0.9。由于半导体的吸收主要是本征吸收,对于一般的半导体而言,其吸收的能量相当于太阳光谱中可见光和近红外范围的波长,所以一般半导体材料对红外是透明的。假如在一个红外高发射的基体上覆有半导体吸收层时,半导体吸收的太阳辐射转换成热能传给基体或其他介质,被加热的基体及介质就要发射辐射。由于半导体对这种长波是透明的,就有大量的热量通过半导体辐射出去,即表面具有高的发射率。为了解决这一问题,研究者在半导体的底部加红外高反射金属层,如图 2-7 所示,这种结构称为半导体吸收-金属反射组合涂层。在这种结构中,金属反射层有效地阻止了基体受热后的长波辐射,当然太阳光谱中红外辐射将被反射回去,不过这部分能量与基体的热辐射相比要少得多。

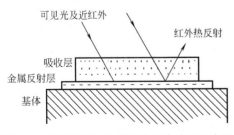

图 2-7　半导体吸收-金属反射组合涂层示意图

图 2-8　改进的半导体吸收-金属反射组合涂层

实际用于红外反射的金属材料主要有 Au、Ag、Cu、Al、Ni 等。由于选择性吸收的半导体材料都有比较高的折射率,其表面有较大的反射比,吸收受到限制。为此,在它的表面加上减反层会有效地减少反射,从而提高吸收。图 2-8 是一种以不锈钢为基体,厚度为

0.1μm 的高反射金属 Ag 的半导体吸收-金属反射组合涂层结构图。为了防止高温扩散破坏 Ag 的光学性能，在 Ag 的上、下表面沉积氧化物作为阻挡层。吸收层是用硅烷高温分解沉积的 α-Si，厚度为 1.5～1.6μm。Si_3N_4 是具有比较优良的高温稳定性的减反射层，它的吸收比与 500℃时的发射率之比 $\alpha/\varepsilon=12\sim14$，常温下 $\alpha/\varepsilon=15$。

(3) 表面纹理型吸收涂层

表面纹理型吸收涂层又称光陷阱型吸收涂层，是指采用物理或化学方法（化学气相沉积、共溅射或离子刻蚀等）使涂层表面粗糙化，产生类似针状、树枝状或多孔型等微观上不平整、宏观上平整的表面，其对太阳光谱起陷阱作用。表面"小丘"间距为 0.5～2.0μm，如图 2-9 所示。表面间距相当于太阳光谱波长范围，使入射光多次反射而被吸收。这种特殊表面诱发的选择性吸收不同于传统多层吸收涂层，其对短波辐射（紫外-可见-近红外波段）和长波辐射（中-远红外波段）具有不同效应。当短波辐射通过上述光学

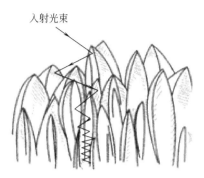

图 2-9　树枝状结晶表面

陷阱时将发生多重反射和散射而被充分吸收，而对长波辐射则产生镜面反射，进而呈现出优异的光谱选择性。

(4) 电介质-金属复合材料选择性吸收涂层

电介质-金属的复合就是在电介质基体中嵌入极细的金属粒子。纯金属的电子结构中，价带与导带有交叠，没有禁带，它有良好的导电性能和较好的光学反射。纯电介质有较宽的禁带，它几乎不导电，是一种绝缘材料，它的光吸收性能很差，不能用它作为选择性吸收涂层中的吸收层。大多数电介质材料耐高温，化学稳定性较好，金属与电介质复合之后形成的复合材料的光学性能和电学性能处于金属与电介质的中间状态，并且还能够通过控制嵌入金属粒子的量来实现控制生成物的性能，这些金属粒子对复合材料的结构和特性起决定性影响。金属粒子嵌在电介质基体中的体积分数称作金属填充因子。在电介质-金属的复合中，只要选定好材料的种类，控制金属粒子的浓度、尺寸、形状及方向等就可以获得一系列沉积材料作为吸收层。

这类选择性吸收涂层得到了广泛的应用，其中 Al-N/Al 渐变选择性吸收涂层、Al-N/Cu 选择性吸收涂层、SS-AlN$_x$/Al 选择性吸收涂层在全玻璃真空集热管市场上占主要地位，而以 Al-N/Al 渐变选择性吸收涂层为基础研究的 α-C：Al-N/Al 干涉渐变结构的新型选择性吸收涂层，代表了目前选择性吸收涂层技术、生产和市场的发展方向。

(5) 半透明电介质-金属干涉叠层型涂层

半透明电介质-金属干涉叠层型涂层也称多层光干涉型吸收涂层，由非吸收的电介质层与吸收的金属层交互堆叠而成，其中电介质层材料主要有 Al_2O_3、SiO_2、HfO_2、Si_3N_4、MgF_2、CeO_2 等，金属层主要使用 Mo、Ti、Cu、Ni、Ag、Au 和 Zr 等。由光的干涉相消原理，电介质层的光学厚度（光学厚度＝几何厚度×n，n 为介质折射率）是 $\lambda/4$（λ 为入射光波长）的奇数倍时，可发生相消干涉，因而通过调控各层膜厚及其折射率，可使入射光在不同膜层界面的反射光干涉相消，从而实现在太阳辐射峰值附近产生强烈的吸收。多层光干涉型吸收涂层的结构如图 2-10 所示。

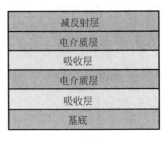

图 2-10　多层光干涉型吸收涂层结构示意图

在前期设计和选材过程中，必须精确计算出涂层中各层膜厚及对应层数，当然各膜层所用材料的折射率也是需要严格筛选的，以确保获得良好的光干涉。在制备过程中，必须严格制定镀膜参数，以精准控制每层膜层的厚度及其均匀性。

2.3　光谱选择性吸收涂层的制备方法

2.3.1　涂层制备方法

根据制备工艺的不同，选择性吸收涂层的制备方法主要有真空沉积法、喷涂法、化学转换与电化学沉积法、涂刷工艺、化学蒸发沉积法、等离子喷涂法、熔烧法等。本节将简要介绍平板型集热器及真空管集热器的集热部件涂层工艺的制备方法。

2.3.1.1　平板型集热器集热板涂层的制备方法

平板型集热器涂层材料的应用和发展主要经历涂料涂层、电化学涂层、真空镀膜三个阶段。其中，涂料涂层是由黏结剂和金属氧化物颗粒组成。制备方法一般采用涂刷和喷涂的方法，其主要特点是工艺简单、成本低廉，缺点是使用过程中容易老化，从而引起性能下降。涂料涂层是早期太阳能热利用经常采用的，现在已较少采用。目前太阳能集热板涂层制备工艺常用的有以下几种方法。

（1）阳极氧化法

常用的电化学涂层有铝阳极氧化涂层和钢阳极氧化涂层等。阳极氧化法制备工艺的基本过程是：将铝片（或铜铝复合芯片）在稀磷酸溶液中阳极氧化至铝表面形成多孔氧化膜，然后在硫酸镍或硫酸亚锡溶液中交流电解，镍（锡）离子还原沉积于氧化的孔隙中，形成具有光谱选择性的涂层。其吸收比 $\alpha = 0.89 \sim 0.91$，发射率 $\varepsilon = 0.13 \sim 0.15$。该方法的缺点是生产过程中的废液排放易造成环境污染，涂层的发射率较高。

（2）电镀法

将被加工的制品置于含有所沉积元素（金属或金属化合物）的离子溶液中，并和直流电源的负极相连，使该元素逐渐在制品表面形成涂层的方法称为电镀法。常见的有电镀铜、电镀黑镍和电镀黑铬。其中黑镍和黑铬涂层是太阳能热利用中常见的两种涂层，如电镀黑镍（NiS-ZnS）就是应用最早的一种，这种涂层的吸收比 $\alpha = 0.92 \sim 0.94$，发射率 $\varepsilon = 0.08 \sim 0.10$。然而这种吸收涂层的最大缺点是抗潮湿、抗高温性能差，虽然经过钝化处理后会有所改善，抗湿热稳定性有一定提高，但黑镍本身的抗高温、抗潮湿性能决定了该涂层无法在中、高温太阳能集热器中使用。

为了克服黑镍的这些不足，人们研究出了电镀黑铬。黑铬具有优异的性能，$\alpha=0.95\sim0.96$，$\varepsilon=0.10\sim0.12$。而且黑铬在抗高温、耐腐蚀方面优于黑镍。黑铬涂层的结构如图 2-11 所示。

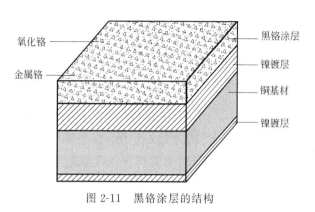

图 2-11　黑铬涂层的结构

无论是阳极氧化法还是电镀黑铬法，都具有工艺复杂、手工操作多、成膜厚度监控不容易自动化的缺点，因此不适用于制备对膜层厚度有精确要求的选择性吸收涂层。生产过程中的废液处理易造成环境污染，随着环保要求的提高，一些国家已经明令禁止采用污染严重的电化学方法生产吸收涂层。

（3）真空电子束加热蒸发沉积法

在低气压的真空室中，利用电子射线将难熔的金属和氧化物（如 Pt、Rh、Ti、SiO_2、Al_2O_3 等源物质）蒸发，脱离蒸发源的原子进入真空室，沉积到被涂物体表面形成薄层。比较典型的是采用电子束蒸发的方法生产的钛系列 $TiNO_x$ 高选择性钛涂层，吸收比 α 可达 0.95，发射率 ε 低至 0.03（温度为 100℃时），最高工作温度为 375℃。其工艺过程是用电子射线将钛和石英气化，气化物在加入氮和氧后发生化学反应生成氮氧化钛，最后在金属（铜）带上沉积冷凝而形成涂层。该方法的不足之处是连续化生产线投资较大，涂层生产成本较高。

（4）真空磁控溅射技术沉积法

磁控溅射是利用磁场束缚电子的运动，增加了电子与工作气体分子碰撞的次数，使等离子体密度增大，其结果导致轰击基片的高能电子减少，轰击靶材的高能离子增多，具有低温、高速的特点，有效地克服了阴极溅射速率低和电子使基片温度升高的问题，因而获得了迅速发展和广泛应用。

利用真空磁控溅射等离子体技术、等离子监控技术和离子表面活化技术，国内一些企业开发出在铜、铝、铜铝复合材料的整板太阳能板芯上制备光谱选择性吸收涂层的设备与工艺，涂层的吸收率 $\alpha=0.92\sim0.94$，红外发射率 $\varepsilon=0.08\sim0.1$，且耐候性能也比较好，可在大气环境下直接使用。

2.3.1.2　真空集热管涂层的制备方法

真空沉积技术（蒸发及溅射）从 20 世纪 70 年代开始，尤其是进入 80 年代，在太阳光谱吸收涂层的制作中占据越来越重要的地位。1982 年，清华大学殷志强教授带领的科研团队用化学沉积方法在玻璃表面成功制备了黑镍选择性吸收涂层，并应用于全玻璃真空集热管中。

我国的太阳能热利用飞速发展，应主要归功于全玻璃真空集热管的开发以及磁控溅射沉积技术的不断成熟。真空集热管的吸热体是用磁控溅射沉积的电介质-金属选择性吸收涂层（如 AlN-Al），这种吸收涂层有高的吸收比和低的发射率，而且溅射沉积没有污染，适合工业化批量生产。

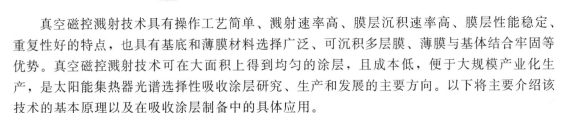

真空磁控溅射技术具有操作工艺简单、溅射速率高、膜层沉积速率高、膜层性能稳定、重复性好的特点，也具有基底和薄膜材料选择广泛、可沉积多层膜、薄膜与基体结合牢固等优势。真空磁控溅射技术可在大面积上得到均匀的涂层，且成本低，便于大规模产业化生产，是太阳能集热器光谱选择性吸收涂层研究、生产和发展的主要方向。以下将主要介绍该技术的基本原理以及在吸收涂层制备中的具体应用。

2.3.2　溅射沉积技术的基本原理

溅射沉积就是用荷能粒子（通常是气体正离子）轰击靶材，使物体表面原子从其中逸出，沉积在附近的底材表面上。对溅射现象产生的机理，人们比较认同"碰撞理论"。入射离子与固体表面原子发生弹性碰撞后，将其一部分能量传递给原子，该原子的动能超过它与其他原子形成的势垒（对金属而言 $5\sim10\mathrm{eV}$）时，原子就会从晶格点阵中被碰出，产生离位原子，离位原子又与其他附近原子发生反复碰撞——联级碰撞。当原子动能超过其与其他原子的结合能（$1\sim6\mathrm{eV}$）时，原子离开物体表面进入真空室，沉积于设置在真空室的基体表面上，形成薄膜。离子与固体表面的碰撞现象如图 2-12 所示。

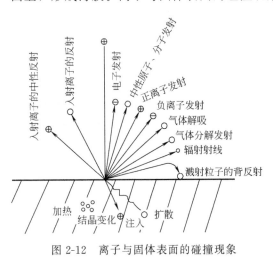

图 2-12　离子与固体表面的碰撞现象

真空溅射技术制备的薄膜有如下特点：

① 膜厚可控性和重复性好。由于真空溅射镀膜的放电电流和靶电流可以分别控制，通过控制靶电流可以控制膜厚，并且可以在较大表面上获得厚度均匀的膜。

② 薄膜与基片的附着力强。溅射原子能量比蒸发原子能量高 $1\sim2$ 个数量级。高能量的溅射原子沉积在基片上进行的能量转换比蒸发原子高得多，产生较高的热能，增强了溅射原子与基片的附着力。并且，部分高能量的溅射原子产生不同程度的注入现象，在基片上形成一层入射原子与基片原子相互融合的伪扩散层，使得薄膜与基片的附着力加强。

③ 可制备特殊材料的薄膜。几乎所有的固体都可以用溅射法制成薄膜。靶可以是金属、半导体、电介质、多元素的化合物。只要是固体，甚至粒状、粉状的物质都可以作为溅射靶，并且不受熔点的限制。溅射法制膜还可以使不同的材料同时溅射制备混合膜、化合膜。若使不同的材料依次溅射，可以制备多层膜。

④ 纯度高。因为溅射法制膜装置中没有蒸发法制膜装置中的坩埚构件，所以溅射膜层里不会混入坩埚加热器材料的成分。

溅射镀膜的缺点是成膜速率比蒸发镀膜低、基片温升高、易受杂质气体影响、装置结构较复杂。近年来由于高频溅射、磁控溅射技术的新发展，溅射镀膜技术已经得到日益广泛的应用。

2.3.3　光谱选择性吸收涂层采用的溅射沉积技术

在溅射沉积技术中，首先涉及的是溅射系统或称溅射方法。溅射方法因分类出发点的不同而有多种类型，常见的有按照它们的放电激励方法、阴极的形状、电源的种类等分类。实际中使用的溅射方法往往是几种类型的综合。本节仅介绍最常用的几种方法。

2.3.3.1 直流二极溅射原理及装置

直流二极溅射的基本装置如图 2-13 所示。溅射时先将真空室抽至 10^{-3} Pa 左右，之后通入氩气并维持在 $10^{-2} \sim 10^{-1}$ Pa 范围。在阴极上加 $2 \sim 5$ kV 的负高压，阳极（基片）接地，这样在阴极和阳极之间就会产生辉光放电，阴极发射出来的一次电子被电场加速后，使氩气产生电离，产生的正离子向阴极方向运动，入射到靶上并打出阴极表面的原子及电子（也称次级电子）。原子沉积在基片上形成薄膜。次级电子在电场中加速后变成快电子（相对于转变成的一次电子），这种快电子维持着辉光放电持续发生。其基本原理如图 2-14 所示。

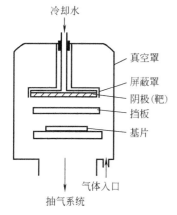

图 2-13　直流二极溅射装置

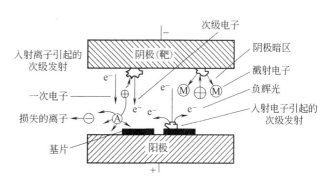

图 2-14　直流二极溅射的基本原理

2.3.3.2 磁控溅射技术

磁控溅射技术利用垂直方向分布的磁力线将电子约束在靶材表面附近，延长其在等离子体中的运动轨迹，提高电子与气体分子的碰撞概率和电离过程。典型的二极磁控溅射发生的现象如图 2-15 所示。设置一个与靶面电场正交的磁场，溅射时产生的快电子在正交的电磁场中作近似摆线运动，电子行程增加，与气体分子的碰撞概率增大，也就提高了气体的离化率。高能量粒子与气体碰撞后失去能量，沿着磁力线向着阳极飘移并被阳极吸收。因此磁控溅射中基体温度较低，在普通塑料膜上都可以完成镀膜。

在磁控溅射中，按照靶的形状通常分为平面（圆形、方形、椭圆形等）磁控溅射和圆柱磁控溅射以及 S 枪溅射等。下面主要介绍前两种溅射沉积技术，同时假定使用的磁铁全部是永磁体。

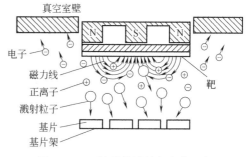

图 2-15　二极磁控溅射发生的现象

(1) 平面磁控溅射

① 平衡型平面磁控溅射。平衡型平面磁控溅射是最常用的平面磁控溅射。在平衡型平面靶（源）中摆放的磁体应保证磁力线有一个闭合的通路，磁力线与阴极平行，即在阴极表面构成一个正交的电磁场环形区域。在该区域内阴极发射的电子作摆线运动，通常称此区域为电子跑道。电子在跑道上的运动过程中与气体碰撞发生电离，产生 Ar^+ 并轰击靶面，因此在对应电子跑道处的靶面刻蚀严重。为了获得均匀的刻蚀，靶或磁体应该作必要的运动或移动。

平衡型平面磁控溅射的结构如图 2-16 和图 2-17 所示。使用永磁体比使用电磁铁简单，可以根据需要随意排放，而且不像电磁铁那样还需要外加电源，因此避免了电磁干扰，而且达到同样的磁感应强度所需要的体积小，质量轻。缺点是不能快速调节变化，而且靶上还会不断地吸附磁性金属或因磁体在水中浸泡（靶必须水冷）腐蚀下的屑沫，这些金属或化合物屑极易堵塞冷却水出口，造成冷却水不畅，稍不注意就会发生因水压不足、水温上升使永磁体退磁的现象。

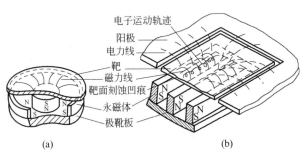

图 2-16　圆形（a）及方形（b）平面磁控源

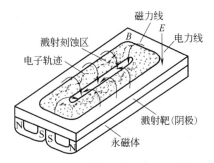

图 2-17　马蹄永磁体平衡平面靶

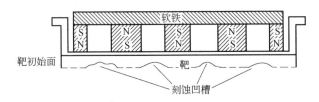

图 2-18　靶刻蚀区域与磁体的对应关系

靶大多是由厚 3～10mm 的源材料构成。靶的厚度太薄会因使用周期短影响镀膜效率；太厚有可能会造成靶面、靶底部之间的温度梯度太大，尤其是热导率太小的材料，表面的温度会高出许多，影响辉光放电。磁性材料的靶更不可太厚，否则会使磁感应强度下降，放电不正常，例如用 Ni 作靶时，厚度一般不超过 2mm。

使用永磁体的平面溅射源时，如果靶与磁体都处于静态，那么靶的刻蚀仅发生在电子跑道区域内，靶面会出现凹槽，时间长了有可能穿透靶，使靶材报废。对于贵重材料而言，这是一种浪费。这类平面靶的利用率是 25％～45％，图 2-18 给出了靶刻蚀区域与磁体位置的关系。

② 非平衡平面磁控溅射。在平面磁控源中，通过改变永磁体磁极的强度可以改变靶表面的磁场分布状况。在不同的磁感应强度作用下，电子的运动状态发生变化，引起等离子体强度和区域的改变。图 2-19 是三种不同的磁极状态对等离子体的影响。图 2-19（a）是平衡型磁控源，磁力线闭合。图 2-19（b）是内磁极增强、磁力线不闭合的非平衡型磁控源。这种源使电子向真空壁上运动并被真空壁吸收，与平衡型溅射源相比，不但等离子区域没有被扩展，反而因丢失电子使等离子强度降低。永磁体这种摆放方式是不可取的。图 2-19（c）是将外环磁极增强，内环磁力线仍是闭合的，保证了靶中心区域有高的等离子体密度，使溅射产额仍处于高的水平；在靶的外环处磁力线不闭合，而是指向阳极。靶面发射的电子沿磁力线向阳极快速运动，在运动中与气体分子发生碰撞产生电离，结果是将等离子的区域扩展开。

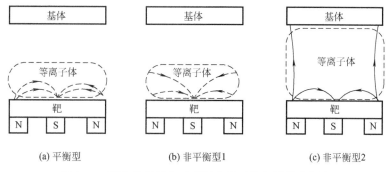

(a) 平衡型　　　　　(b) 非平衡型1　　　　　(c) 非平衡型2

图 2-19　平衡及非平衡型磁极变化对等离子体的影响

　　图 2-20 给出了三种双平面非平衡磁控溅射源结构类型，图 2-20（a）和图 2-20（b）两个类型平面靶的磁极排列是一样的：NSN 和 SNS。只是图 2-20（a）中的两个靶面处于同一个平面，因此称这种结构是共面结构；图 2-20（b）是垂直对立结构。图 2-20（a）和图 2-20（b）两种结构的磁力线都是闭合的，两个靶之间形成一个闭合空间，即电子陷阱，等离子区域在扩大的同时又被有效地限制。在图 2-20（c）中，靶也是垂直对立结构，但它的两个靶内永磁体的磁极是同一种排列方式，即 NSN。这种排列使得靶边缘处的磁力线指向真空室壁，一些电子因此而逃逸。

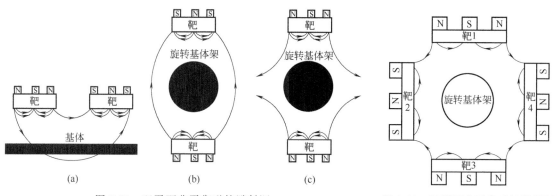

图 2-20　双平面非平衡磁控溅射源　　　　图 2-21　四平面非平衡磁控溅射源

　　为了满足不同条件下的应用，还可以将更多的靶组合在一起，图 2-21 是四平面非平衡磁控溅射源，它们面面相对，磁极排列如图 2-21 所示，磁力线闭合，等离子体被束缚在中间，中间摆放了可旋转的基体架。这种结构可以使复杂工件表面沉积均匀。

　　利用非平衡溅射技术可以制备多种新型、高质量的薄膜材料，尤其在沉积多组元薄膜时更能体现出它的优越性。例如，将四个靶分别安装上金属 Ti、Al、Zr、Cr 材料，通入 N_2，就可以得到以上几种材料的氮化物。这几种氮化物之间或形成混合物，或形成固溶体薄膜。根据需要，可以启动四个靶中的一个，或两个，或三个，由此可以得到多种类型的薄膜材料。

（2）圆柱磁控溅射

　　圆柱磁控溅射是利用一种圆柱形磁控阴极实现溅射。当前在我国太阳能真空集热管选择性吸收涂层的制备中，几乎无一例外地采用了这种沉积技术。在圆柱磁控溅射系统中，磁控源是关键部分。在圆柱磁控源中磁场的提供方式主要有永磁体及电磁线圈两种。

图 2-22 列出了四种基本的圆柱磁控溅射源。图 2-22（a）和图 2-22（c）是柱状阴极在中心位置，称为圆柱形磁控阴极（磁控源）；图 2-22（b）和图 2-22（d）与前两者相反，空心阴极在外，阳极处于中心，这种结构的阴极通常称为反磁控源，或者叫作空心阴极。空心阴极溅射系统不适用于真空集热管镀膜的大批量生产，因此这里不加叙述。

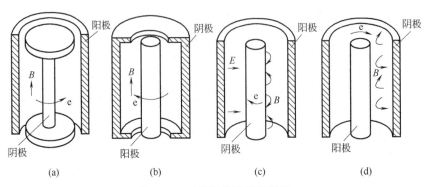

图 2-22   四种圆柱形磁控阴极

在图 2-22（a）和图 2-22（c）的结构中，阴极可以采用标准的管材，管内装有永磁体，结构非常简单。但是磁体的形状和排列方式限制着电子的运动，它们对薄膜的均匀性和靶材的利用率有直接的关系。

用于真空集热管生产的圆柱形磁控阴极（源）中的磁场可以由永磁体或电磁线圈提供。20 世纪 80 年代，一种卧式、单靶电磁溅射镀膜机研制成功，并用于批量生产。使用中发现，这种镀膜机除了耗能高、有电子干扰之外，由于阴极和工件较长，又是卧式工作，靶件及工件必须采取合理的支撑，否则会出现靶件的密封和变形问题以及工件在旋转时的碰撞问题。利用永磁体，且阴极在直立状态下工作，这样就从根本上避免了上述问题。

在我国，立式永磁磁控源系统被广泛用于真空集热管镀膜工艺中。选用的磁体主要有两类：圆环形及条形。图 2-23（a）是使用过的圆环磁体组件（靶芯）照片，一组磁体由四块串联而成，两组之间是软铁。图 2-23（b）是圆环磁体摆放结构。不难发现，圆环磁体阴极实际上就是图 2-22（c）的一种。磁场沿阴极长度方向分布，电子按照电场及磁场的方向沿靶的圆周作摆线运动，靶的刻蚀仅发生在有横向磁场的区域内，图 2-24 是图 2-23（b）磁体排列时靶面被刻蚀区域分布的状况。

(a) 圆环磁体组件(靶芯)照片

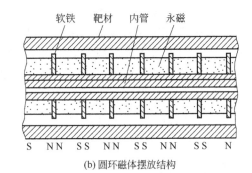

(b) 圆环磁体摆放结构

图 2-23   圆环磁体靶的结构

在真空集热管领域应用最普遍的镀膜设备是立式靶芯旋转式磁控溅射系统。该系统中，阴极内装有可旋转的靶芯，磁体是条状，磁场方向是阴极的圆周方向。此时电子沿靶的长度方向作摆线运动，如图2-25（a）和图2-25（b）所示。溅射时，如果靶芯不动，其结果是在靶的长度方向上留了多条（依磁体多少而定）被刻蚀的凹槽。显而易见，只要将靶芯相对于靶作旋转运动，靶面就可以被均匀刻蚀，如图2-26所示。靶芯在旋转时没有发生相对于靶的位移，因此容易实现靶及靶芯的密封问题。另外，待镀玻璃管在溅射时也要公转和自转，系统中全部的旋转运动要比既有旋转又有平动更容易实现。

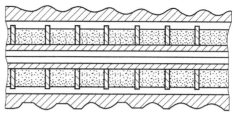

图2-24 圆环磁靶刻蚀的非均匀性

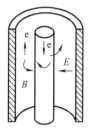

(a) 电子轨迹与电磁场 　　(b) 磁体的排列

图2-25 条形磁体圆柱磁控溅射图 　　图2-26 旋转靶芯时靶的均匀刻蚀

2.3.3.3 影响膜层质量的因素

目前，国内使用的选择性吸收膜系主要是AlN-Al和AlN-SS（不锈钢）两类，这两类膜系都属于化合物-金属的复合材料，制备方法是完全一样的，主要是利用立式圆柱磁控溅射镀膜机，采取反应溅射沉积技术进行制备。

在实际镀膜之前，首先要确定镀膜机的工作参数，包括本底压强、溅射压强、放电电流等。这些参数与镀膜的稳定性及膜的质量密不可分。过高的本底压强造成更多的残余气体进入膜内，改变了膜的成分，而且还可能降低膜的稳定性。例如，经常发现选择性吸收膜系的颜色变浅甚至发白，其原因除了膜系工艺调整不当之外，本底压强过高也是重要的因素之一。所谓溅射压强是指通入气体之后进行辉光放电时的气体压强，反应溅射时的压强就是Ar及反应气体的总压强。从实践经验中已经知道，在保持溅射电流不变的条件下，溅射压强的高低与溅射时起辉电压密切相关，溅射压强高，起辉电压相对较低，可以得到较大的电流。但是高的溅射压强会使溅射离子及沉积粒子在运动过程中发生散射，自身能量降低，造成沉积膜与基体之间的附着力减弱，压强过高甚至会导致没有膜沉积。一般来讲，低的气体压强会使膜内缺陷少，膜的质量高。在现有的镀膜机中，靶与基体（真空管的内管）距离已经固定，放电电压仅与溅射压强有关系。

在磁控溅射中，溅射电压除了与溅射气体压强有关外，还与磁场强弱有关，磁场太弱，起辉电压会升高。在镀膜过程中电压突然升高时，应该考虑到这一点。

在选择性吸收膜系的制备中往往会遇到许多问题，如膜系的吸收低发射也低、膜系吸收高发射也高、膜系吸收低发射高、膜系在可见区有高的反射、颜色与膜系性能的关系等。

由于选择性吸收膜系不是发光表面，当表面对太阳光的可见光范围的某些波长有选择的反射时，膜系就会呈现不同的颜色。实际制备的膜系往往会出现黑色、蓝色、黄色。当膜系对红、绿、蓝光都有较多吸收时，表面呈黑色；当都有较强的反射时，表面呈白色；仅对红、绿光吸收，对蓝光反射时，膜系呈现蓝色。反过来，如果膜系对蓝光强吸收，对红、绿光波有较强的反射，人看到的膜系是黄色。假如将蓝色波长的反射提高，黄色就消除了，这就是颜色的互补性，黄色与蓝色互补。不同光波颜色及其互补色见表2-2。

在光亮时，人的眼睛对可见光不同波长有不同的感受度，看黄色最亮，对可见光一端的红色感觉暗得多。这种对不同波长的光的感受不同，可以用相对视觉效率（或视亮度函数）来表示，视觉效率见表2-3。从表中可以看出，人眼对520～590nm的黄绿及黄色有较大的感受度。由此可见，膜系表面是蓝色、黑色时无法判断它的光谱吸收情况如何，但是出现黄色的膜系完全可以判定它的光谱特性一定是不理想的。

表2-2　不同光波颜色及其互补色

物体吸收的光		人眼看到的颜色（即吸收色的互补色）
波长/nm	相应颜色	
400～420	紫	绿黄
400～450	紫蓝	黄
450～480	蓝	橙
455～490	天蓝	橙
480～500	蓝绿	红
500～560	绿	紫红
560～580	绿黄	紫
580～600	黄	紫蓝
600～620	橙	蓝
620～670	红	蓝

表2-3　不同光波颜色及视觉效率

光的颜色	波长/nm	视觉效率	光的颜色	波长/nm	视觉效率
紫色	400	0.0004	黄色	540	0.954
	410	0.0012		550	1.00
	420	0.0040		560	0.995
	430	0.0116		570	0.952
				580	0.870
				590	0.757
蓝色	440	0.023	橙色	600	0.531
	450	0.033		610	0.503
				620	0.381
青色（天蓝色）	460	0.060	红色	630	0.265
	470	0.090		640	0.175
	480	0.139		650	0.107
	490	0.208		660	0.061
绿色	500	0.323		670	0.034
	510	0.503		680	0.017
	520	0.710		690	0.008
	530	0.862		700	0.004

2.4　太阳光谱选择性吸收涂层及制品的性能测评

太阳能热利用中的光谱选择性吸收涂层性能的优劣主要表现在它们的发射率和太阳吸收比，优良的表面有高的太阳吸收比，同时具有低的发射率。为此必须及时准确地测量以上两个参数，提供给研制者或生产者。本节介绍不同条件的吸收膜系发射率、太阳吸收比的测量方法。

2.4.1　选择性吸收膜系发射率测量技术

在选择性吸收膜系相同的情况下，因基体材料的形状不同（如平板或圆管），其发射率的测量方法及测量仪器就不同。为此，下面以平板和圆管为例，分别介绍吸收膜系发射率的测量技术。

2.4.1.1　稳态量热计法半球发射率测量

当一个被测试样置于压强 $5\times10^{-3}\sim6\times10^{-3}\mathrm{Pa}$ 的等温真空室内时，试样表面与真空室内壁之间只有辐射热交换。假设：

① 试样和真空室冷壁的表面积、温度、发射率及吸收比分别表示为 A_1、A_2，T_1、T_2，ε_1、ε_2 及 α_1、α_2。当 $A_2\gg A_1$ 时，$A_1/A_2\approx0$。

② 真空室冷壁表面通常喷涂一层无光黑漆，可看作黑体，因此有 $\varepsilon_2=\alpha_2=1$。

③ 将试样看作灰体，因此有 $\varepsilon_1=\alpha_1$。

在以上条件下，试样向真空室冷壁表面辐射的能量可以表示为

$$Q_{1-2}=A_1\varepsilon_1\sigma(T_1^4-T_2^4)$$

试样向真空室辐射的能量可以用外加电热功率补偿，使其处于热稳定平衡状态。此时试样的半球发射率 ε_H 为

$$\varepsilon_H=\frac{IV}{A_1\sigma(T_1^4-T_2^4)} \tag{2-12}$$

式中，I 为外加电流，A；V 为外加电压，V；σ 为斯特藩-玻尔兹曼常数，其值为 $5.67\times10^{-8}\mathrm{W/(m^2\cdot K^4)}$。

显然，通过改变外加电功率的大小，就可以得到不同平衡温度下试样的半球发射率。

稳态量热计法半球发射率测量装置结构如图 2-27 所示。该装置由真空系统、真空室、热沉、主加热器及补偿加热器、测试系统等组成。

真空系统实际上就是真空泵。这里所采用的真空系统应保证真空室内的压强达到 $1.3\times10^{-3}\mathrm{Pa}$。真空室由两个同心钟罩组成，外罩起真空密封作用，内罩就是热沉。热沉外壁有冷却管，通入的冷却液可以使其内壁恒温。热沉内壁喷砂处理后涂上无光黑漆，黑漆 $\varepsilon_H\geqslant0.90$。此外，热沉的内表面积与试样表面积相比应足够大，即 $A_2\gg A_1$。

通常用的主加热器是把直径很细的镍铬丝绕在薄的云母片上，并将其置于外表面镀金的铜盒内，盒的上方放一块紫铜板作均热板，再用绝热性能优良的聚四氟乙烯棒将盒子支撑在补偿加热器内。补偿加热器是用铜制成的两个套在一起的圆杯，中间绕有镍铬丝。主加热器盒底及补偿加热器底、壁各装有测温用热电偶。

待测试样用导热硅脂贴在主加热器的均热板上，它的被测试表面被热沉包围，其余部分置于补偿加热器内。调节输入电功率，使补偿加热器内表面温度与主加热器盒底温度相同，

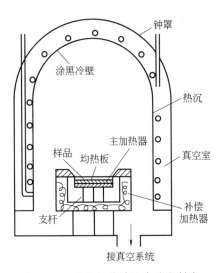

图 2-27　稳态量热计法半球发射率
　　　　测量装置示意图

处于热平衡状态，试样被测表面辐射能量由主加热器来维持。利用热电偶可以测得试样和热沉表面的温度，利用仪表很容易读出加在主加热器上的电压及通过的电流，即可由式(2-12)计算出试样表面的半球发射率值。理论分析及实验结果表明，以上方法用于测量低发射率表面时必须采用液氮冷壁，而对于高发射率样品，水冷壁就可以满足要求。

2.4.1.2　集热管发射率测量

集热管发射率测量包含两方面的内容，一是指成品集热管，且主要针对全玻璃真空集热管；二是指有选择性吸收膜系的内管。成品集热管和内管虽然形状相同，但是从测试角度来讲是两个截然不同的管体。因此测量这两类管子发射率的原理和方法也不相同。下面分别对两种管体发射率的测量作简单介绍。

(1) 全玻璃真空集热管发射率测量

全玻璃真空集热管发射率测量仪包括加热系统、真空密封腔体、冷壁水套、测量控制系统及数据处理系统等组成，基本构成如图 2-28 所示。真空集热管既是被检测体，又是仪器的密封腔体，是测量仪器中不可缺的部分，被测吸收膜系在真空夹层中。

由于选择性吸收膜系的发射率比较低（大多小于 0.15），设计的加热器功率不能过低，否则会使电流、电压的测量精度下降。针对罩管/内管直径之比分别为 47mm/37mm、58mm/47mm、70mm/58mm 三种真空集热管产品，可分别选用 $\phi25mm$、$\phi35mm$ 及 $\phi45mm$ 的高温陶瓷管，管的长度应为 1～1.5m，这样均温区就比较大。将陶瓷管分成三段（图 2-29），并分别绕上加热带，中间为主加热器，两边是辅加热器。控制辅加热器温度与主加热器温度相等。

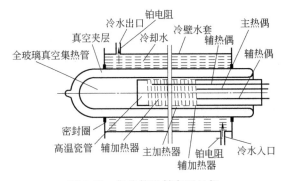

图 2-28　集热管发射率测量仪

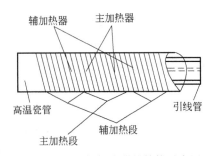

图 2-29　主、辅加热器的结构示意图

(2) 内管发射率测量

利用反射率计方法测量试样发射率的基本原理如图 2-30 所示。当热辐射的能量分别投射到标准样品和待测试样表面上时，由试样反射的一部分辐射热能被热敏元件接收并变成电信号输出，由此可以计算出待测试样对热辐射的反射比值为

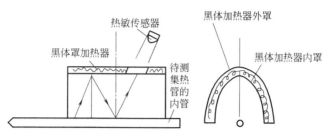

图 2-30　反射率计型发射率检测示意图

$$\rho_s = \rho_{st} = \frac{\varPhi_s - \varPhi_0}{\varPhi_{st} - \varPhi_0} \tag{2-13}$$

式中，ρ_s 为待测样品的反射比；ρ_{st} 为标准样品的反射比；$\varPhi_s$、$\varPhi_{st}$ 分别为待测样品和标准样品反射辐射能量输出的电信号；$\varPhi_0$ 为测量仪表非反射辐射输出的电信号。

对于非透明试样，其吸收比可以写成 $\alpha = 1 - \rho$。根据基尔霍夫定律，在热平衡条件下，表面对黑体辐射的吸收比等于同温度下该表面的发射率，即 $\varepsilon = \alpha$。

测量内管发射率的测试仪主要构成是：对待测内管进行热辐射照射用的加热黑体罩、将接收到的热辐射能转变成电信号的热敏传感器、数据采集及处理系统等。由于测试仪需在室温条件下进行，而且还不需要测量试样表面的温度，再加上该仪器的结构简单、携带方便、检测速度快，非常适合集热管生产的在线检测。

2.4.2　太阳吸收比测量技术

2.4.2.1　太阳选择性吸收膜系吸收比测量

在太阳选择性吸收膜系的研究和应用中，对膜系吸收比的测试是极其重要的。测量的方法和仪器（及装置）有许多种，测量方法通常可分为两大类，即光谱法和积分法。两种方法都是测量膜系的反射比值。

光谱法也称为单色法。该方法检测到的是太阳辐射光谱 $0.2 \sim 2.5 \mu m$ 范围内每个波长下表面（膜系）的反射比 ρ_i。将 ρ_i 在所要求的波长范围进行积分，就可以得到膜系总的光谱反射比 ρ_s 及吸收比 α_s。在实际计算时，通常采用求和的方法得到 ρ_s，即将太阳辐射光谱分成若干个波段，波段的多少与采用的大气质量有关，国内通常采用 AM1.5，也曾用 AM2 计算。光谱法中的测量仪器是分光光度计。

积分法实际上是采用太阳光或太阳模拟器直接测量物体的太阳吸收比。这种方法还可以分为稳态量热计法和非稳态量热计法。积分法得到的是表面在太阳光谱范围内总的吸收比，并不给出在不同波长下表面的反射特性。显然，该方法不如光谱法那样能准确明了地显示出表面对所期待的波长范围的吸收（或反射、透射）特性。

2.4.2.2　真空集热管吸收比测量

到目前为止，直接测量真空管中选择性吸收膜系的吸收比的技术都不够理想。虽然方法较多，但各有利弊。一是采用陪片法；二是测量带有吸收膜系的内管；三是直接测量成品集热管。

(1) 陪片法测量

所谓陪片，指跟随真空集热管生产全过程制备的平面试样。用双光束分光光度计测量陪片的吸收比，该吸收比就是真空管中吸收膜系的吸收比。利用陪片法得到的测试结果最能代表真实值。

在制作陪片时通常用现成的载玻片作为基体，将干净的玻片分别粘贴在某个待镀膜内管上、中、下三个合适的位置上，目的是尽可能降低因膜系在真空室高度方向的不均匀性产生的陪片等效误差。制备好的陪片被封在玻璃管内，随着生产流程进行排气烘烤，完成后取出，用分光光度计测量它们的反射比，并取平均值，该值被认为是内管吸收膜系的反射比。陪片法虽相对准确，但比较麻烦，不可能实现对吸收膜系的在线检测。

(2) 玻璃内管吸收膜系的直接测量

利用分光光度计可以直接测量内管表面吸收膜系的反射比，方法与测量平面样品相同。需要特别指出的是，使用时应注意分光光度计光斑的大小、形状以及内管样品的固定方式。分光光度计输出的光斑是高约 10mm、宽 1~4mm 的长方形，因而内管样品应该竖直放置，以避免光的溢出。有的分光光度计积分球是整体被放置在仪器的测试室内，测试时积分球处于暗空间。这种分光光度计无法测量成品内管（内管长≥1.5m），必须将管子截短。对于积分球的样品孔露出测试室外的分光光度计，可以将成品管通过特殊设计的支架紧贴在积分球样品孔处完成测试，这种测试是非破坏性的。

(3) 成品集热管测量

实施对成品全玻璃真空集热管选择性吸收膜系吸收比无损检测是一项开创性的工作。清华大学的研究者从理论上分析了用分光光度计积分球附件测量不同半径集热管产生光泄漏的原因，提出了修正公式，并通过实际测量验证了公式的正确性，实现了对成品集热管膜系吸收比的无损检测。

从反射比定义出发，物体表面在不同波长下的反射比 ρ 等于该物体对该波长光照射的反射功率 P' 与入射光功率 P 之比，即 $\rho = P'/P$。在用分光光度计测量内管表面膜系时，由于表面紧贴在积分球附件样品孔处，产生的测量误差比较小。然而对于成品集热管来讲，在内管外边还套着一个透明的、厚度约 1.8mm 的外罩管，罩管的内壁距待测膜约有 3.2mm，由于内管表面无法贴在积分球样品孔处，测试时必定会产生光泄漏，使得反射光功率偏小。成品管的半径不同，光泄漏也就不同。这就是测量误差产生的原因之一。

习题

1.什么是理想化的选择性吸收表面？实际过程中主要采取哪些方式增加太阳光的吸收和减少光线的反射？

2.适合作为选择性吸收涂层的物质主要分哪三大类？哪一类材料可直接作为选择性吸收涂层使用？另外两类如何配置，才能作为选择性吸收涂层使用？

3.半导体的本征吸收是如何定义的？半导体的本征吸收的显著特点是什么？

4.产生本征吸收的条件是什么？半导体材料硅（Si）和锗（Ge）的禁带宽度分别是 1.12eV 和 0.67eV，计算它们的吸收限（波长）是多少。

5.太阳光与吸收涂层之间作用时所发生的过程，可以用模型表达出来，如图 2-31 所示。以氮化铝为例，氮化铝是一种宽带半导体材料，将材料视为一面墙，并在上面开一扇门，门的高度表示氮化铝材料的带宽，入射光束看作一个人，四个波长（$\lambda_1 > \lambda_2 > \lambda_3$

$>\lambda_4$)代表四个人,波长越长,表示人的个子越矮,波长越短,表示人的个子越高,如图2-31所示。当光线照射到材料上时,可以看作某身高的人在通过墙上的这扇门。如果人的身高低于门的高度,人穿过门,相当于材料不能吸收该波长的光,只有身高大于门的高度,人被拦住,才相当于该波长的光线被材料吸收。

从以上模型原理,分析选择性吸收涂层在材料选择和涂层设计及制备方面要注意哪些要素。

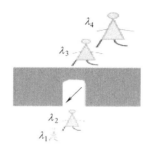

图 2-31 光波与涂层(薄膜)作用的模型

6.典型的几种太阳光谱选择性吸收涂层有哪些?

7.简述本征吸收选择性吸收涂层的工作原理。

8.图2-32为采用磁控溅射法制备的某种选择性吸收涂层,试说明该选择性吸收涂层属于哪一类型?简述其工作原理。

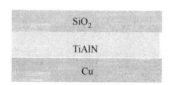

图 2-32 选择性吸收涂层结构

9.太阳能集热板涂层制备工艺常用的有哪几种方法?

10.简述溅射沉积技术的基本原理和真空溅射技术制备的薄膜的特点。

11.若太阳能真空管的选择性吸收膜系呈现蓝色,试分析其原因。

12.太阳能真空集热管吸收比测量方法有哪些?

第 **3** 章

平板型太阳能集热器

3.1 概述

太阳能集热器是指吸收太阳辐射并将产生的热能传递到集热介质的装置。太阳能集热器是组成各种太阳能热利用系统的关键部件。不同的集热方法形成了不同的集热器类型，因此，太阳能集热器可以用多种方法进行分类。

(1) 按集热器内的集热介质分类

① 液体集热器：用液体（如水）作为集热介质的太阳能集热器。

② 空气集热器：用空气作为集热介质的太阳能集热器。

(2) 按进入采光口的太阳辐射是否改变方向分类

① 聚光型集热器：利用反射器、透镜或其他光学器件将进入采光口的太阳辐射改变方向并汇聚到吸热体上的太阳能集热器。

② 非聚光型集热器：进入采光口的太阳辐射不改变方向也不集中射到吸热体上的太阳能集热器。

(3) 按集热器是否跟踪太阳分类

① 跟踪集热器：以绕单轴或双轴旋转的方式全天跟踪太阳视运动的太阳能集热器。

② 非跟踪集热器：全天都不跟踪太阳视运动的太阳能集热器。

(4) 按集热器内是否有真空空间分类

① 平板型集热器：吸热体表面基本上为平板形状的非聚光型集热器。

② 真空管集热器：采用透明管（通常为玻璃管）并在管壁和吸热体之间有真空空间的太阳能集热器。其中吸热体可以由一个内玻璃管组成，也可以由另一种用于转移热能的元件组成。

(5) 按集热器的工作温度范围分类

① 低温集热器：工作温度在 100℃ 以下的太阳能集热器。

② 中温集热器：工作温度在 100~200℃ 之间的太阳能集热器。

③ 高温集热器：工作温度在 200℃ 以上的太阳能集热器。

对于一台确定的太阳能集热器，它可能属于不同的类别。如一台平板液体太阳能集热器，既属于非聚光型集热器及非跟踪集热器，也属于低温集热器；另一台真空管液体集热器，可以是聚光型集热器及非跟踪集热器，也可以属于中温集热器等。

本章将主要介绍平板型太阳能集热器。

3.2 平板型集热器的组成

平板型集热器是通过将太阳辐射能转换为集热器内工质（一般是液体或者空气）的热能，来实现太阳能到热能的转换。平板型集热器是太阳能低温热利用中的关键设备，它是一种特殊的热交换器。所谓平板型并不一定是平的表面，而是指集热器采集太阳辐射能的表面（采光面）面积与其吸收太阳辐射的表面积相等，实际集热器的吸热表面并不一定是平板。

平板型集热器作为一种非聚光型集热器，由于具有采光面积大、结构简单、不需要跟踪、工作可靠、成本较低、运行安全、免维护、使用寿命长等特点，成为目前应用最广泛的太阳能集热器产品之一。但由于其热流密度较低、工质温度较低，主要应用于生活用水加热、游泳池加热、建筑物采暖与空调等太阳能低温热利用系统中，还可以用于地下工程除湿、提供工业（如锅炉补水的预热、食品加工业、制革、缫丝、印染、胶片冲洗等）用热水或者为各种养殖业和种植业提供低温热水。

3.2.1 平板型集热器的结构

平板型集热器主要由集热板（包括吸收表面和集热介质流道）、透明盖板、隔热保温材料和外壳等几个部分组成，如图 3-1 所示。

平板型集热器的工作原理是，太阳辐射穿过透明盖板后投射在集热板上，集热板吸收太阳辐射后温度升高，将热量传递给集热板内的集热介质，使集热介质的温度升高；同时，温度升高的集热板以传导、对流和辐射等方式向四周散热，成为集热器的热量损失。由于平板

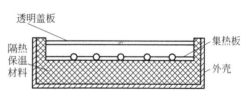

图 3-1 平板型集热器结构示意图

型结构不具备聚集阳光的功能，因此平板型集热器只能提供低温热能，其集热温度一般在 50～70℃之间。

3.2.2 平板型集热器的主要部件

3.2.2.1 集热板

集热板是接收太阳辐射并使之转化为热能传递给集热介质的一种特殊热交换器。集热板包括吸热涂层、散热片（又称肋片）和集热介质的流道三部分。根据集热板的功能及工程应用需要，对其技术要求主要有：

① 太阳吸收比高。集热板可以最大限度地吸收太阳辐射能。

② 热传递性能好。集热板产生的热量可以最大限度地传递给集热介质。

③ 与集热介质的相容性好。集热板不会被集热介质腐蚀。

④ 一定的承压能力。便于将集热器与其他部件连接组成系统。

⑤ 加工工艺简单。便于批量生产及推广应用。

(1) 吸热涂层

作为吸收太阳辐射的吸热涂层，应该尽可能地提高太阳辐射的吸收率，同时减小受热后

自身长波发射造成的热损失。此外，良好的吸热涂层应对不同入射角的太阳辐射都有很高的吸收率，并要具有耐热性、耐久性以及良好的传热性能。有关吸热涂层的内容在第 2 章中已经介绍，此处不再赘述。

(2) 集热板材料

集热板一般采用铜、铝合金、铜铝复合材料、不锈钢、镀锌钢、合成树脂以及橡胶等。其中，肋片材料的热导率要大，价格要便宜，加工性能要好。集热介质流道所使用的材料不仅要求其具有较高的热导率，而且还要求材料与集热介质具有较好的相容性，即要求材料具有很好的耐腐蚀性能。目前国内外基本上都采用铜或不锈钢材料。铝抵抗点腐蚀性能一般较弱，但经氧化铝膜或替代腐蚀处理后可以改善一些。

由于金属材料多少存在着腐蚀问题，根据使用的目的不同，必须采用防腐剂或采取其他防腐措施。使用铜管和铝肋片这种不同的材料组合，可以避免它们各自的缺点，但必须注意制造方法以及两者之间的结合热阻问题。如果以肋片作为选择性涂层的基板，应使用易于进行选择性涂层处理且耐久性和耐热性好的材料。

(3) 集热板的结构

按照肋片和集热介质流道之间结合方式的不同，集热板的结构可以分为管板式、翼管式、扁盒式、蛇管式和涓流式等几种，如图 3-2 所示。

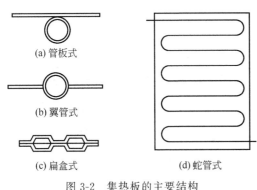

图 3-2　集热板的主要结构

① 管板式。管板式集热板是将排管与平板以一定的结合方式连接构成吸热条带，如图 3-2（a）所示，然后再与上下集管焊接成集热板。这是目前国内外使用比较普遍的集热板结构。

排管与平板的结合有多种方式，早期有捆扎、铆接、胶粘、锡焊等，这些结合方式工艺落后，结合热阻较大，现已逐渐被淘汰，目前主要有热碾压吹胀、激光焊接、超声焊接等连接方式。

② 翼管式。翼管式集热板是利用模具挤压拉伸工艺制成金属管两侧连有翼片的吸热条带，如图 3-2（b）所示，然后再与上下集管焊接成集热板。集热板材料一般采用铝合金。

翼管式集热板的优点是：热效率高，无结合热阻；耐压能力强。缺点是：水质不易保证；材料用量大；动态性能差。

③ 扁盒式。扁盒式集热板是将两块金属板分别模压成型，然后再焊接成一体构成集热板，如图 3-2（c）所示。集热板材料可以采用不锈钢、铝合金、镀锌钢等。通常流道之间采用点焊工艺，集热板四周采用滚焊工艺。

扁盒式集热板的优点是：热效率高，无结合热阻；不需要焊接集管，流道和集管采用一次模压成型。缺点是：焊接工艺难度大，容易出现焊接穿透或焊接不牢的现象；耐压能力差；流道的横截面大，动态性能差；铝合金和镀锌钢都会被腐蚀，水质不易保证。

④ 蛇管式。蛇管式集热板是将金属管弯曲成蛇形，然后再与平板焊接构成集热板，如图 3-2（d）所示。集热板材料一般采用铜，焊接工艺可采用高频焊接或超声焊接。

蛇管式集热板的优点是：热效率高，无结合热阻；不需要焊接集管，减少泄漏可能；水质清洁；耐压能力强。缺点是：串联流道，流动阻力大；焊缝不是直线而是曲线，焊接工艺难度大。

⑤ 涓流式。涓流式集热板的流道不是在集热板内，而是在呈 V 字形的集热板表面，集热器工作时，液体集热介质不封闭在集热板内而从集热板表面缓慢流下，这种集热器称为涓流集热器，多用于太阳能蒸馏。

3.2.2.2　透明盖板

透明盖板是平板型集热器中覆盖集热板并由透明或半透明材料组成的板状部件。它的作用主要是保护集热板，使其不受灰尘及雨雪的侵蚀损坏，同时阻止集热板在温度升高后通过对流和辐射向周围环境散热。对透明盖板的技术要求主要有：

① 太阳透射比高。透射比越高，投射到集热板上的太阳辐射越强，集热效率越高。

② 红外透射比低。可以阻止集热板在温度升高后的热辐射，减小集热器辐射热损失。

③ 热导率小。集热器工作时，集热板与透明盖板间的空气温度可达 50～70℃，透明盖板热导率越小，散热损失就越小。

④ 冲击强度高。集热器在使用中，在受到冰雹、碎石等外力撞击下，透明盖板不至于损坏。

⑤ 耐候性好。透明盖板在冷、热、光、雨、雪等各种气候条件下长期使用后，其透光、强度等性能应无明显变化。

(1) 透明盖板的材料

常用的透明盖板材料主要有普通平板玻璃、钢化玻璃、玻璃纤维增强塑料或者透明的纤维板等，其中，使用最广泛的是平板玻璃。

① 平板玻璃。平板玻璃因其具有红外透射比低、热导率小、耐候性能好等特点，可以很好地满足集热器透明盖板的要求。但是，普通平板玻璃的太阳辐射透射比和耐冲击性能都较低，并不是太阳能集热器透明盖板的最佳材料。

平板玻璃中一般都含有三氧化二铁（Fe_2O_3）成分，而 Fe_2O_3 会吸收波长范围集中在 $2\mu m$ 以内的太阳辐射，且 Fe_2O_3 含量越高，吸收太阳辐射的比例越大。图 3-3 给出了厚度 6mm 的玻璃在不同 Fe_2O_3 含量下的单色透射比与波长的关系。

从图 3-3 可以看出，Fe_2O_3 含量为 0.02% 时，在太阳辐射能量集中的 0.3～2.5μm 的波长范围内，玻璃对太阳辐射的吸收可以忽略不计，单色透射比基本保持不变，玻璃的太阳透射比很高；Fe_2O_3 含量提高到 0.10% 时，玻璃对太阳辐射的吸收开始明显，波长 $2\mu m$ 以内的单色透射比下降，玻璃的太阳透射比降低；Fe_2O_3 含量高达 0.50% 的情况下，玻璃对太阳辐射的吸收非常厉害，波长 $2\mu m$ 以内的单色透射比严重下降，玻璃的太阳透射比很低。从图中还可以看出，平板玻璃在波长 $2.5\mu m$ 以上的单色透射比与 Fe_2O_3 的含量基本无关，并且都很小，所以平板玻璃具有红外透射比低的特点。

另一方面，玻璃的透射比因入射角不同而不同，入射角由 0° 变到 60° 左右时，透射比变化不

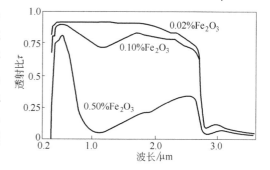

图 3-3　厚度 6mm 的玻璃在不同 Fe_2O_3 含量下的单色透射比与波长的关系

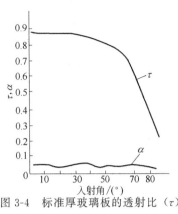

图 3-4　标准厚玻璃板的透射比（τ）、吸收率（α）和入射角的关系

大，当入射角大于 60° 时，透射比迅速降低，如图 3-4 所示。

目前，常用的透明盖板材料是厚度为 $3\sim5\text{mm}$ 的超白低铁玻璃或超白低铁布纹钢化玻璃，这种玻璃的 Fe_2O_3 含量低于 0.015%，对太阳辐射的透射比可达 0.92 以上，且具有足够的抗冲击强度。

② 玻璃纤维增强塑料板。玻璃纤维增强塑料板（FRP）有太阳透射比高、热导率小、冲击强度高等特点，因而可以很好地满足太阳能集热器对透明盖板的要求。玻璃纤维增强塑料板的单色透射比不仅在波长 $2\mu\text{m}$ 以内有很高的数值，而且在 $2.5\mu\text{m}$ 以上仍有较高的数值。玻璃纤维增强塑料板的太阳透射比一般都在 0.88 以上，但它的红外透射比比平板玻璃高得多。

通过使用高键能树脂和胶衣，可以减小玻璃纤维增强塑料板受紫外线破坏的程度，使玻璃纤维增强塑料板具有较好的耐候性能。玻璃纤维增强塑料板具有质量轻、加工性能好等特点。

除以上两种材料外，目前许多厂家采用一种用高键能树脂和高性能纤维复合而成的 Solar-E 太阳能板作为盖板材料，Solar-E 板表面覆有一层特殊保护膜，具有耐热、耐老化、高透光、质量轻、强度高等特点。这类新型的盖板材料主要有 HSG（高强耐热玻璃）、MMA（甲基丙烯酸甲酯板）、FRP（玻璃纤维增强塑料板）三种。它们的综合性能比较见表 3-1。需要注意的是，此类有机透明材料的抗老化性能仍然不及钢化玻璃等传统的无机透明材料。

表 3-1　三种盖板材料综合性能比较

材料	全光透射比	冲击强度	耐热性	绝热性	耐老化性能	密度	可加工性	成本
HSG	高	中	优	良	优	高	差	高
MMA	高	低	差	优	良	低	良	高
FRP	高	高	良	优	良	中	优	中

（2）透明盖板的层数和与集热板的间距

透明盖板的层数取决于太阳能集热器的工作温度及使用地区的气候条件。绝大多数情况下，都采用单层透明盖板，当太阳能集热器的工作温度较高或者在气温较低的地区使用，宜可采用双层或多层透明盖板。盖板层数越多，集热器的对流和辐射热损失越小，但投射到集热板上的太阳辐射能也将会大幅度降低。如果在气温较高地区进行太阳能游泳池加热，有时可以不用透明盖板，这种集热器被称为无透明盖板集热器。

透明盖板与集热板的空间距离应大于 20mm，一般是 $20\sim40\text{mm}$，空间距离过大会造成四周壳体在集热板上的阴影增大，从而影响集热器在一天中的运行效率；过低的空间距离会增大通过透明盖板的热损失。研究表明，透明盖板与集热板的空间距离存在两个最佳值，一是 20mm 左右，此时的空气夹层中只存在导热和辐射损失；二是 $40\sim50\text{mm}$，此时空气夹层导热阻力更大，但已存在自然对流。

3.2.2.3　保温层

保温层的作用是抑制集热板通过热传导向周围环境散热，减小集热器集热板底部和四周边的热损失。根据保温层的功能，要求保温层具有热导率小、耐高温、不易变形、不易挥发等特点。

（1）保温层的材料

平板型集热器常用的保温层材料有岩棉、矿棉、聚氨酯、聚苯乙烯等。聚苯乙烯在温度高于 70℃ 时会收缩变形，使用时需在它与集热板之间放置一层涂铝聚酯膜，以降低其使用温度。泡沫聚氨酯、泡沫聚乙烯等可耐 100℃ 左右的温度；玻璃棉耐温高达 400℃，适用于较高工作温度的集热器。目前，用聚氨酯注入发泡或利用蜂窝状结构的保温层正逐渐增多，这些材料不仅能起保温作用，同时还能增加整个集热器的刚性，具有构造体的作用，并有可能降低集热器的成本。

（2）保温层厚度

保温层的厚度应根据选用的材料种类、集热器的工作温度、使用地区的气候条件等因素兼顾投资效益来确定。一般而言，集热器底部保温层厚度选用 30～50mm，侧面保温层厚度与之大致相同。集热器底部的保温材料的最小厚度可用式(3-1) 进行计算。

$$\delta \geqslant \frac{\lambda_{100}}{1.45} \tag{3-1}$$

式中，λ_{100} 为保温材料在 100℃ 时所测得的热导率，$W/(m \cdot K)$；δ 为保温材料厚度，m。

3.2.2.4　外壳

外壳是使集热器形成温室效应的围护部件，它的作用是将集热板、透明盖板、保温层等组成一个有机整体，并具有一定的刚度和强度。

（1）外壳的材料

集热器的外壳一般采用钢、不锈钢、铝合金、玻璃纤维增强塑料、塑料等。自制集热器的外壳也可以采用木材、砖石、泥沙等砌成。钢板价廉且强度大，故使用较多。为了提高外壳的密封性，有的产品已采用铝合金板一次模压成型。

（2）"呼吸"孔

要想完全使集热器与外界隔绝是不可能的，集热器内温度的剧烈变化势必会引起集热器内压力在较大范围内变化，从而引起集热器的"呼吸"。集热器的"呼吸"一方面会吸入灰尘，污染集热器内集热板和透明盖板的内侧，另一方面会在集热器内造成水蒸气凝结。从这个角度讲，集热器需要适度的不严密。因此，在设计集热器时，应合理设置集热器的"呼吸"孔，防止集热器"呼吸"带入灰尘，"呼吸"孔应当安装过滤材料。

3.3　平板型集热器吸收的太阳辐射

3.3.1　基本能量平衡方程

平板型集热器的工作原理如图 3-5 所示，来自太阳的辐射能透过透明盖板投射到集热板上，其中的大部分被集热板吸收并转化为热能，通过导热传给流道，再由流道传递给集热介质成为有用能量。从集热器底部进入集热器的冷流体在流经集热器时被加热，带着有用热能从集热器的出口离开集热器。与此同时，由于集热板的温度升高，集热板将通过透

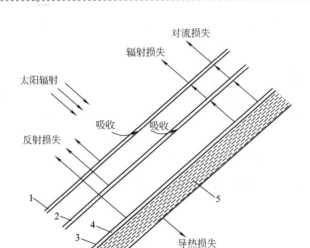

图 3-5   平板型集热器的工作原理

1—第一层盖板；2—第二层盖板；3—集热板；4—集热介质流道；5—保温层

明盖板和外壳向外界散失热量，构成平板型集热器各种热损失。分析平板型集热器的特性主要是分析其热特性，而其热特性则要通过建立集热器的能量平衡方程来进行定量分析。

在单位时间内，集热器吸收的太阳辐射能等于同一时间内集热器输出的有用能量、集热器损失的能量以及集热器本身热容变化量之和。这样整个集热器的能量平衡方程式可以表示为

$$Q_a = Q_u + Q_1 + Q_s \tag{3-2}$$

式中，Q_a 为单位时间内集热器吸收的太阳辐射能，W；Q_u 为单位时间内集热器的有用输出能量，W；Q_1 为单位时间内集热器的能量损失，W；Q_s 为单位时间内集热器的热容变化量，W。

当集热器处于稳定工况时，集热器本身不吸热也不放热，$Q_s = 0$；当集热器在非稳定状况下工作时，$Q_s > 0$ 或 $Q_s < 0$。

3.3.2   集热板吸收的太阳辐射能

入射到平板型集热器上的太阳辐射由三部分组成，即直射辐射、散射辐射和来自地面及周围环境反射的太阳辐射，这些辐射首先要通过透明盖板才能入射到集热板上。透明盖板会反射和吸收掉部分太阳辐射，影响反射和吸收的主要因素有辐射的入射角、透明材料的折射率、透明材料的厚度以及透明材料的消光系数等。

(1) 对太阳辐射的反射

太阳辐射是非偏振光，当它在两种介质的分界面上反射和折射时，反射光和折射光都将成为部分偏振光，当入射角等于布儒斯特角时，反射光为完全偏振光，而折射光仍为部分偏振光。因此，必须对太阳辐射的反射和折射作偏振处理。

如图 3-6 所示，直接辐射经介质 1（折射率为 n_1）到介质 2（折射率为 n_2），在光滑界面上反射率 r 的计算公式由菲涅耳公式导出，这是两个相互垂直的偏振分量的平均值。

$$r_\perp = \frac{\sin^2(\theta_2 - \theta_1)}{\sin^2(\theta_2 + \theta_1)} \tag{3-3}$$

$$r_{||} = \frac{\tan^2(\theta_2 - \theta_1)}{\tan^2(\theta_2 + \theta_1)} \tag{3-4}$$

$$r = \frac{I_r}{I_i} = \frac{r_\perp + r_{||}}{2} \tag{3-5}$$

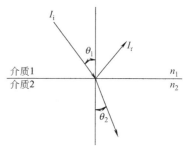

图 3-6　角度和折射率关系

式中，θ_1、θ_2 分别为入射角和折射角；$r_\perp$、$r_{||}$ 分别为偏振光的垂直分量和平行分量，方向由入射光线与界面法线组成的平面来判断；I_r、I_i 分别为反射光和入射光的光强。

因此，只要知道折射率（n_1、n_2）以及入射角 θ_1，就能计算直射辐射在界面上的反射率 r。

若入射辐射与界面垂直，此时 $\theta_1 = 0°$，$\theta_2 = 0°$。式(3-5) 变为

$$r(0°) = \left(\frac{n_1 - n_2}{n_1 + n_2}\right)^2 \tag{3-6}$$

若一种介质是空气（折射率近似为 1.0），式(3-6) 变为

$$r(0°) = \left(\frac{n-1}{n+1}\right)^2 \tag{3-7}$$

(2) 由于反射引起的透射率

实际上，玻璃有一定的厚度，两个界面对入射辐射都要进行反射。忽略玻璃对太阳辐射

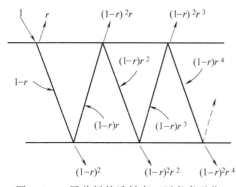

图 3-7　一层盖板的透射率（不考虑吸收）

的吸收作用，只考虑一层玻璃盖板由于反射损失引起的透射率，如图 3-7 所示。如上所述，经界面反射和折射的辐射都是部分偏振光，两个分量大小在通常情况下又各不相同，因而必须对它们作分别处理。

先讨论界面上偏振反射率 $r_\perp$。采用跟踪光线法分析，直射辐射经第一界面到达第二界面的份额为 $1 - r_\perp$，其中有 $(1 - r_\perp)^2$ 透射出第二界面，反射回第一界面的份额是 $(1 - r_\perp)r_\perp$。以此类推，可以得到透射率垂直偏振分量的表达式，即

$$\tau_\perp = (1 - r_\perp)^2 \sum_{n=0}^{\infty} r_\perp^{2n} = \frac{(1 - r_\perp)^2}{1 - r_\perp^2} = \frac{1 - r_\perp}{1 + r_\perp} \tag{3-8}$$

透射率平行偏振分量 $\tau_{||}$ 的表达式形式与式(3-8) 类同，即

$$\tau_{||} = \frac{1 - r_{||}}{1 + r_{||}} \tag{3-9}$$

玻璃对太阳辐射的透射率是两个偏振透射率的平均值，即

$$\tau_r = \frac{1}{2}(\tau_\perp + \tau_{||}) \tag{3-10}$$

式中，τ_r 的下角标 r 表示只考虑反射损失而没有考虑吸收损失。

若盖板由相同性质的 N 层玻璃组成，同样的分析可以得到

$$\tau_{r,N} = \frac{1}{2}\left[\frac{1 - r_\perp}{1 + (2N-1)r_\perp} + \frac{1 - r_{||}}{1 + (2N-1)r_{||}}\right] \tag{3-11}$$

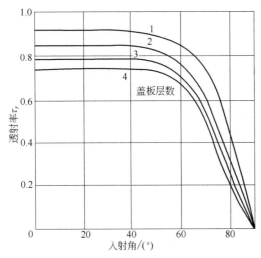

图 3-8　入射角与玻璃盖板层数对透射率
τ_r（不考虑吸收）的影响（$n=1.562$）

入射角与玻璃盖板层数对透射率（不考虑吸收）的影响如图 3-8 所示。

（3）由于吸收引起的透射率

太阳辐射在穿过透明玻璃材料时，部分辐射将被玻璃吸收而使透过的能量减小，被吸收的辐照量与辐射经过介质的路程长度及玻璃材料本身的性质有关，即

$$\mathrm{d}I = -IK\,\mathrm{d}x \tag{3-12}$$

式中，K 为消光系数，m^{-1}，在太阳光谱内假设为常数，对于含铁量低的水白玻璃，$K=4\mathrm{m}^{-1}$，绿边玻璃 $K=32\mathrm{m}^{-1}$；I 为介质中 x 处的太阳辐照量。

假设透明材料厚度为 L，沿着透明材料中的实际路径从 0 到 $\dfrac{L}{\cos\theta_2}$ 积分得

$$\tau_\alpha = \frac{I_\tau}{I_0} = \mathrm{e}^{-KL/\cos\theta_2} \tag{3-13}$$

式中，τ_α 表示单纯由吸收作用引起的透射率；I_τ 与 I_0 分别为透射太阳辐照量和入射太阳辐照量。

采用相同性质的多层盖板时，只要把各层的厚度加起来代入式（3-13）即可。

（4）由于反射、吸收引起的透射率

同时考虑反射和吸收两种损失，可以得到盖板的实际性能。采用跟踪光线法，得到一层盖板的透射率、反射率和吸收率的计算公式，其平行偏振分量分别为

$$\tau_{||} = \frac{\tau_\alpha(1-r_{||})^2}{1-(r_{||}\tau_\alpha)^2} = \tau_\alpha\left(\frac{1-r_{||}}{1+r_{||}}\right)\left[\frac{1-r_{||}^2}{1-(r_{||}\tau_\alpha)^2}\right] \tag{3-14}$$

$$\rho_{||} = r_{||} + \frac{(1-r_{||})^2\tau_\alpha^2 r_{||}}{1-(r_{||}\tau_\alpha)^2} = r_{||}(1+\tau_\alpha\tau_{||}) \tag{3-15}$$

$$\alpha_{||} = (1-\tau_\alpha)\left(\frac{1-r_{||}}{1-r_{||}\tau_\alpha}\right) \tag{3-16}$$

相应的垂直偏振分量有与式（3-14）～式（3-16）相同的形式，只需将下标"$||$"改为"$\perp$"即可。取两者的平均值可求出一层盖板实际的 τ、ρ 和 α，即

$$\tau = \frac{1}{2}(\tau_{||}+\tau_\perp),\ \rho = \frac{1}{2}(\rho_{||}+\rho_\perp),\ \alpha = \frac{1}{2}(\alpha_{||}+\alpha_\perp) \tag{3-17}$$

上面各式计算较为复杂，实际上玻璃盖板的 τ_α 很少小于 0.9，界面反射率 r 数量级为 0.1，因而 $\tau_{||}\approx\tau_\alpha[(1-r_{||})/(1+r_{||})]$。所以，一层盖板的实际透射率、吸收率、反射率计算公式可分别简化为

$$\tau \approx \tau_\alpha\tau_r \tag{3-18}$$

$$\alpha \approx 1-\tau_\alpha \tag{3-19}$$

$$\rho \approx \tau_\alpha(1-\tau_r) = \tau_\alpha-\tau \tag{3-20}$$

应当指出：上述近似公式是由一层盖板推导出来的，只要采用的材料相同，对于多层盖板仍然适用。这时 τ_r 用式(3-11)求取，τ_a 用式(3-13)求取，但需把各层厚度加起来。

图 3-9 是用式(3-18)计算三种玻璃 1～4 层盖板的透射率绘制而成的，KL 分别为 0.0125、0.0370、0.0524，考虑了吸收和反射的共同作用。

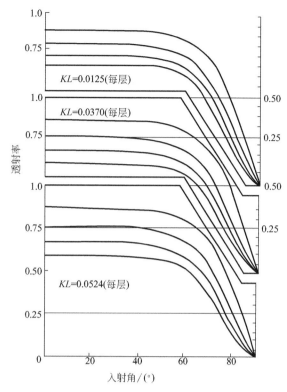

图 3-9 三种玻璃 1～4 层盖板的透射率（考虑吸收和反射）

【例 3-1】 已知玻璃的消光系数 $K=32\mathrm{m}^{-1}$，对太阳辐射的平均折射率为 1.526，厚度 $L=2.3\mathrm{mm}$，入射角 $\theta_1=60°$，用精确和近似方法，求一层盖板的透射率、反射率和吸收率。

解：(1) 精确方法求解

由折射定律 $n_1\sin\theta_1=n_2\sin\theta_2$ 可求得折射角

$$\theta_2=\arcsin\left(\frac{\sin60°}{1.526}\right)=34.58°$$

由式(3-13)可得

$$\tau_a=\mathrm{e}^{-\frac{32\times0.0023}{\cos34.58°}}=0.914$$

由式(3-3)、式(3-4)可求得 $r_{||}=0.001$，$r_{\perp}=0.185$。

由式(3-14)可得 $\tau_{||}=0.912$，$\tau_{\perp}=0.625$，由式(3-17)得透射率

$$\tau=\frac{1}{2}\times(0.912+0.625)=0.769$$

由式(3-15)可得 $\rho_{||}=0.002$，$\rho_{\perp}=0.291$，由式(3-17)得反射率

$$\rho=\frac{1}{2}\times(0.002+0.291)=0.147$$

同样的方法可求出吸收率为 $\alpha=0.085$。

(2) 近似方法求解

由式(3-11)可求出 $\tau_r=0.843$，由式(3-18)可得

$$\tau=\tau_a\tau_r=0.771$$

由式(3-19)、式(3-20)可求出反射率和吸收率分别为

$$\alpha=0.086, \rho=0.143$$

(5) 透射率和吸收率的乘积

如图 3-10 所示，透过盖板投射在集热板上的太阳辐射，一小部分被吸热面反射，但这种反射并不一定损失能量，因为盖板底部会将它再反射回吸热面；其余的大部分则被集热板吸收，被集热板吸收的能量占投射在集热板上的太阳辐射的份额即为集热板的吸收率 α。吸收率通常与入射辐射的角度有关，因为对最终结果影响甚小，可假设整个集热板上的吸收率

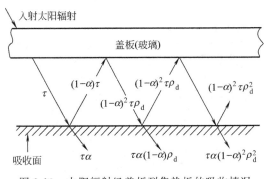

图 3-10　太阳辐射经盖板到集热板的吸收情况

为常数。

图 3-10 中 τ 是盖板系统的透射率，α 是集热板的吸收率。入射能量中被集热板吸收的份额是 $\tau\alpha$；由集热板反射的份额是 $\tau-\tau\alpha=\tau(1-\alpha)$，这部分已是散射辐射，因而被盖板底部再反射回集热板的份额应是 $\tau(1-\alpha)\rho_d$，其中 ρ_d 是盖板对散射辐射的反射率。如此往复吸收和反射，将集热板所吸收的太阳辐射能求和，即得到集热器所吸收的总太阳辐射能。因此，可以得到

$$(\tau\alpha)=\tau\alpha\sum_{n=0}^{\infty}\left[(1-\alpha)\rho_d\right]^n=\frac{\tau\alpha}{1-(1-\alpha)\rho_d} \tag{3-21}$$

式中的 $(\tau\alpha)$ 乘积，称为透明盖板-集热板系统的透射率-吸收率乘积，简称透吸积。

反射率的计算式(3-15)和式(3-20)都只适用于直射辐射。但理论和实验表明，散射辐射只要符合各向同性的假设，在太阳能集热器实际使用范围内，散射辐射的反射率和直射辐射在入射角为 60° 时的反射率相等。有了 60° 当量角，就可把散射当作直射辐射处理，即可用式(3-20)求出 ρ_d。表 3-2 给出入射角 $\theta_1=60°$ 时，三种不同玻璃的盖板层数为 1、2、3、4 层时的 ρ_d 计算值。

表 3-2　三种玻璃不同盖板层数的 ρ_d 值

层　数	$KL=0.0125$	$KL=0.0370$	$KL=0.0524$
1	0.15	0.15	0.15
2	0.23	0.22	0.21
3	0.28	0.25	0.24
4	0.31	0.27	0.25

实际上，玻璃吸收的能量，对集热器整体来说并没损失掉，它提高了盖板的温度，从而减小了由集热板到盖板的热损失，其效果和提高盖板的透射率相当。因此，基于式(3-21)，可以定义一个新的量，即有效透射率-吸收率乘积，简称有效透吸积，用符号 $(\tau\alpha)_e$ 表示。对于相同材料的 n 层盖板有

$$(\tau\alpha)_e=(\tau\alpha)+(1-\tau_a)\sum_{i=1}^{n}a_i\tau^{i-1} \tag{3-22}$$

式中，τ_a 与 τ 都是指最上一层；a_i 为计算常数，是顶部损失系数 U_t 与第 i 层盖板到外界热损失系数 $U_{e,i-a}$ 之比，即

$$a_i=\frac{U_t}{U_{e,i-a}}$$

a_i 值由表 3-3 给出，它与集热板温度、环境温度、集热板发射率以及风速等有关。表中数据是在板温 100℃、环境温度 10℃、外层盖板与环境的对流换热系数为 24W/(m²·℃) 条件下计算得到的，它受风速影响较大，对温度不太敏感。

表3-3 式(3-22) 中的常数

盖板层数	a_i	$\varepsilon_p=0.95$	$\varepsilon_p=0.50$	$\varepsilon_p=0.10$
1	a_1	0.27	0.21	0.13
2	a_1	0.15	0.12	0.09
	a_2	0.62	0.53	0.40
3	a_1	0.14	0.08	0.06
	a_2	0.45	0.40	0.31
	a_3	0.75	0.67	0.53

注：ε_p 为集热板的发射率。

实际上，在相同条件下，由式(3-22) 计算得出的 $(\tau\alpha)_e$ 值较 $(\tau\alpha)$ 值增大 $1\%\sim2\%$，因此有效透吸积可以采用式(3-23) 进行估算。

$$(\tau\alpha)_e=1.02(\tau\alpha) \tag{3-23}$$

考虑光学损失，集热板实际接收到的太阳辐射能可采用式(3-24) 计算。

$$Q_a=I_T(\tau\alpha)_e=\left[I_bR_b+I_d\left(\frac{1+\cos\beta}{2}\right)+(I_b+I_d)\rho\left(\frac{1-\cos\beta}{2}\right)\right](\tau\alpha)_e \tag{3-24}$$

式中，I_T 为集热器上的总辐照量，MJ/m^2；I_b 为直射辐照量，MJ/m^2；I_d 为散射辐照量，MJ/m^2；R_b 为修正因子，即倾斜面上和水平面上接收到的直射辐照量之比；β 为集热器倾斜角。

3.4 平板型集热器的热损失

平板型集热器的热损失由顶部、底部和侧面热损失组成，即 $Q_l=Q_t+Q_b+Q_e$。为简化计算，采用热网络图方法导出各部分热损失系数的表达式。

3.4.1 顶部热损失

平板型集热器的顶部热损失 (Q_t) 是平行平板之间及其与外界之间的对流和辐射造成的，散热量的大小与风速、环境温度、大气条件、玻璃盖板的辐射特性、集热板的温度和辐射特性、盖板间距等很多因素有关。据传热学基本公式得

$$Q_t=U_tA_c(T_p-T_a) \tag{3-25}$$

式中，U_t 为以集热板与环境的温差为计算基础时顶部总热损失系数，$W/(m^2\cdot\text{℃})$；A_c 为集热器面积，m^2；T_p 为集热板的绝对温度，K；T_a 为环境空气的温度，K。

图 3-11 给出了有两层玻璃盖板的集热器热网络图。图 3-11 (a) 上标出的所有热阻都是比热阻，图 3-11 (b) 上各个 R 是两面之间的热阻。T_{cn} 代表第 n 层的玻璃温度。

集热板与第一层（内层）玻璃盖板之间的对流热阻和辐射换热热阻分别为 $1/h_{p-c1}$ 和 $1/h_{r,p-c1}$，和这两个并联热阻等效的是图 3-11 (b) 所示的 R_3。因此

$$R_3=\frac{1}{1/\left(\dfrac{1}{h_{p-c1}}\right)+1/\left(\dfrac{1}{h_{r,p-c1}}\right)}=\frac{1}{h_{p-c1}+h_{r,p-c1}} \tag{3-26}$$

同样的分析可以得到第二层（外层）玻璃盖板对周围环境的换热热阻为

$$R_1=\frac{1}{h_w+h_{r,c2-a}} \tag{3-27}$$

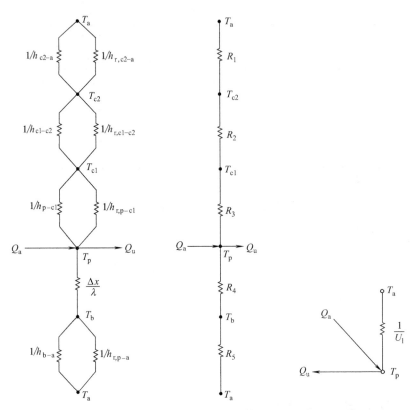

(a) 按导热、对流和辐射热阻表示　　(b) 按两面之间的热阻表示　　(c) 当量网络图

图 3-11　两层玻璃盖板集热器的热网络图

式中，h_w 为外层盖板与环境的对流换热系数，$\mathrm{W/(m^2 \cdot ℃)}$。

据图 3-11 (b)，集热板到环境的热阻为 $R_1 + R_2 + R_3$，顶部热损失 q_t 可表示为

$$q_t = \frac{T_p - T_a}{R_1 + R_2 + R_3} = U_t(T_p - T_a) \tag{3-28}$$

$$U_t = \frac{1}{R_1 + R_2 + R_3} \tag{3-29}$$

如果集热器仅有一层盖板，$R_2 = 0$，则

$$U_t = \left(\frac{1}{h_{p-c} + h_{r,p-c}} + \frac{1}{h_w + h_{r,c-a}} \right)^{-1} \tag{3-30}$$

从集热板到玻璃盖板的辐射换热系数 $h_{r,p-c}$ 可按式(3-31) 计算。

$$h_{r,p-c} = \frac{\sigma(T_p^2 + T_c^2)(T_p + T_c)(T_p - T_c)}{\left(\dfrac{1}{\varepsilon_p} + \dfrac{1}{\varepsilon_c} - 1 \right)(T_p - T_c)} \tag{3-31}$$

式中，ε_p 与 ε_c 分别为集热板及玻璃盖板的发射率。

从玻璃到天空的辐射换热系数 $h_{r,c-a}$ 可按式(3-32) 计算。

$$h_{r,c-a} = \frac{\varepsilon_c \sigma(T_c^2 + T_{sky}^2)(T_c + T_{sky})(T_c - T_{sky})}{T_c - T_a} \tag{3-32}$$

式中，T_{sky} 为天空温度，K。Swinbank 给出了当地空气温度 T_a 与天空温度的关系，即

$$T_{\text{sky}} = 0.0552 T_{\text{a}}^{1.5} \qquad\qquad (3\text{-}33)$$

Whillier 给出了更简洁的计算式：

夏季：
$$T_{\text{sky}} = T_{\text{a}} - 6 \qquad\qquad (3\text{-}34)$$

冬季：
$$T_{\text{sky}} = T_{\text{a}} - 20 \qquad\qquad (3\text{-}35)$$

T_{sky} 还可用式(3-36) 计算。

$$T_{\text{sky}} = T_{\text{a}} \left(0.8 + \frac{T_{\text{dp}} - 273}{250} \right)^{1/4} \qquad\qquad (3\text{-}36)$$

式中，T_{dp} 为露点温度，K。

当相对湿度为 25％时，用式(3-33) 和式(3-36) 计算的结果十分接近。式(3-36) 的结果表明，热而潮湿的天气，气温与天空温度之间的差别在 10℃左右；冷而干燥的天气，两者之差约为 30℃。实践证明，用这些不同的计算式，对集热器的性能影响很小。

平行平板间的对流换热系数，可由 Hollands 等提供的平板倾斜角在 0°～75°范围内变化时 Nu 和 Ra 的关系式计算。

$$Nu = 1 + 1.44 \left(1 - \frac{1708}{Ra \cos\beta} \right)^{+} \left[1 - \frac{(\sin 1.8\beta)^{1.6} 1708}{Ra \cos\beta} \right] + \left[\left(\frac{Ra \cos\beta}{5830} \right)^{1/3} - 1 \right]^{+} \quad (3\text{-}37)$$

式中，Nu 为努塞特数；Ra 为瑞利数；指数 "+" 表示括号中的值为正时，此项有意义，若括号中的值为负，则用零来代替。式(3-37) 被认为是最可靠的计算式。

Sparrow 等由风洞试验得到了不同方向的矩形平板与空气之间的对流换热计算式，该式可用来计算外层玻璃盖板与空气之间的对流换热系数，即

$$Nu = 0.86 Re^{1/2} Pr^{1/3} \qquad\qquad (3\text{-}38)$$

式中，Re 为雷诺数；Pr 为普朗特数。特征长度为平板面积的四倍除以板周长。Re 数在 $2 \times 10^4 \sim 9 \times 10^4$ 范围内，在无条件进行实验验证的情况下，可将上式的应用范围扩大到 $Re = 10^6$。

Jurges 根据在 0.5m^2 平板上的实验结果，给出了计算对流换热系数的量纲方程，即

$$h = 5.7 + 3.8v \qquad\qquad (3\text{-}39)$$

式中，v 为风速，m/s。

式(3-39) 既考虑自然对流又考虑辐射的影响。为此 Watmuff 等提出了只考虑纯自然对流情况下的计算式，即

$$h = 2.8 + 3.0v \qquad\qquad (3\text{-}40)$$

在 0.5m^2 的平板上，风速为 5m/s、温度为 25℃时，由上式得 $h = 17.8\text{W}/(\text{m}^2 \cdot \text{℃})$，在特征长度同样为 0.5m 条件下，和式(3-38) 的计算结果基本一致。没有理由说在其他板长下，式(3-40) 的结果仍和式(3-38) 相一致。应当指出，风引起的换热系数计算公式至今并不完善，还有待在实验基础上提出更精确的公式。

在热平衡条件下，集热器两平面间的热传递和顶部热损失相等。对一层盖板的集热器，集热板传给玻璃盖板的能量和玻璃盖板传给环境的相等，并且也等于集热板到环境的顶部热损失。对两层盖板组成的系统，集热板与内层玻璃盖板的换热量和两玻璃盖板间以及外层玻璃盖板传给环境的能量相等，也必须和顶部热损失相等。因此，第 j 块板的温度可由第 i 块板的温度求出，即

$$T_j = T_i - \frac{U_{\text{t}}(T_{\text{p}} - T_{\text{a}})}{h_{i\text{-}j} + h_{\text{r},i\text{-}j}} \qquad\qquad (3\text{-}41)$$

上式对集热板和玻璃盖板之间，或者两玻璃盖板之间都成立。对集热板和玻璃盖板之间，公式变成

$$T_c = T_p - \frac{U_t(T_p - T_a)}{h_{p-c} + h_{r,p-c}} \tag{3-42}$$

这是玻璃盖板温度的计算式，由于 T_c 和 U_t 是相互关联的，因此计算时需采用迭代求解。

【例 3-2】 集热器的有关数据如下：

集热板与玻璃盖板的间距/mm	25
集热板发射率	0.95
天空温度和环境温度/℃	10
风的对流换热系数/[W/(m²·℃)]	10
集热板平均温度/℃	100
集热器倾斜角/(°)	45
玻璃发射率	0.88

求单层玻璃盖板集热器的顶部损失系数 U_t。

解： 假设玻璃盖板温度为 35℃，由式(3-31)、式(3-32) 得到两种辐射换热系数为

$$h_{r,p-c} = 7.60 \text{W/(m}^2 \cdot \text{℃)}$$

$$h_{r,c-a} = 5.16 \text{W/(m}^2 \cdot \text{℃)}$$

集热板和玻璃的平均温度为 $T = 273 + (100 + 35)/2 = 340.5\text{K}$，据此查出空气特性 $\nu = 1.96 \times 10^{-5} \text{m}^2/\text{s}$，$\lambda = 0.0293 \text{W/(m} \cdot \text{℃)}$，$Pr = 0.7$，$\Delta T = 373 - 308 = 65\text{K}$。则瑞利数为

$$Ra = \frac{g \Delta T L^3}{T \nu^2} Pr = \frac{9.81 \times 65 \times 0.025^3 \times 0.7}{340.5 \times (1.96 \times 10^{-5})^2} = 5.33 \times 10^4$$

由式(3-37) 可求得 $Nu = 3.19$，因此

$$h_{p-c} = Nu \frac{\lambda}{L} = 3.19 \times \frac{0.0293}{0.025} = 3.74 \text{W/(m}^2 \cdot \text{℃)}$$

故

$$U_t = \left[\frac{1}{3.74 + 7.60} + \frac{1}{5.16 + 10.0} \right]^{-1} = 6.49 \text{W/(m}^2 \cdot \text{℃)}$$

这是第一次估算 U_t 值，用这个结果带入式(3-42)可求出玻璃盖板温度为

$$T_c = 100 - \frac{6.49 \times 90}{3.74 + 7.60} = 48.5 \text{℃}$$

用新的玻璃温度重复上述计算得到

$$h_{r,p-c} = 8.03 \text{W/(m}^2 \cdot \text{℃)}$$

$$h_{r,c-a} = 5.53 \text{W/(m}^2 \cdot \text{℃)}$$

$$h_{p-c} = 3.52 \text{W/(m}^2 \cdot \text{℃)}$$

用它们求第二次顶部损失系数，$U_t = 6.62 \text{W/(m}^2 \cdot \text{℃)}$，再计算玻璃盖板温度得 $T_c = 48$℃，和上次的计算结果 48.5℃ 基本一致，迭代结束。

实际计算 U_t 时，算例中介绍的迭代过程有时需要几千次，为实用起见，Klein 在 1979 年提出如下经验公式

$$U_t = \left\{ \frac{N}{\dfrac{c}{T_{p,m}}\left[\dfrac{T_{p,m}-T_a}{(N+f)}\right]^e} + \frac{1}{h_w} \right\}^{-1} + \frac{\sigma(T_{p,m}+T_a)(T_{p,m}^2+T_a^2)}{(\varepsilon_p+0.00591Nh_w)^{-1} + \dfrac{2N+f-1+0.133\varepsilon_p}{\varepsilon_c} - N}$$

$$(3\text{-}43)$$

式中，N 为玻璃层数；ε_c 为玻璃发射率，0.88；ε_p 为平板发射率；$T_{p,m}$ 为平板平均温度，K；h_w 为风的对流换热系数，$W/(m^2 \cdot \text{℃})$；$f = (1+0.0892h_w-0.1166h_w\varepsilon_p)(1+0.07866N)$；当 $0<\beta$（集热器倾角）$<70°$ 时，$c=520(1-0.000051\beta^2)$，当 $70°<\beta<90°$ 时，c 用 $\beta=70°$ 计算；$e=0.43(1-100/T_{p,m})$。

用上式计算 U_t，必须知道集热板的平均温度 $T_{p,m}$，当平均板温在环境温度和 200℃ 之间时，上式的误差在 $\pm0.3W/(m^2 \cdot \text{℃})$ 以内。

集热器一般都是按与地面成 45° 角安装，当其倾斜角不是 45° 时，其顶部散热系数与倾角 45° 时的顶部散热系数之间的关系是

$$\frac{U_t(\beta)}{U_t(45°)} = 1-(\beta-45)(0.00259-0.00144\varepsilon_p) \tag{3-44}$$

图 3-12 给出了 U_t 与玻璃板间距的关系，图 3-13 给出了集热器安装倾角 β 对 U_t 的影响。

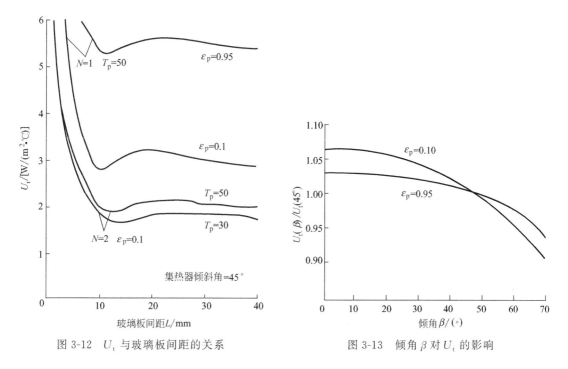

图 3-12　U_t 与玻璃板间距的关系　　　　　图 3-13　倾角 β 对 U_t 的影响

3.4.2　底部和侧面热损失

集热器底部的热损失（U_b）是通过底部保温材料、底部外壳的导热和对外界的对流散热而产生的，其热阻为图 3-11 中的 R_4 和 R_5。因为壳体一般是金属材料，所以壳体的导热热阻可以忽略不计。集热器的底部对流散热系数一般可取 $10\sim25W/(m^2 \cdot \text{℃})$，当集热器安装合适、底部保温较好时，可以认为底部热阻主要取决于保温材料的导热热阻。

$$U_b = \frac{1}{R_4} + \frac{1}{R_5} \approx \frac{\lambda}{L} \tag{3-45}$$

式中，U_b 为底部热损失系数，$W/(m^2 \cdot \text{℃})$；λ 为底部保温材料的热导率，$W/(m \cdot \text{℃})$；L 为底部保温层厚度，m。

侧面热损失（U_e）也是通过侧面保温层、壳体导热和对外界的对流散热产生的。对于一个设计良好的集热器，其侧面热损失往往很小，例如对于一个 $30m^2$ 的集热器，其侧面热损失仅是总热损失的不到 1%，而对于一个采光面积 $2m^2$ 的集热器来说，其侧面热损失也仅为总热损失的不到 3%，因此一般可以忽略侧面热损失，或者把侧面热损失折合到底部热损失中，在底部热损失系数的基础上再加乘一个侧面与底面的面积比，或采用式(3-46)近似估算。

$$U_e = \left(\frac{\lambda}{L}\right)_e \left(\frac{A_e}{A_c}\right) \tag{3-46}$$

式中，$(\lambda/L)_e$ 为侧面保温材料热导率与厚度之比；(A_e/A_c) 为集热器四个侧壁总面积与集热器面积之比。当比值很小时，U_e 可忽略。

3.5　平板型集热器的性能分析

平板型集热器的性能主要是指集热器的有用能量收益、集热温度和效率等，这些都是评价集热器性能最基本的参量。

上一节已经介绍了 Q_a 和 Q_l 的计算方法，其中 Q_l 与集热板和环境温差（$T_{p,m} - T_a$）成正比，由于集热板平均温度 $T_{p,m}$ 不易确定，Q_l 计算式的实用性受到了限制。本节将重点讨论如何得到有效利用能的表达式，同时介绍平板型集热器的性能分析方法。

3.5.1　集热器的效率因子 F'

集热器的有效利用能 Q_u 是由集热介质流过集热板的流道时，通过与流道的换热带走的能量。为了进行热分析，取一段典型的管板结构，如图 3-14 所示。通常集热板是用薄的金属板制成，其厚度为 $1 \sim 2mm$，因此可以忽略板厚方向的温度梯度，这样，集热板的温度分布从三维温度场简化为二维温度场。为便于分析，采用 Hottel 提出的简化热模型，即将集热板的二维温度场分解为管间板面 x 方向和集热介质流动 y 方向的两个互相独立的一维温度场。

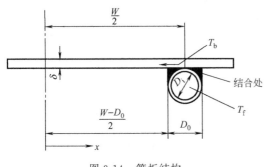

图 3-14　管板结构

首先讨论温度沿 x 方向的分布。集热板从两管中心点处分为对称的两半，这样，从两管中心点到管基之间的区域就是传热学上典型的等截面矩形直肋片的导热问题。q_a 为集热板单位时间所吸收的总太阳辐射能，管距为 W，管子内外径分别为 D_i 和 D_0，板厚为 δ，管板结合处温度为 T_b，管内流体温度为 T_f，两管中心点温度最高，且 $dT/dx = 0$。肋片上的能量分布如图 3-15 所示。

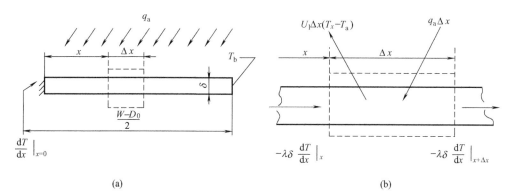

图 3-15　肋片上的能量分布

对图 3-15 所示的宽为 Δx、流动方向为单位长度的微元体，其能量平衡方程为

$$q_a \Delta x + U_1 \Delta x (T_a - T) + \left(-\lambda \delta \frac{\mathrm{d}T}{\mathrm{d}x}\right)\Big|_x - \left(-\lambda \delta \frac{\mathrm{d}T}{\mathrm{d}x}\right)\Big|_{x+\Delta x} = 0 \qquad (3\text{-}47)$$

由泰勒级数得

$$\left(-\lambda \delta \frac{\mathrm{d}T}{\mathrm{d}x}\right)\Big|_{x+\Delta x} = -\lambda \delta \frac{\mathrm{d}T}{\mathrm{d}x} - \lambda \delta \frac{\mathrm{d}^2 T}{\mathrm{d}x^2}\mathrm{d}x$$

取两项整理后得

$$\frac{\mathrm{d}^2 T}{\mathrm{d}x^2} = \frac{U_1}{\lambda \delta}\left(T - T_a - \frac{q_a}{U_1}\right) \qquad (3\text{-}48)$$

式（3-48）的边界条件为

$$\frac{\mathrm{d}T}{\mathrm{d}x}\Big|_{x=0} = 0, \quad T\Big|_{x=\frac{W-D_0}{2}} = T_b$$

令

$$m^2 = \frac{U_1}{\lambda \delta} \text{ 和 } \phi = T - T_a - \frac{q_a}{U_1}$$

式（3-48）变为

$$\frac{\mathrm{d}^2 \phi}{\mathrm{d}x^2} - m^2 \phi = 0 \qquad (3\text{-}49)$$

相应的边界条件为

$$\frac{\mathrm{d}\phi}{\mathrm{d}x}\Big|_{x=0} = 0 \text{ 和 } \phi\Big|_{x=\frac{W-D_0}{2}} = T_b - T_a - \frac{q_a}{U_1}$$

可解得

$$\frac{T - T_a - \dfrac{q_a}{U_1}}{T_b - T_a - \dfrac{q_a}{U_1}} = \frac{\cosh mx}{\cosh \dfrac{m(W-D_0)}{2}} \qquad (3\text{-}50)$$

式（3-50）为肋片上的温度分布表达式，应用傅里叶定律，可求出在流动方向单位长度上肋片传给管内流体的热量。

$$q_f = -\lambda \delta \frac{\mathrm{d}T}{\mathrm{d}x}\Big|_{x=\frac{W-D_0}{2}} = \frac{\lambda \delta m}{U_1}[q_a - U_1(T_b - T_a)]\tanh \frac{m(W-D_0)}{2}$$

$$= \frac{1}{m}[q_a - U_1(T_b - T_a)] \tanh \frac{m(W - D_0)}{2} \tag{3-51}$$

式(3-51)只代表管子一边的传热量，两边则有

$$q'_f = (W - D_0)[q_a - U_1(T_b - T_a)] \frac{\tanh \dfrac{m(W - D_0)}{2}}{\dfrac{m(W - D_0)}{2}} \tag{3-52}$$

定义肋片效率 η_f，它是实际传热量与假设整个肋片为肋基温度 T_b 时的传热量之比。

$$\eta_f = \frac{(W - D_0)[q_a - U_1(T_b - T_a)] \tanh \dfrac{m(W - D_0)}{2}}{[q_a - U_1(T_b - T_a)](W - D_0) \dfrac{m(W - D_0)}{2}} = \frac{\tanh \dfrac{m(W - D_0)}{2}}{\dfrac{m(W - D_0)}{2}} = \frac{2}{n} \tanh \frac{n}{2} \tag{3-53}$$

式中，$n = (W - D_0)\sqrt{\dfrac{U_1}{\lambda \delta}}$。

可以看出，肋片效率 η_f 与集热板的厚度、宽度、集热板的热导率以及集热器的热损失系数有关。图 3-16 给出了直肋片的肋片效率。

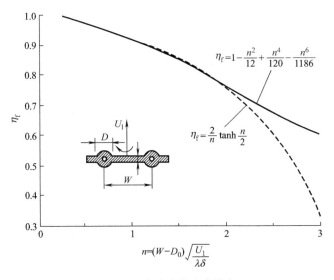

图 3-16　直肋片的肋片效率

张鹤飞给出了肋片效率的近似计算式

$$\eta_f = 1 - \frac{n^2}{12} + \frac{n^4}{120} - \frac{n^6}{1186} \tag{3-54}$$

式(3-54)的适用范围是 $n < \dfrac{\pi}{2}$，此范围内式(3-54)误差小于 0.003。

由 η_f 的定义式(3-53)，式(3-52)变为

$$q'_f = (W - D_0)\eta_f[q_a - U_1(T_b - T_a)] \tag{3-55}$$

式(3-55)代表平板部分 $(W - D_0)$ 上获得的有用能量。集热板流道本身获得的有用能为

$$q'_t = D_0[q_a - U_1(T_b - T_a)] \tag{3-56}$$

这样，集热器在集热介质流动方向单位长度上的总有用能量收益（q'_u）为式（3-55）与式（3-56）两者之和，即

$$q'_u = [(W-D_0)\eta_f + D_0][q_a - U_l(T_b - T_a)] \tag{3-57}$$

有用能量收益是集热板传递到管板结合处的能量，它必须和管内集热介质所获得的热量相等，热量从管板结合处传递到管内集热介质，存在管板结合处的导热热阻、管壁的导热热阻以及管壁与流体间的对流热阻等三个热阻。对金属流道，其管壁导热热阻可以忽略不计。这样，有用能量收益表达式又可以表示为

$$q'_u = \frac{T_b - T_f}{\dfrac{1}{c_b} + \dfrac{1}{\pi D_i h_{f,i}}} \tag{3-58}$$

式中，$h_{f,i}$ 为管壁与流体间的对流换热系数，$W/(m^2 \cdot ℃)$；c_b 为接合处热导率，$c_b = \dfrac{\lambda_b b}{\gamma}$，$W/(m \cdot ℃)$。其中，$\lambda_b$ 为焊接材料的热导率，$W/(m \cdot ℃)$；γ 为焊接的平均厚度，m；b 为焊接的平均宽度（约等于管子外径），m。

从式（3-58）中求出 T_b 并代入式（3-57），整理得

$$q'_u = WF'[q_a - U_l(T_f - T_a)] \tag{3-59}$$

$$F' = \frac{\dfrac{1}{U_l}}{W\left\{\dfrac{1}{U_l[D_0 + (W-D_0)\eta_f]} + \dfrac{1}{c_b} + \dfrac{1}{\pi D_i h_{f,i}}\right\}} \tag{3-60}$$

F' 定义为集热器效率因子。从式（3-59）可以看出，引入 F' 后，有用能量收益中的热损失项不再与（$T_{p,m} - T_a$）成正比，而与（$T_f - T_a$）成正比，由于集热板平均温度 $T_{p,m}$ 永远比局部流体温度 T_f 高，这样估计的损失项自然变小，从而放大了有用能量收益。因此，F' 的物理意义可理解为集热器保持实际有用能量收益的修正系数。从式（3-60）可以看出，分子项为集热板对环境的传热热阻，分母项则为集热介质对环境的传热热阻，用 $1/U_0$ 表示。它由结合热阻、集热介质与管壁间对流热阻、顶部及底部热阻组成，即

$$F' = \frac{U_0}{U_l} \tag{3-61}$$

因此，效率因子 F' 代表流体对外界的传热系数与集热板对外界的传热系数之比。其数值随着集热板厚度、肋片效率、结合处热导率以及集热介质与流道间的换热系数等数值增大而增大，随流道间距以及集热器热损失系数的增加而降低。因此，集热器的效率因子是一个与集热器结构有关的物理量。对于一定的结构设计和集热介质流量，效率因子基本上是一个常数。一个设计良好的平板型太阳能集热器，效率因子 F' 约在 0.9～1.0 之间。

对于不同结构的集热板，效率因子 F' 的计算式也各不相同。若管板结构如图 3-17（a）所示，效率因子的计算式为

$$F' = \frac{1}{\dfrac{WU_l}{\pi D_i h_{f,i}} + \dfrac{1}{\dfrac{D_0}{W} + \dfrac{1}{\dfrac{WU_l}{c_b} + \dfrac{W}{(W-D_0)}}}} \tag{3-62}$$

若结构形式如图 3-17（b）所示，效率因子的计算公式为

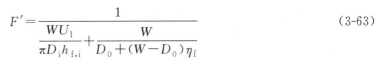

$$F' = \cfrac{1}{\cfrac{WU_l}{\pi D_i h_{f,i}} + \cfrac{W}{D_0 + (W - D_0)\eta_f}} \tag{3-63}$$

应当指出，若结合处材料的热导率 c_b 很大（$1/c_b \approx 0$），三种结构形式的效率因子相同，可用式(3-63) 计算。

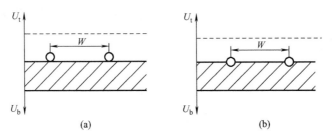

图 3-17　管板结合型结构

除了上述管板结构的集热器的效率因子外，其他几种管板结构的集热器效率因子表达式分别为

翼管式集热器：

$$F' = \cfrac{1}{W\left[\cfrac{1}{D_0 + (W - D_0)\eta_f} + \cfrac{U_l}{\pi D_i h_{f,i}}\right]} \tag{3-64}$$

扁盒式集热器：

$$F' = \cfrac{1}{1 + \cfrac{U_l}{h_{f,i}}} \tag{3-65}$$

多管式集热器：

$$F' = \cfrac{1}{1 + \cfrac{D_0 U_l}{\pi D_i h_{f,i}}} \tag{3-66}$$

3.5.2　集热器的热迁移因子 F_R 和流动因子 F''

讨论集热介质沿流动方向上的温度分布，如图 3-18 所示，沿集热介质流动方向取微元长度为 Δy 的微元体，介质流道长为 L，集热介质进、出口温度分别为 $T_{f,i}$ 和 $T_{f,o}$。微元体的能量平衡方程为

$$\left(\frac{\dot{m}}{N}\right) C_p T_f \big|_y - \left(\frac{\dot{m}}{N}\right) C_p T_f \big|_{y + \Delta y} + \Delta y q'_u = 0 \tag{3-67}$$

式中，N 为集热器排管数目；$\dot{m}$ 为流体质量流率，kg/s。

将式(3-59) 代入式(3-67)，当 $\Delta y \to 0$ 时，其极限为

$$\dot{m} C_p \frac{dT_f}{dy} - NWF'[q_a - U_l(T_f - T_a)] = 0$$

$$\frac{dT_f}{dy} - \left(\frac{NWF'U_l}{\dot{m}C_p}\right) T_f = \frac{NWF'}{\dot{m}C_p}(q_a + U_l T_a) \tag{3-68}$$

这是一阶线性常微分方程，边界条件为

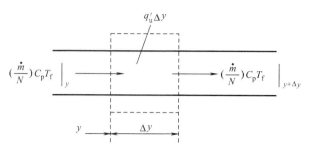

图 3-18 集热介质沿流动方向上的温度分布

$$y=0 \text{ 时}, T_f = T_{f,i}$$
$$y=L \text{ 时}, T_f = T_{f,o}$$

假设在流动方向上 F' 与 U_1 均是常数，式(3-68)的解为

$$\frac{T_f - T_a - \dfrac{q_a}{U_1}}{T_{f,i} - T_a - \dfrac{q_a}{U_1}} = e^{-[U_1 N W F' y/(\dot{m} C_p)]} \tag{3-69}$$

式(3-69)即为集热介质沿流动方向上的温度分布函数。将 $y=L$ 代入式(3-69)，可以得到集热介质的出口温度 $T_{f,o}$。

$$\frac{T_{f,o} - T_a - \dfrac{q_a}{U_1}}{T_{f,i} - T_a - \dfrac{q_a}{U_1}} = e^{-[A_c U_1 F'/(\dot{m} C_p)]} \tag{3-70}$$

式中，$A_c = NWL$。

集热器的有用能量收益可表示为

$$Q_u = \dot{m} C_p (T_{f,o} - T_{f,i}) \tag{3-71}$$

联立式(3-70)和式(3-71)，消去 $T_{f,o}$ 后整理可得

$$Q_u = A_c F_R [q_a - U_1 (T_{f,i} - T_a)] \tag{3-72}$$

$$F_R = \frac{\dot{m} C_p}{A_c U_1} \{ 1 - e^{-[A_c U_1 F'/(\dot{m} C_p)]} \} \tag{3-73}$$

F_R 称为集热器的热迁移因子，其物理意义是：集热器实际输出的能量与假定整个集热板处于介质进口温度时输出的能量之比。它是综合反映集热器集热板的传热性能和载热流体流动传热对性能影响的无因次参量。当流体以温度 $T_{f,i}$ 进入集热器时，集热板的平均温度 $T_{p,m}$ 远比 $T_{f,i}$ 要高，在热损失系数 U_1 一定时，$T_{p,m}$ 比 $T_{f,i}$ 高出的程度取决于集热板传热性能的好坏和流体流量的大小。图 3-19 给出了 F' 和流量对 F_R 的影响曲线，可以看出，F_R 和 F' 随 $\dot{m}$ 的增大而增加，但当流量达到一定数值后，流体通过集热器后的温升趋于 0，这时 $F_R \approx F' = 1$。

集热器热迁移因子 F_R 与集热器效率因子 F' 之间有一定的关系，这个关系定义为集热器的流动因子 F''，即

$$F'' = \frac{F_R}{F'} = \frac{\dot{m} C_p}{A_c U_1 F'} \{ 1 - e^{-[A_c U_1 F'/(\dot{m} C_p)]} \} \tag{3-74}$$

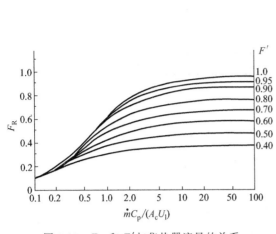

图 3-19 F_R 和 F' 与集热器流量的关系

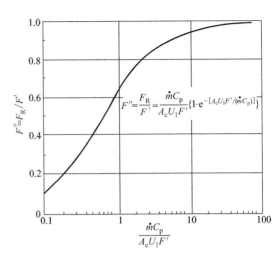

图 3-20 F'' 与 $\dot{m}C_p/(A_cU_1F')$ 的关系曲线

由图 3-20 可以看出，$F''<1$，所以 $F_R<F'<1$，其物理意义可解释如下：基于介质进口温度的集热器热损失总是偏小的，因为热损失是沿着整个集热器发生的，而介质的温度在流动方向上不断地增大，当通过集热器的流量增加时，介质经过集热器的温升下降，集热器的平均温度也随之降低，这将使集热器的热损失减少，从而相应地增加了集热器的有用能量收益，所以集热器热迁移因子 F_R 随着流量增加而增加。然而，在任何情况下，集热器集热板的温度总是高于集热介质的温度，所以总有 $F''<1$，即集热器热迁移因子 F_R 是永远不可能超过集热器效率因子 F' 的。

将式(3-74)中大括号内的项展开，有

$$1-e^{-[A_cU_1F'/(\dot{m}C_p)]} \approx \frac{A_cF'U_1}{\dot{m}C_p}\left(1-\frac{A_cF'U_1}{2\dot{m}C_p}\right) \tag{3-75}$$

将式(3-75)代入式(3-74)，有

$$F''=1-\frac{A_cF'U_1}{2\dot{m}C_p} \tag{3-76}$$

当 $\dot{m}C_p \gg A_cF'U_1$ 时，集热介质在流动方向上的温度变化可近似地看成是线性分布，此时，集热介质的平均温度可以取其进出口温度的平均值。

3.5.3　集热板的平均温度

在上面的分析中，为了分析集热器的性能，必须首先求得总热损失系数。但是总热损失系数又与集热板的温度有关，集热板的温度计算也需要知道集热器的热损失系数。两者互相影响，不能直接求解。

在热平衡条件下，集热器的有效能量输出应等于吸收的辐射能和热损失之差，用集热板平均温度 $T_{p,m}$ 计算有效能的表达式为

$$Q_u=A_c[q_a-U_1(T_{p,m}-T_a)] \tag{3-77}$$

由用流体进口温度计算有效能的表达式(3-72)可得

$$T_a+\frac{q_a}{U_1}=T_{f,i}+\frac{Q_u/A_c}{F_RU_1} \tag{3-78}$$

由式(3-72)和式(3-77)可得

$$T_{p,m} = (1 - F_R)\left(T_a + \frac{q_a}{U_1}\right) + F_R T_{f,i}$$

将式 (3-78) 代入上式得

$$T_{p,m} = T_{f,i} + \frac{Q_u/A_c}{F_R U_1}(1 - F_R) \tag{3-79}$$

流体平均温度的定义式为

$$T_{f,m} = \frac{1}{L}\int_0^L T_{f,y}\,\mathrm{d}y \tag{3-80}$$

将式 (3-78) 代入式 (3-69) 并整理得

$$T_{f,y} = T_{f,i} + \frac{Q_u/A_c}{F_R U_1}\left[1 - \mathrm{e}^{-U_1 N W F' y/(\dot{m} C_p)}\right] \tag{3-81}$$

令 $T_{f,i} = A$、$\dfrac{Q_u/A_c}{F_R U_1} = B$、$\dfrac{U_1 N W F'}{\dot{m} C_p} = C$，它们都是常数，并注意 $LC = \dfrac{A_c U_1 F'}{\dot{m} C_p}$，式 (3-81) 变为

$$T_{f,y} = A + B(1 - \mathrm{e}^{-Cy})$$

$$T_{f,m} = \frac{1}{L}\int_0^L T_{f,y}\,\mathrm{d}y = A + B\left[1 - \left(\frac{1 - \mathrm{e}^{-LC}}{LC}\right)\right]$$

$$= T_{f,i} + \frac{Q_u/A_c}{F_R U_1}\left\{1 - \frac{\dot{m} C_p}{A_c U_1 F'}\left[1 - \mathrm{e}^{-A_c U_1 F'/(\dot{m} C_p)}\right]\right\}$$

$$= T_{f,i} + \frac{Q_u/A_c}{F_R U_1}(1 - F'') \tag{3-82}$$

由式 (3-79) 和式 (3-82) 可以看出，由于 F'' 的数值大于 F_R，这样 $T_{p,m}$ 必然大于 $T_{f,m}$。这个温差是集热板向集热介质传递热量过程中的热阻所造成的。作为一种近似，两者之间可以用式 (3-83) 进行估算。

$$T_{p,m} - T_{f,m} = Q_u R_{p,f} \tag{3-83}$$

式中，$R_{p,f}$ 为集热板与集热介质之间的传热热阻。忽略介质流道管壁的导热热阻，$R_{p,f}$ 的值为管板结合热阻及管壁与介质的对流换热热阻之和，即

$$R_{p,f} = \frac{1}{c_b} + \frac{1}{\pi D_i n L h_{f,i}} \tag{3-84}$$

式中，n 为集热器单位面积的介质流道数。

U_1、F_R、F'' 和 Q_u 都与 $T_{p,m}$ 有关，因此必须采用迭代法求解 $T_{p,m}$。根据经验，估计一个初始平均温度，求出近似的 U_1、F_R、F'' 和 Q_u 值，代入式 (3-79) 得到新的 $T_{p,m}$，用它求新的 U_1，再用新的 U_1 修正 F_R、F'' 和 Q_u 值。

3.5.4　平板型集热器的热效率

集热器的效率是衡量集热器性能的一个重要参量，定义为集热器获得的有用能量与投射到集热器采光面上的太阳辐射能量之比。一天之中投射到集热器采光面上的太阳辐射能不断随时间变化，因此集热器的热效率又分为瞬时效率和平均效率。

(1) 瞬时效率

瞬时效率是指某一时刻集热器所能够提供的有用能量与当时投射到集热器采光面上的太

阳辐射总量之比。它反映了集热器在一天之中某一时刻的瞬时运行特性。以下列出以不同温度作为计算热损失基准的瞬时效率方程。

① 以集热板温度为计算热损失基准的瞬时效率方程为

$$\eta_i = \frac{Q_u}{A_c G_T} = (\tau\alpha)_e - U_l(T_{p,m} - T_a)/G_T \tag{3-85}$$

式中，G_T 为太阳辐照度，W/m^2。

② 以介质平均温度为计算热损失基准的瞬时效率方程为

$$\eta_i = F'[(\tau\alpha)_e - U_l(T_{f,m} - T_a)/G_T] \tag{3-86}$$

作为近似，流体平均温度可以用流体进出口平均温度代替。

③ 以介质进口温度为计算热损失基准的瞬时效率方程为

$$\eta_i = F_R[(\tau\alpha)_e - U_l(T_{f,i} - T_a)/G_T] \tag{3-87}$$

④ 以介质从集热器所带走的有用能量计算的瞬时效率方程为

$$Q_u = \dot{m}C_p(T_{f,o} - T_{f,i})$$
$$\eta_i = \dot{m}C_p(T_{f,o} - T_{f,i})/(A_c G_T) \tag{3-88}$$

以上几种效率方程均可以在直角坐标系中以图形表示，得到的曲线称为集热器效率曲线。在直角坐标系中，纵坐标表示集热器效率 η_i，横坐标表示归一化温差，它是集热器工作温度（或集热板温度，或流体平均温度，或流体进口温度）和环境温度的差值与太阳辐照度之比。所以，集热器效率曲线实际上就是集热器效率 η_i 与归一化温差的关系曲线。若假定 U_l 为常数，则集热器效率曲线为一条直线，如图 3-21 所示。

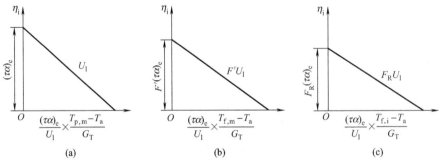

图 3-21　三种形式的集热器效率曲线

从图 3-21 可以看出，效率曲线具有如下规律：

① 集热器效率不是常数而是变数。集热器效率与集热器工作温度、环境温度和太阳辐照度都有关系。集热器工作温度越低或者环境温度越高，集热器效率越高；反之，集热器工作温度越高或者环境温度越低，集热器效率越低。因此，同一台集热器在夏天具有较高的效率，而在冬天具有较低的效率。

② 效率曲线在纵轴上的截距值表示集热器可获得的最大效率。当归一化温差为零时，由于集热器的散热损失为零，集热器的效率达到最大，称为零损失集热器效率，用 η_0 表示。此时，效率曲线与纵轴相交，η_0 就代表效率曲线在纵轴上的截距值。在图 3-21 (a)、图 3-21 (b)、图 3-21 (c) 中，η_0 值分别为 $(\tau\alpha)_e$、$F'(\tau\alpha)_e$、$F_R(\tau\alpha)_e$。由于 $F_R < F' < 1$，故 $(\tau\alpha)_e > F'(\tau\alpha)_e > F_R(\tau\alpha)_e$。

③ 效率曲线的斜率值表示集热器总热损失系数的大小。效率曲线的斜率值跟集热器总

热损失系数是直接有关的。斜率值越大，也即效率曲线越陡峭，集热器总热损失系数就越大；反之，斜率值越小，也即效率曲线越平坦，集热器总热损失系数就越小。在图3-21中，三个效率曲线的斜率值分别为 U_1、$F'U_1$、F_RU_1，同样由于 $F_R < F' < 1$，故 $U_1 > F'U_1 > F_RU_1$。

④ 效率曲线在横轴上的交点值表示集热器可达到的最高温度。当集热器的散热损失达到最大时，集热器的有用能量收益为零，也即集热器效率为零，此时集热器达到最高温度，也称为滞止温度或闷晒温度。用 $\eta = 0$ 代入式(3-85)、式(3-86)、式(3-87) 则有

$$\frac{T_{p,m} - T_a}{G_T} = \frac{T_{f,m} - T_a}{G_T} = \frac{T_{f,i} - T_a}{G_T} = \frac{(\tau\alpha)_e}{U_1} \tag{3-89}$$

$$T_{p,m} = T_{f,m} = T_{f,i} = \frac{(\tau\alpha)_e}{U_1}G_T + T_a \tag{3-90}$$

这说明，此时的集热板温度、流体平均温度、流体进口温度都相同。在图3-21中，三条效率曲线在横轴上有相同的交点值。由式(3-90)还可以看出，$(\tau\alpha)_e$ 和 U_1 是影响平板集热器特性的最基本参量，$(\tau\alpha)_e$ 值大，U_1 值小，则平板集热器的运行温度高，集热器的热性能就好。

图3-22给出了各类集热器的瞬时效率曲线。

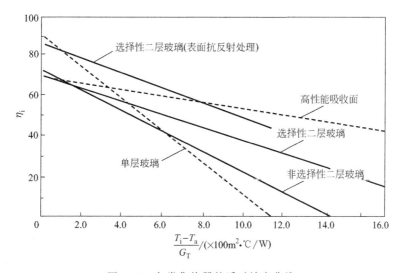

图 3-22 各类集热器的瞬时效率曲线

(2) 平均效率

集热器的瞬时效率仅表示其瞬时性能，在用于具体设计时作用不大，更重要的是要知道集热器在一天或一个时间区段内的平均性能，即平均效率，其定义式为

$$\eta_0 = \frac{\int Q_u d\tau}{\int G_T A_c d\tau} \tag{3-91}$$

式(3-91)只是一个定义式，具体设计时并不采用。真实的集热器平均效率要根据测量数据通过计算得到。例如要求集热器的日平均效率，将一天分为几个区间并认为在每个区间内太阳辐射强度和集热器的有效能输出都保持恒定，采用求和的方法估算平均效率，即

$$\eta_0 \approx \sum_{i=1}^{n}(Q_{ui}\Delta\tau) / \left[A_c \sum_{i=1}^{n}(G_{Ti}\Delta\tau)\right] \tag{3-92}$$

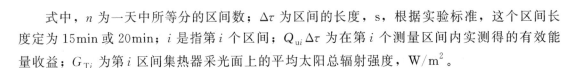
式中，n 为一天中所等分的区间数；$\Delta\tau$ 为区间的长度，s，根据实验标准，这个区间长度定为 15min 或 20min；i 是指第 i 个区间；$Q_{ui}\Delta\tau$ 为在第 i 个测量区间内实测得的有效能量收益；G_{Ti} 为第 i 区间集热器采光面上的平均太阳总辐射强度，W/m^2。

3.5.5　热容对集热器性能的影响

由于环境因素如太阳辐射强度、风速、气温等条件的不确定性，太阳能集热器在工作过程中总是处于动态条件之下，不存在严格意义上的稳态工况。这样，工作过程中集热器自身的热容变化对其热性能必然有一定的影响。

通过建立考虑集热器各部分热容的瞬态能量平衡方程，可求出集热器在蓄热状态下所需的热量。为便于分析，将集热器分成两部分，一部分为集热板、流道内集热介质以及保温材料组成的组合体，并假定它们都处于同一温度 T_p 下，另一部分为透明玻璃盖板，温度为 T_c。

对于集热板组合体有能量平衡方程

$$(mC)_p \frac{\mathrm{d}T_p}{\mathrm{d}\tau} = A_c[q_a - U_{p-c}(T_p - T_c)] \tag{3-93}$$

式中，$(mC)_p$ 为集热板、管子、水、绝热材料的热容，kJ/K；U_{p-c} 为集热板到盖板的损失系数，$W/(m^2 \cdot {}^\circ\!C)$。

对于透明玻璃盖板，平衡方程为

$$(mC)_c \frac{\mathrm{d}T_c}{\mathrm{d}\tau} = A_c[U_{p-c}(T_p - T_c) - U_{c-a}(T_c - T_a)] \tag{3-94}$$

式中，U_{c-a} 为集热板到环境的损失系数，$W/(m^2 \cdot {}^\circ\!C)$。

若忽略集热器底部和侧面的热损失，则有

$$U_{c-a}(T_c - T_a) = U_1(T_p - T_a) \tag{3-95}$$

若环境温度 T_a 为常数，对式（3-95）微分得

$$\frac{\mathrm{d}T_c}{\mathrm{d}\tau} = \frac{U_1}{U_{c-a}} \frac{\mathrm{d}T_p}{\mathrm{d}\tau} \tag{3-96}$$

将式（3-96）代入式（3-94）并与式（3-93）相加，运用式（3-95）可得

$$\left[(mC)_p + \frac{U_1}{U_{c-a}}(mC)_c\right] \frac{\mathrm{d}T_p}{\mathrm{d}\tau} = A_c[q_a - U_1(T_p - T_a)] \tag{3-97}$$

定义 $\left[(mC)_p + \dfrac{U_1}{U_{c-a}}(mC)_c\right] = (mC)_e$，称为集热器的有效热容。

对于 n 层盖板有

$$(mC)_e = (mC)_p + \sum_{i=1}^{n} a_i(mC)_{c,i} \tag{3-98}$$

式中，a_i 是总损失系数与第 i 层盖板损失系数之比，即表 3-3 中的数据。若在讨论的时间段内 Q_a 与 T_a 保持常值，微分方程（3-93）的解为

$$T_p^+ = T_a + \frac{q_a}{U_1} - \left[\frac{q_a}{U_1} - (T_{p,i} - T_a)\right]\mathrm{e}^{\left[-\frac{A_c U_1 \tau}{(mC)_e}\right]} \tag{3-99}$$

式中，T_p^+ 为集热板在所讨论时间内的终了温度；$T_{p,i}$ 为集热板在所讨论时间内的初始温度。

式 (3-99) 可用于计算各时间段内的集热板温度。清晨集热器温度和环境温度相等，式 (3-99) 简化为

$$T_p^+ = T_a + \frac{q_a}{U_1}\left\{1 - e^{\left[-\frac{A_c U_1 \tau}{(mC)_e}\right]}\right\} \tag{3-100}$$

当集热器接收稳定的太阳辐射后，其集热板温度 T_p 不断上升，这是一个动态过程。由式 (3-100) 可知，集热器的热容显然对这一动态过程具有重要影响，为了评价这种影响，引入 "时间常数 (τ_c)" 的概念。

$$\tau_c = \frac{(mC)_e}{A_c U_1} \tag{3-101}$$

当 $\tau = \tau_c$ 时，集热器温度 T_p 达到其最终值的 63.2%。

3.6　太阳能空气集热器

太阳能空气集热器是平板型太阳能集热器的一种，是用空气作为集热介质的太阳能集热器，可应用于物料干燥、建筑物采暖和海水淡化等领域。

太阳能空气集热器的总体结构与普通平板型太阳能集热器类似，但由于两者使用的集热介质不同，集热板的结构存在很大的差异。根据集热板结构的不同，太阳能空气集热器可分为两大类：非渗透型空气集热器和渗透型空气集热器。

3.6.1　非渗透型空气集热器

非渗透型空气集热器，有时亦称无孔集热板型空气集热器，是指在集热器中，空气流不能穿过集热板，而是在集热板的一侧或同时在集热板的两侧流动。根据空气流动的情况，可分为三种形式：

① 空气只在集热板的正面流动；

② 空气在集热板的正、背两面流动；

③ 空气只在集热板的背面流动。

由于空气在集热板的正面流动时会增加与透明盖板之间的对流换热损失，设计中大多采用让空气在集热板的背面流动。对于空气在集热板背面流动的形式，又有不同的结构：无肋片、有肋片、V 形波纹板和其他形状波纹板等。图 3-23 为各种非渗透型空气集热器的结构设计图。

提高非渗透型空气集热器性能的措施主要有：

① 将集热板的背面加工得粗糙些，以增加气流扰动，提高对流传热系数；

② 在集热板的背面加上肋片或者采用波纹集热板，以增加传热面积，并相应地增加气流的扰动，强化对流传热。

非渗透型空气集热器的优点是结构简单，成本低廉。缺点是空气流和集热板之间的热交换不能充分进行，因而性能难以有很大的改善。若采用加装肋片以强化换热，必然又带来风阻的增加而增大风机功耗。

3.6.2　渗透型空气集热器

渗透型空气集热器是针对上述非渗透型空气集热器的缺点而提出的一种改进设计，亦称多孔集热板型空气集热器。

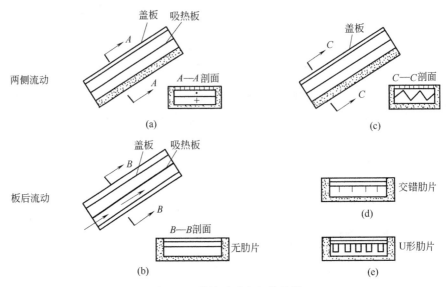

图 3-23　非渗透型空气集热器

渗透型空气集热器又可分为金属丝网式、蜂窝结构式、重叠玻璃板式、碎玻璃多孔床式等不同结构形式，如图 3-24 所示。

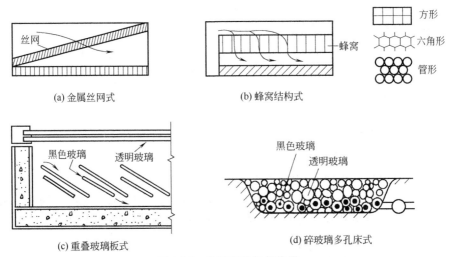

(a) 金属丝网式　　　　(b) 蜂窝结构式

(c) 重叠玻璃板式　　　　(d) 碎玻璃多孔床式

图 3-24　渗透型空气集热器

渗透型空气集热器可以采用多层重叠的金属丝网，如图 3-24（a）所示。太阳辐射能首先被金属丝网吸收并转换为热能，使金属丝网的温度升高，然后通过对流加热穿过金属丝网的空气。

用玻璃或塑料制作成蜂窝结构，可以用来抑制非渗透型空气集热器集热板与玻璃盖板之间的对流传热。蜂窝结构式空气集热器可以有多种不同的设计，如图 3-24（b）所示。按使用材料分，有透明的和不透明的蜂窝结构；按蜂窝形状分，有方形、六角形、管形、矩形等。另外，还有蜂窝结构与多孔网板结合的形式。

渗透型空气集热器中也可采用多层重叠的玻璃板，如图 3-24（c）所示。在这种结构中，空气流沿着吸热玻璃板流动。多层重叠玻璃板式空气集热器适用于中等水平温升的情况，玻璃板之间的间隔及玻璃板的厚度对空气集热器的效率有一定的影响。一般来说，玻璃板之间的最佳间隔大约在 5～7mm，玻璃板的厚度应小于 3mm。

渗透型空气集热器中还有一种用碎玻璃吸收太阳辐射和加热空气的，如图 3-24（d）所示。将碎玻璃分层敷设为多孔床，底部为黑色玻璃，顶部为透明玻璃。太阳辐射穿过破碎的透明玻璃，被破碎的黑色玻璃吸收并转换为热能，然后通过对流加热穿过破碎玻璃床的空气。

渗透型空气集热器相较于非渗透型空气集热器有以下特点：

① 传热效果好。太阳辐射可更深地穿透到多孔集热板或多孔床之中，提高了集热板的太阳吸收比。同时，小孔隙的存在增加了集热板和空气流之间的接触面积，从而有效地增大了两者的传热。

② 压力降低小。由于渗透型空气集热器每单位横截面上的通流面积较之于非渗透型空气集热器要大，在相同的空气流量下，渗透型空气集热器的压力降要低于非渗透型空气集热器。

综上，提高太阳能空气集热器效率的主要途径有：增加集热板与空气的接触面积；提高流经集热板的空气流速；增强空气与集热板的对流换热；尽可能地降低集热板的平均温度。在太阳能空气集热器的结构设计和连接方式上，还应尽量降低空气的流动阻力，以减少风机的动力消耗。

3.6.3　空气集热器的热性能分析

空气集热器的热性能分析与平板型集热器的热性能分析原理类似。以典型的单通道平板型空气集热器为例，讨论空气集热器的热性能。假设空气流在集热板的背面流动，流道截面为矩形槽道，如图 3-25 所示。

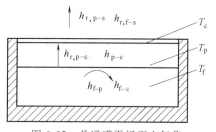

图 3-25　单通道平板型空气集热器中结构及能量关系

假定空气不吸收辐射热，根据能量平衡，可得到如下三个能量平衡方程式：

① 玻璃盖板的能量平衡方程式

$$U_t(T_a - T_c) + h_{f-c}(T_f - T_c) + h_{r,p-c}(T_p - T_c) = 0 \qquad (3\text{-}102)$$

② 集热板的能量平衡方程式

$$G_T + h_{f-p}(T_f - T_p) + h_{r,p-c}(T_p - T_c) = 0 \qquad (3\text{-}103)$$

③ 空气流的能量平衡方程式

$$q_u = h_{f-c}(T_c - T_f) + h_{f-p}(T_p - T_f) \qquad (3\text{-}104)$$

式中，T_f 为空气流温度，℃；h_{f-c} 为空气流与玻璃盖板间的对流换热系数，W/(m² · ℃)；h_{f-p} 为空气流与集热板间的对流换热系数，W/(m² · ℃)；$h_{r,p-c}$ 为集热板与玻璃盖板间的辐射换热系数，W/(m² · ℃)；q_u 为单位面积空气集热器的有用得热量，W。

对上面三个平衡方程进行整理变换，可求得空气集热器的各个热性能参数为

$$q_u = F'[G_T - U(T_f - T_a)] \qquad (3\text{-}105)$$

其中

$$F' = \cfrac{1}{1 + \cfrac{h_{r,p-c}U_t}{h_{r,p-c}h_{f-c} + h_{f-p}U_t + h_{f-p}h_{r,p-c} + h_{f-c}h_{f-p}}} \qquad (3\text{-}106)$$

$$U = \cfrac{U_t}{1 + \cfrac{U_t h_{f-p}}{h_{f-p} h_{f-c} + h_{f-c} h_{r,p-c} + h_{f-p} + h_{r,p-c}}} \qquad (3-107)$$

$$h_{r,p-c} = \cfrac{\sigma (T_c^2 + T_p^2)(T_c + T_p)}{\cfrac{1}{\varepsilon_c} + \cfrac{1}{\varepsilon_p}} - 1 \qquad (3-108)$$

$$U_t = \tau \varepsilon_p h_{r,p-s} \left(\frac{T_p - T_c}{T_p - T_a} \right) - \cfrac{1}{\cfrac{1}{h_{p-c} + \varepsilon_p h_{r,p-c}} + \cfrac{1}{h_{p-c}} + \varepsilon_c h_{r,c-s} \left(\cfrac{T_c - T_s}{T_c - T_a} \right)} \qquad (3-109)$$

式中，h_{p-c} 为集热板和玻璃盖板之间的对流传热系数，$\mathrm{W/(m^2 \cdot {}^{\circ}\!C)}$；$h_{r,p-s}$ 为集热板与天空的辐射传热系数，$\mathrm{W/(m^2 \cdot {}^{\circ}\!C)}$；$h_{r,c-s}$ 为玻璃盖板与天空的辐射传热系数，$\mathrm{W/(m^2 \cdot {}^{\circ}\!C)}$。

以上分析中没有考虑空气集热器底部的热损失，如果需要考虑，可以采用前面介绍的方法，把底部热损失系数 U_b 加到顶部热损失系数 U_t 中即可。当然，这需要假定底部热损失是在 T_c 而不是在 T_b 的条件下发生的，但由此引起的误差甚小。

不同结构的集热板有不同的集热器效率因子 F'。以下列出几种常用结构的集热板的 F'。

(1) 平面集热板

设空气流在平面集热板和底板之间通过，集热板和底板的温度分别为 T_p 和 T_b，发射率分别为 ε_p 和 ε_b，两块板与空气流的对流换热系数分别为 h_{f-p} 和 h_{f-b}，如图 3-26 所示。F' 可表示为

$$F' = \cfrac{1}{1 + \cfrac{U}{h_{f-p} + \cfrac{1}{\cfrac{1}{h_{f-b}} + \cfrac{1}{h_r}}}} \qquad (3-110)$$

其中

$$h_r = \cfrac{\sigma (T_p^2 + T_b^2)(T_p + T_b)}{\cfrac{1}{\varepsilon_p} + \cfrac{1}{\varepsilon_b} - 1} \qquad (3-111)$$

(2) 带肋片集热板

设空气流在带肋片集热板和底板之间通过，其结构示意图如图 3-27 所示。

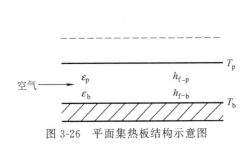

图 3-26　平面集热板结构示意图

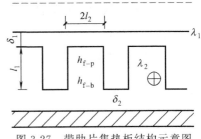

图 3-27　带肋片集热板结构示意图

设集热板材料及肋片材料的热导率分别为 λ_1 和 λ_2，根据图 3-27 中所示尺寸，可求得集热板的肋片效率 η_p 以及肋片的肋片效率 η_f 别为

$$\eta_p = \frac{\tanh m_1 l_1}{m_1 l_1} \tag{3-112}$$

$$\eta_f = \frac{\tanh m_2 l_2}{m_2 l_2} \tag{3-113}$$

式中，$m_1^2 = \dfrac{U + h_{f-p}}{\lambda_1 \delta_1}$；$m_2^2 = \dfrac{2h_{f-b}}{\lambda_2 \delta_1}$。

集热器的效率因子 F' 可以表示为

$$F' = U_n \left(1 + \frac{1 - U_n}{\dfrac{U_n}{\eta_p} + \dfrac{l_1 h_{f-p}}{l_2 h_{f-b} \eta_f}} \right) \tag{3-114}$$

其中

$$U_n = \frac{1}{1 + \dfrac{U_t}{h_{f-p}}} \tag{3-115}$$

采用带肋片的集热板虽然可以强化传热，但同时也带来流阻的增加，具体设计时必须校验由于流阻的增加而增大的风机功率损耗。

(3) V 形集热板

类似这种集热板的不限于 V 形集热板，还有其他一些形式，例如瓦棱形、波浪形等。V 形集热板的结构如图 3-28 所示，其中 V 形的顶角为 φ。

集热器的效率因子 F' 可以表示为

$$F' = \frac{1}{1 + \dfrac{U_t}{\dfrac{h_{f-p}}{\sin \dfrac{\varphi}{2}} + \dfrac{1}{\dfrac{1}{h_{f-b}} + \dfrac{1}{h_r}}}} \tag{3-116}$$

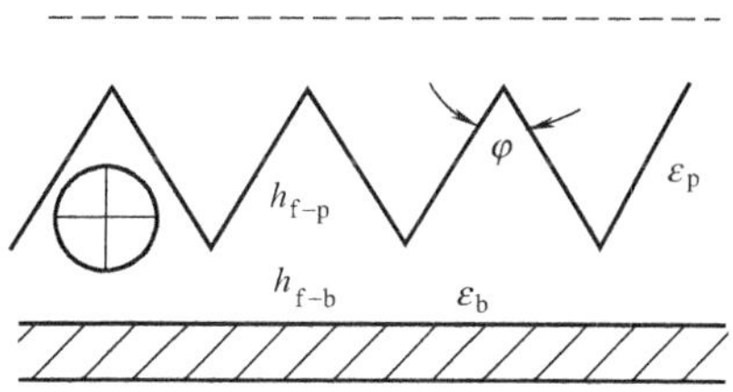

图 3-28 V 形集热板结构示意图

这里 U_t 应按照 V 形集热板的投影面积计算，h_r 按式(3-111) 计算。

采用 V 形集热板，不但可以增加传热面积，而且可以提高集热板的有效吸收率。若 V 形接收角保持在 60°以内，则大部分太阳辐射能在经过 V 形集热板两侧多次反射后被吸收。根据经验，采用接收角为 55°的带有选择性吸收涂层的 V 形波纹板，不仅使集热板传热面积比平面集热板加倍，而且使集热板长波辐射产生的热损失保持很小。

(4) 多孔集热板

多孔集热板结构如图 3-29 所示，空气流对环境的热损失系数 U_a 以及集热板与环境之间的热损失系数 U_p 分别为

$$U_a = \frac{1}{\dfrac{1}{h_{p-c}} + \dfrac{1}{U_{c-a}}} \tag{3-117}$$

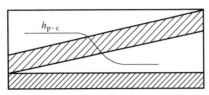

图 3-29 多孔集热板结构示意图

$$U_p = \cfrac{1}{\cfrac{1}{h_{r,p-c}} + \cfrac{1}{U_{c-a}}} \tag{3-118}$$

式中，U_{c-a} 为玻璃盖板内表面和环境之间的总传热系数，$W/(m^2 \cdot ℃)$；$h_{r,p-c}$ 为玻璃盖板与集热板之间的辐射传热系数，$W/(m^2 \cdot ℃)$；h_{p-c} 为玻璃盖板与多孔集热板之间的对流换热系数，$W/(m^2 \cdot ℃)$。

这样，集热器的效率因子 F' 可以表示为

$$F' = \cfrac{1}{1 + \cfrac{U}{h}} \tag{3-119}$$

式中，$U = U_a + U_p$；h 为多孔集热板内部之间的对流传热系数，$W/(m^2 \cdot ℃)$。

空气集热器的热迁移因子 F_R 也可以表示成与液体集热器相同的形式，即

$$F_R = \frac{\dot{m}C_p}{A_c U_1}\left[1 - \exp\left(-\frac{A_c U_1 F'}{\dot{m}C_p}\right)\right] \tag{3-120}$$

由于空气的对流传热系数比液体小，在正常情况下，空气集热器的 $F_R = 0.6 \sim 0.9$，较液体集热器的 F_R 小得多。

在用风机鼓风进行强迫对流的条件下，槽道中的换热过程可以看成管道中完全展开的湍流传热。因此，空气与集热板之间的对流传热系数可选用下列准则式进行计算，即

$$Nu = 0.023 Re^{0.8} Pr^{0.4} \tag{3-121}$$

式(3-121) 适用于温差较小到中等程度，所有物性都取某一空气温度时的值。

如果温差较大，则必须考虑物性变化的影响，空气与集热板之间的对流换热系数可选用下列准则式计算，即

$$Nu = 0.027 Re^{0.8} Pr^{1/3}\left(\frac{\mu}{\mu_s}\right)^{0.14} \tag{3-122}$$

式中，所有物性的定性温度均为空气平均温度。

3.7 新型平板型太阳能集热器

普通的平板型太阳能集热器虽然具有结构简单、工作可靠、维护方便等诸多优点，但也存在热损失大、实际运行效率低、冬季易结冰等问题。对此，国内外学者进行了大量的理论与实验研究，提出了许多新型平板型太阳能集热器。

3.7.1 热管平板型太阳能集热器

热管是利用工质的汽化潜热高效传递热能的传热元件，其传热系数比相同几何尺寸的金属棒的热导率大几个数量级。热管的种类很多，最常用的是有芯热管和重力热管。在太阳能热利用中使用的热管一般都是重力热管，也称为两相闭式热虹吸管。重力热管的特点是管内没有吸液芯，工质的回流动力依靠其自身的重力，结构简单，制造方便，工作可靠，传热性能优良。目前国内大都使用铜-水热管。其不足之处是由于工质必须依靠自身的重力从冷凝段回到蒸发段，在安装时热管与地面必须保持一定的倾角。

目前，热管平板型太阳能集热器在结构上主要有两种形式，一种是采用由圆柱形重力热

管及铝或铜肋片组成的集热板，重力热管的冷凝段插入介质流道的盲管中。另一种是采用二维微通道平板热管集热板，微通道平板热管的冷凝段通过焊接方式与介质流道相连接，如图3-30 所示。

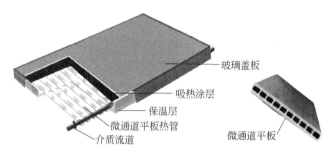

图 3-30　微通道热管平板型太阳能集热器

3.7.2　大尺寸平板型太阳能集热器

传统的平板型太阳能集热器其单块采光面积一般为 $1 \sim 2m^2$，对于大型太阳能热水系统，通常采用若干块平板型集热器通过串并联方式组成集热器陈列，但过多的单体集热器连接起来不但由于连接处较多易产生泄漏，同时也将降低有效采光面积。随着跨季节蓄能技术的开展，为提高系统性能，单块面积超过 $10m^2$ 的大尺寸平板型太阳能集热器的研究和应用日益增多，如图 3-31 为某公司研制的总面积为 $14m^2$ 的大尺寸平板型太阳能集热器结构，该集热器采用整体板芯，测试结果表明，其瞬时效率截距为 0.794，总热损失系数为 $3.088W/(m^2 \cdot K)$。

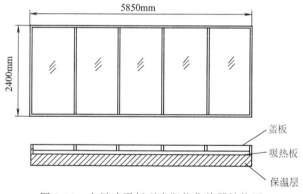

图 3-31　大尺寸平板型太阳能集热器结构图

3.7.3　光伏-光热（PV/T）集热器

将光伏组件与热能收集结合起来，构成了光伏-光热一体化 PV/T 集热器，PV/T 集热器能同时提供电能和热能，对太阳辐射实现较高的能量转化率。PV/T 集热器的集热介质可以是液体也可以是空气，液体一般采用水作为集热介质。

液体集热的 PV/T 集热器如图 3-32 所示，其结构和常规的平板型集热器区别不大，集热部分一般为管板式结构，液体介质流道通过导热板与光伏组件背面进行热接触，带走光伏板产生的热量。

空气集热的 PV/T 集热器如图 3-33 所示，空气的流道通常是位于光伏面板背面的矩形风道，利用空气的自然对流或强制对流将光伏板的热量带走，也可以加装玻璃盖板以减小 PV/T 集热器的热损失，但玻璃盖板的反射和吸收将会导致发电量减小。

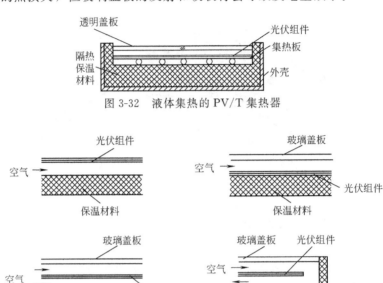

图 3-32　液体集热的 PV/T 集热器

图 3-33　空气集热的 PV/T 集热器

除此之外，将平板型集热器与相变储能结合起来的太阳能平板-相变储能集热器，可改善一体式平板热水器在降温过程中温度下降过快的问题；将平板型集热器与热泵结合起来的太阳能平板-直接膨胀式/间接膨胀式热泵，可提高热泵的蒸发温度。

习题

1. 平板型太阳能集热器主要由哪几部分构成？简述各部分的作用和技术要求。

2. 管板式集热板常采用激光焊接或超声焊接，如何区别两种焊接方式，其优缺点各是什么？

3. 翼管式集热板主要采用铝合金材料，其优缺点各是什么？试分析翼管式集热板腐蚀发生的机理。

4. 平板型太阳能集热器透明盖板和集热板的间距为什么不能过大也不能过小？

5. 平板型太阳能集热器的光学损失有哪些？试分析影响平板型太阳能集热器光学损失的因素。

6. 已知玻璃的消光系数为 $30m^{-1}$，厚度为 3mm，对太阳辐射的平均折射率为 1.526，试用精确方法给出入射角在 $0°\sim60°$ 之间变化时，入射角对一层玻璃盖板的透射率、反射率和吸收率的影响曲线。

7. 平板型太阳能集热器的热损失有哪些？试分析影响平板型太阳能集热器顶部热损失的因素。

8.什么是集热器的效率因子？简述效率因子的物理意义及影响效率因子的因素。

9.试说明集热器热迁移因子的物理意义。在什么情况下效率因子和热迁移因子近似相等？

10.什么是集热器的流动因子？为什么 $F'' < 1$？

11.太阳能集热器热效率有几种定义方法？

12.同一台集热器冬季和夏季的效率为什么不同？简述提高平板型太阳能集热器效率的途径。

13.简述太阳能集热器效率曲线的意义和规律。

14.根据图 3-22 给出的各类集热器的瞬时效率曲线，分析集热器类型对集热器瞬时效率曲线分布的影响。

15.简述无透明盖板集热器的特点及适用性。

16.试分析影响集热器时间常数的因素。

17.简述提高太阳能空气集热器热性能的主要途径。

18.如图 3-34 为一分别采用单层玻璃盖板和双层玻璃盖板的平板型太阳能集热器瞬时效率曲线。已知太阳辐照度为 $1000\mathrm{W/m^2}$，环境温度为 $20℃$，有效透吸积为 0.8。根据该效率曲线回答以下问题：

（1）比较两条效率曲线，给出详细的理论分析。

（2）计算两种情况下，集热器的闷晒温度及对应的热损失。

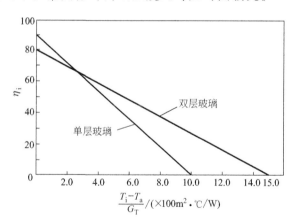

图 3-34　单层玻璃盖板和双层玻璃盖板的平板型太阳能集热器瞬时效率曲线

第 4 章

真空管太阳能集热器

4.1 概述

平板型太阳能集热器在吸收太阳辐射能并将其转换成热能之后，集热板的温度升高，一方面用以加热流经集热板内的集热介质，作为集热器的有用能量输出；另一方面又不可避免地要通过传导、对流和辐射等方式向周围环境散热，成为集热器的热量损失。为了减少平板型太阳能集热器的传导、对流和辐射等热损失，早在 20 世纪初就有人提出"真空集热器"的设想。所谓真空集热器，就是将吸热体与透明盖板之间的空间抽成真空的太阳能集热器。

真空集热器通常由若干只真空集热管组成，真空集热管由透明的外管和吸热体组成，吸热体可以是圆管状、平板状或其他形状，材质可以是金属也可以是玻璃，吸热体放在透明的外管内，吸热体与外管之间被抽成真空。

20 世纪 70 年代中期，美国欧文斯（Owens）公司和美国通用电气公司首先研制出全玻璃真空集热管。之后，澳大利亚、日本、中国等国家对各种类型的真空集热管进行了研究开发。目前，真空管太阳能集热器已广泛应用于太阳能热水、采暖、制冷空调、物料干燥、海水淡化、工业加热等诸多领域。

按吸热体的材料种类，真空管集热器可分为两大类：

① 全玻璃真空管集热器：吸热体由内玻璃管组成的真空管集热器。

② 金属吸热体真空管集热器：吸热体由金属材料组成的真空管集热器，有时也称为金属-玻璃真空管集热器。

4.2 全玻璃真空管集热器

4.2.1 全玻璃真空集热管的结构

全玻璃真空集热管是由内玻璃管、外玻璃管、选择性吸收涂层、弹簧支架、消气剂等组成，其形状犹如一只拉长的暖水瓶胆，如图 4-1 所示。

全玻璃真空集热管是真空管太阳能集热器的核心部件，它主要由两根同轴的玻璃管组成，采用单端开口设计，内、外玻璃管的一端熔封在一起形成开口端，另一端皆为密闭半球形圆头，内、外玻璃管之间抽成 $10^{-3} \sim 10^{-4}$ Pa 的真空。光谱选择性吸收涂层沉积在内玻璃管的外表面，形成吸热体。弹簧支架将内玻璃管圆头端支撑在外玻璃管圆头端的内表面。点焊在弹簧支架上的消气剂通过高频感应加热蒸散，在集热管圆头端的内玻璃管外表面和外玻

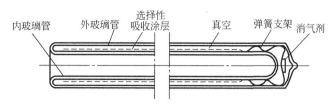

图 4-1　全玻璃真空集热管结构示意图

璃管内表面形成消气剂膜,用于吸收集热管在工作中玻璃、弹簧卡子、选择性吸收涂层释放出来的气体以及通过内、外玻璃管渗透到集热管真空夹层内的气体,维持内、外玻璃管之间真空夹层的真空度。

全玻璃真空集热管种类按内外管直径分:$\phi37/\phi47$、$\phi47/\phi57/\phi58$、$\phi57/\phi58/\phi70$ 等。按长度分:800mm、1200mm、1500mm、1600mm、1800mm、2100mm 等。

(1) 玻璃管

真空集热管的内、外玻璃管所使用的玻璃材料,应具有太阳透射比高、热稳定性好、热膨胀系数低、耐热冲击性能好、机械强度较高、抗化学侵蚀性较好、适合加工等特点。

硼硅玻璃 3.3 是对膨胀系数为 $3.3\times10^{-6}/℃$ 的玻璃的标准命名,它是生产制造全玻璃真空集热管的首选材料。玻璃中的三氧化二铁含量为 0.1% 以下,太阳透射比达 0.90 以上,耐热温差大于 200℃,机械强度较高,完全可以满足全玻璃真空集热管的要求。

(2) 真空度

全玻璃真空集热管的真空度是衡量集热管性能的重要指标。

全玻璃真空集热管向外部散失热量的途径主要有三个方面:传导、对流和辐射。当真空夹层的真空度高于 10^{-4} Pa 时,由真空夹层内的气体对流产生的热损失可以忽略不计,但还有气体分子的导热。

气体导热和真空度的关系可以分为三种情况。

① 黏滞流状态。低真空时,$\lambda<l$(λ 为气体分子平均自由程,l 为内玻璃管外表面和外玻璃管内表面的垂直距离),空气的热导率与真空度无关。

② 过渡流状态。过渡真空时,$\lambda\approx l$,气体分子平均自由程与真空夹层的垂直距离相当,空气的热导率与真空度呈现非线性关系,并随着真空夹层真空度的提高而下降。

③ 分子流状态。中高真空时,$\lambda>l$,气体分子在真空夹层空间不互相碰撞,仅直接与玻璃表面碰撞,空气的热导率与真空度呈现线性关系,并随着真空夹层真空度的提高,热导率线性下降。

要使真空集热管长期保持较高的真空度,就必须在真空集热管排气时对其进行较高温度、较长时间的保温烘烤,以排除管内的水蒸气及其他气体。

图 4-2 为全玻璃真空集热管的排气曲线。全玻璃真空集热管在排气过程中有两个放气峰,当温度达到 150℃时,出现第一个放气峰,此时集热管真空夹层内出现大量的放气,放气速率较高,放

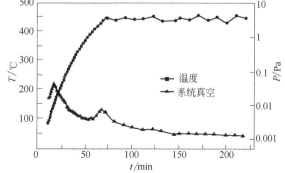

图 4-2　全玻璃真空集热管排气曲线

气峰曲线较高且突出；当温度升高到380℃时，集热管真空夹层出现了第二个放气峰。当排气温度达到450℃并开始长达180min的保温时，集热管真空夹层的玻璃表面放气速率平稳，真空度维持稳定。因此，对全玻璃真空集热管而言，必须在足够高的温度下保温足够长的时间，以保证集热管真空夹层玻璃吸附的气体得到充分解析，在集热管和真空排气系统分离后，集热管真空夹层内的真空度能维持在较高的水平。

(3) 选择性吸收涂层

全玻璃真空集热管的另一个重要特点是采用选择性吸收涂层作为吸热体的光热转换材料。为最大限度地吸收太阳辐射能，同时又能抑制吸热体的辐射热损失，要求选择性吸收涂层有高的太阳吸收率、低的发射率。另外，还要求选择性吸收涂层有良好的真空性能、耐热性能，在涂层工作时不影响管内的真空度，本身的光学性能也不下降。

关于选择性吸收涂层的种类、性能及生产工艺参见第2章。

(4) 消气剂

玻璃出气分为两部分：一是表面出气，二是内部扩散出气。全玻璃真空集热管高温排气工艺仅能使玻璃表面吸附的气体和部分玻璃内吸附的气体解析出来，但不能把大部分玻璃内的吸附气体解析出来，在长期使用过程中，玻璃会不断地向真空夹层内解析气体，并且温度越高，解析速率越大，从而影响真空夹层的真空度。因此，为了有效维持全玻璃真空集热管的真空度，需要在真空夹层内安装消气剂，不断吸附由玻璃解析出来的气体。

消气剂分为蒸散型消气剂和非蒸散型消气剂。全玻璃真空集热管采用的消气剂主要是钡铝镍合金消气剂，其主要成分为质量分数25%钡、25%铝和48%左右的镍。钡铝镍合金消气剂对O_2、CO、CO_2、N_2、H_2、H_2O、C_nH_m等气体具有良好的吸附特性。该种消气剂与气体的作用特征主要有四种模式：

① 氢气和它的同位素，它们能被消气剂吸收，也能释放，这是一个可逆的过程；

② 能被吸附而不被释放的气体，如氧气；

③ 上述两种模式的组合，一部分可被消气剂永久吸收，另一部分可以重新释放，如水和碳氢化合物；

④ 不能被消气剂吸收的气体，如氩等惰性气体。

对全玻璃真空集热管新管和使用时间为12年的老管管内残余气体进行的测试显示，新管内残余气体主要为CH_4（47.8%）、H_2O（15.5%）、Ar（19.9%），老管内的残余气体主要为He（36.4%）、CH_4（24.3%）和N_2（31.3%）。

蒸散性消气剂主要采用高频感应加热对消气剂进行蒸散，在集热管的圆头端形成消气剂膜。普通集热管消气剂的得钡量要求在（25±5）mg。消气剂膜吸气性能和消气剂的蒸散工艺密切相关，主要包括消气剂蒸散时间、消气剂的位置及起蒸时形成消气剂膜玻璃表面的温度。

① 蒸散时间。蒸散时间包括起蒸时间和总蒸时间两个参量，它决定了消气剂蒸散的得钡量和蒸散后钡膜的质量。尤其是起蒸时间，起蒸时间过短，可能导致基金属蒸散，烧结的金属膜把钡膜覆盖；起蒸时间太长则得钡量不足，有效吸气面积小，降低了钡膜的吸气能力。

② 消气剂的位置。消气剂的位置直接影响消气剂钡膜的厚度均匀性，消气剂位置过高则钡膜易出现黑带现象。

③ 玻璃表面的温度。室温下形成的钡膜结构疏松多孔，表面积较大，吸气能力强。玻璃表面温度越高，形成的钡膜结构越致密，表面积越小，吸气能力下降越厉害。

（5）全玻璃真空集热管的生产工艺

全玻璃真空集热管的生产工艺主要有圆底、清洗、烘干、镀膜、环封、排气、烤消、检验、包装等工序，如图 4-3 所示。

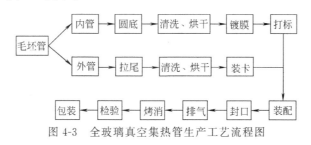

图 4-3　全玻璃真空集热管生产工艺流程图

① 圆底。对内玻璃管一端拉圆底，对外玻璃管一端拉圆底并接排气微管。

② 清洗、烘干。对内、外玻璃管表面清洗、烘干，保证玻璃管表面清洁，便于镀膜和保证真空集热管真空夹层的真空品质。

③ 镀膜。在内玻璃管的外表面沉积选择性吸收涂层。

④ 环封。将内玻璃管装配到带有弹簧支架的外玻璃管内，并将内、外玻璃管的开口端熔封到一起。

⑤ 排气。对真空集热管进行高温烘烤，对真空夹层进行排气。

⑥ 烤消。对点焊在弹簧支架上的消气剂进行蒸散，在真空集热管的圆头端形成消气剂膜，以维持真空夹层的真空度。

⑦ 检验。对成品的全玻璃真空集热管质量和性能进行检验，确保其技术指标符合要求。

4.2.2　全玻璃真空集热管的热性能分析

4.2.2.1　能量平衡方程

如图 4-4 所示，假设投射到单支真空集热管上的太阳辐照能量为 Q_a，透过真空管外管壁，被管壁吸收和反射部分能量，剩余大部分将穿过内外管壁之间的真空夹层，到达内玻璃管壁外表面的吸收涂层，大部分被涂层所吸收，小部分向外玻璃管内壁反射。涂层吸收太阳辐射能后温度升高，热量经内玻璃管管壁传递给内玻璃管内的冷流体，通过管壁与流体之间的自然对流换热，被流体所吸收，成为

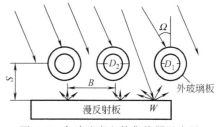

图 4-4　全玻璃真空管集热器示意图

有用能量收益 Q_u。由于真空管内、外管之间的夹层为高真空，两管之间只存在辐射换热，构成外玻璃管壁向环境产生的热损失 Q_l。

根据能量守恒定律，在稳定工况下，真空集热管的能量平衡方程为

$$Q_a = Q_u + Q_l \tag{4-1}$$

4.2.2.2　投射到真空集热管上的总太阳辐照能量

投射到集热管上的总太阳辐照度 G_{eff} 包括以下四个部分。

(1) 集热管正面的直射太阳辐照度

从正面投射到集热管上的直射太阳辐照度 G_{bt} 为

$$G_{bt}=G_{bn}\cos i_t G(\Omega)(\tau\alpha)_t \tag{4-2}$$

式中，G_{bn} 为法向直射辐照度，W/m^2。

式(4-2) 中的 i_t 为直射辐射对集热管的入射角，即阳光入射线在集热管横截面上的投影与阳光入射线之间的夹角。

如果集热管为南北向放置，则

$$\cos i_t=\{1-[\sin(\beta-\varphi)\cos\delta\cos\omega+\cos(\beta-\varphi)\sin\delta]^2\}^{\frac{1}{2}} \tag{4-3}$$

式中，β 为集热器漫反射板与水平面的夹角，即集热器安装倾角；φ 为地理纬度；δ 为太阳赤纬角；ω 为时角。

如若集热管为东西向放置，则

$$\sin i_t=\cos\delta\sin\omega \tag{4-4}$$

式(4-2) 中的 $G(\Omega)$ 是考虑相邻集热管之间对入射阳光的遮挡影响而引入的无因次参数，称之为遮挡系数。

$$当|\Omega|\leqslant|\Omega_0|时,G(\Omega)=1 \tag{4-5}$$

$$当|\Omega|>|\Omega_0|时,G(\Omega)=B\cos\Omega/D_1+(1-D_2/D_1)/2 \tag{4-6}$$

式中，Ω 为遮挡角，即阳光入射线在集热管横截面上的投影与集热器板法线方向的夹角，如图4-4所示。Ω 的计算与集热管的放置方向有关。集热管南北向放置时，有

$$\Omega=\cos^{-1}\left(\frac{\cos i_c}{\cos i_t}\right) \tag{4-7}$$

集热管东西向放置时，有

$$\Omega=\left|\cos^{-1}\left(\frac{\cos i_c}{\cos i_t}\right)-\beta\right| \tag{4-8}$$

Ω_0 为相邻集热管之间不遮挡的最大遮挡角，即临界遮挡角，按式(4-9) 计算。

$$|\Omega_0|=\cos^{-1}\left(\frac{D_1+D_2}{2B}\right) \tag{4-9}$$

式中，i_c 为直射辐射对集热器板的入射角，(°)；D_1 为内玻璃管直径，m；D_2 为外玻璃管直径，m；B 为相邻两集热管之间的中心距，m。

式(4-2) 中的 $(\tau\alpha)_t$ 为太阳入射角为 θ_t 时，集热管透射比和吸收比的有效乘积，无因次。具体计算时，取集热管玻璃平面法向透射比 $\tau_n=0.91$，选择性吸收涂层的法向吸收比 $\alpha_n=0.92$。外玻璃管表面太阳直射辐射入射角在45°以内时，光线进入内玻璃管近似作直射处理；入射角在45°~90°之间的光线，选择性吸收涂层的吸收比乘以0.9的减弱系数，即 $\alpha_t=0.9\times\alpha_n=0.83$。

(2) 直射辐射从背面反射到集热管上的太阳辐照度

太阳直射辐射从管间隙入射到底面漫反射板上或地面上，再反射到集热管上的太阳辐照度 G_{bw} 为

$$G_{bw}=G_{bn}\cos i_c\rho F_{w-t}\frac{W}{D_2}(\tau\alpha)_{60°} \tag{4-10}$$

式中，ρ 为漫反射板的反射比，$\rho=0.85$；F_{w-t} 为光带对集热管的辐射角系数，当 $B=$

$2D_2$ 时，$F_{w-t}=0.6\sim0.7$；$(\tau\alpha)_{60°}$ 为散射辐射的平均入射角取 60° 时的 $(\tau\alpha)$ 值；W 为太阳直射辐射通过集热管间隙照射到反射板上或地面上的光带宽度，按式(4-11) 计算。

$$W=B-\frac{D_2}{\cos\Omega} \tag{4-11}$$

(3) 集热管正面的散射太阳辐照度

集热管正面的散射太阳辐照度 G_{dt} 为

$$G_{dt}=\pi G_{d\theta}F_{t-s}(\tau\alpha)_{60°} \tag{4-12}$$

式中，$G_{d\theta}$ 为集热器板单位面积的散射辐照度，W/m^2；F_{t-s} 为集热管对天空的辐射角系数，当 $B=2D_2$ 时，$F_{t-s}\approx0.43$。

(4) 散射辐射从背面反射到集热管上的太阳辐照度

太阳散射辐射从管间隙入射到底面漫反射板上或地面上，再反射到集热管上的太阳辐照度 G_{dw} 为

$$G_{dw}=\pi G_{d\theta}\rho F_{t-s}F_{d-t}(\tau\alpha)_{60°} \tag{4-13}$$

式中，F_{d-t} 为散射光带对集热管的辐射角系数，当 $B=2D_2$ 时，$F_{d-t}\approx0.34$。

投射到集热管上的总太阳辐照度为上述四部分太阳辐照度之和，即

$$G_{eff}=G_{bt}+G_{bw}+G_{dt}+G_{dw}$$

$$=G_{bn}\cos i_t G(\Omega)(\tau\alpha)_t+\left[G_{bn}\cos i_c\rho F_{w-t}\frac{W}{D_2}+\pi G_{d\theta}F_{t-s}(1+\rho F_{d-t})\right](\tau\alpha)_{60°} \tag{4-14}$$

投射到单根集热管上的总太阳辐照能量 Q_a 为

$$Q_a=G_{eff}D_1L \tag{4-15}$$

式中，L 为真空管长度，m。

4.2.2.3　真空集热管的热损失

真空集热管的热损失主要是集热管对环境的对流和辐射热交换造成的。

(1) 内、外管之间的辐射换热量

假定内、外管的表面均为灰体表面，其净辐射换热量为

$$Q_{1\sim2}=\frac{A_1(T_1^4-T_2^4)}{\dfrac{1}{\varepsilon_1}+\dfrac{1}{\varepsilon_2}-1} \tag{4-16}$$

式中，A_1 为集热管内管外表面积，$A_1=\pi D_1L$，m^2；ε_1、ε_2 分别为内、外管表面的发射率；T_1、T_2 分别为内管外表面温度与外管内表面温度，K。

(2) 外管向天空的对流及辐射热损失

由外管向天空的对流及辐射热损失为

$$Q_{2\sim a}=A_2h(T_{2,0}-T_a)+A_2\varepsilon_2\sigma(T_{2,0}^4-T_a^4) \tag{4-17}$$

式中，A_2 为外管的外表面积，$A_2=\pi D_2L$，m^2；h 为集热管对环境的对流换热系数，$W/(m^2\cdot℃)$；$T_{2,0}$ 为外管外表面温度，K；T_a 为环境空气温度，K。

集热器热损失的一般表达式为

$$Q_l=U_lA_1(T_1-T_a) \tag{4-18}$$

因此有

$$Q_1 = Q_{1\sim 2} = Q_{2\sim a} \tag{4-19}$$

式(4-16)、式(4-17)、式(4-18)为计算总热损失系数的方程组。若假定 $T_2 = T_{2,0}$，通过迭代法求解方程组，即可得到集热管的总损失系数 U_1。

4.2.2.4　集热管的有用能量

在稳定工况下，集热管的有用能量输出为

$$Q = Q_a - Q_1 = [G_{eff} - U_1 \pi (T_1 - T_a)] D_1 L \tag{4-20}$$

4.2.3　全玻璃真空集热管的性能测试

全玻璃真空集热管的性能测试包括热性能、真空性能、真空品质以及机械性能测试等，而其中热性能是衡量真空集热管性能及质量的主要技术指标。GB/T 17049—2005 中详细地叙述了全玻璃真空集热管的性能测试方法。

(1) 空晒性能参数

空晒就是以空气为介质，在一定的太阳辐照度下介质温度的变化及所能达到的最高平衡温度。空晒性能参数是指空晒温度和环境温度之差与太阳辐照度的比值。而空晒温度是指全玻璃真空集热管内只有空气，在规定的太阳辐照度条件下，在准稳态时，全玻璃真空集热管内空气达到的最高温度。

GB/T 17049—2005 规定：太阳辐照度 $G \geqslant 800 \text{W/m}^2$，环境温度 $8℃ \leqslant T_a \leqslant 30℃$，空晒性能参数 $Y \geqslant 190 \text{m}^2 \cdot ℃/\text{kW}$。

空晒性能参数的测试条件及测试步骤如下：

① 测试条件：在室外进行测量，总日射表放置的平面应与漫反射平板平行，太阳辐照度 $G \geqslant 800 \text{W/m}^2$，环境温度 $8℃ \leqslant T_a \leqslant 30℃$，风速 $\leqslant 4 \text{m/s}$。

② 测试时，全玻璃真空集热管内以空气为传热工质，开口端放置保温帽。

③ 每隔 5min 记录一次太阳辐照度、空晒温度、环境温度。

④ 上述各参数分别记录四次数据，取四次数据的平均值。

⑤ 按式(4-21)计算出全玻璃真空集热管的空晒性能参数 Y。

$$Y = \frac{T_s - T_a}{G} \tag{4-21}$$

式中，Y 为空晒性能参数，$\text{m}^2 \cdot ℃/\text{kW}$；$T_s$ 为空晒温度，℃；T_a 为环境温度，℃；G 为太阳辐照度，W/m^2。

需要说明的是，空晒温度与空晒时间无关。如果真空夹层的真空压强低至某一值，影响空晒温度的原因是选择性吸收膜系的吸收率和发射率。膜系吸收率随温度升高发生的变化并不明显，而发射率随温度的升高快速增加。因此，降低发射率是提高真空集热管空晒温度的有效措施。如果在空晒性能测试中发现真空集热管的外管温度比较高，这多半是由于真空夹层真空压强较高产生了热传导，影响了空晒温度的升高。因此，空晒性能反映了真空集热管的高温性能。

(2) 闷晒太阳辐照量

闷晒太阳辐照量是指充满水的全玻璃真空集热管，在滞流状态下，管内水温升高一定温度范围所需的太阳辐照量。

GB/T 17049—2005 规定：罩玻璃管外径为 47mm，太阳辐照度 $G \geqslant 800\mathrm{W/m^2}$，环境温度 $8℃ \leqslant T_a \leqslant 30℃$，初始水温不低于环境温度，闷晒至水温升高 35℃ 所需的太阳辐照量 $H \leqslant 3.7\mathrm{MJ/m^2}$；罩玻璃管外径为 58mm，太阳辐照度 $G \geqslant 800\mathrm{W/m^2}$，环境温度 $8℃ \leqslant T_a \leqslant 30℃$，初始水温不低于环境温度，闷晒至水温升高 35℃ 所需的太阳辐照量 $H \leqslant 4.7\mathrm{MJ/m^2}$。

闷晒太阳辐照量的测试条件及测试步骤如下：

① 测试条件：在室外进行测量，总日射表放置的平面应与漫反射平板平行，太阳辐照度 $G \geqslant 800\mathrm{W/m^2}$，环境温度 $8℃ \leqslant T_a \leqslant 30℃$，风速 $\leqslant 4\mathrm{m/s}$。

② 测试时，全玻璃真空集热管内以水为传热工质，初始水温低于环境温度。

③ 记录下全玻璃真空集热管内水温升高 35℃ 时所需的太阳辐照量 H。

闷晒性能是用来评价真空集热管低温特性的参量。真空集热管工作温度较低时，温度变化对选择性吸收膜系的发射率和吸收率基本没有影响，而吸收率是表征膜系对太阳辐射能的吸收性能的参数。因此，当真空集热管闷晒性能不理想时，其主要原因应是吸收膜系的吸收率太低。

（3）平均热损失系数

平均热损失系数是指在无太阳辐照的条件下，全玻璃真空集热管内平均水温与平均环境温度相差 1℃ 时，单位吸热体表面积散失的热功率。

GB/T 17049—2005 规定：平均热损失系数为 $U_{\mathrm{lT}} \leqslant 0.85\mathrm{W/(m^2 \cdot ℃)}$。

平均热损失系数的测试条件及测试步骤如下：

① 测试条件：测试应在室内无太阳光直射处，测试期间平均环境温度为 $21℃ \leqslant T_a \leqslant 25℃$，在没有风直吹真空管的状况下进行。

② 测试时，全玻璃真空集热管内以水为传热工质，真空管垂直于水平面放置。

③ 在集热管内自上而下布置三个测温点，它们与开口端的距离分别为集热管长度的 1/6、1/2、5/6，三个测点的平均值为平均水温。

④ 集热管内注入 90℃ 以上的热水，自然降温至三个测点平均水温为 80℃ 时开始记录水温和环境温度。

⑤ 每隔 30 min 记录一次水温和环境温度数据，共记录三次数据。

按式（4-22）计算出全玻璃真空集热管的平均热损失系数 U_{lT}。

$$U_{\mathrm{lT}} = \frac{C_f M (T_1 - T_3)}{A_A (T_m - T_a) \Delta \tau} \tag{4-22}$$

$$T_m = \frac{T_1 + T_2 + T_3}{3} \tag{4-23}$$

$$T_a = \frac{T_{a1} + T_{a2} + T_{a3}}{3} \tag{4-24}$$

式中，U_{lT} 为平均热损失系数，$\mathrm{W/(m^2 \cdot ℃)}$；T_m 为平均水温，℃；T_a 为平均环境温度，℃；$\Delta \tau$ 为总的测试时间，s；M 为集热管内水的质量，kg；C_f 为水的比热容，$\mathrm{J/(kg \cdot ℃)}$；A_A 为吸热体的外表面积，$\mathrm{m^2}$；T_1、T_2、T_3 为三次时间的全玻璃真空集热管内水的平均温度，℃；T_{a1}、T_{a2}、T_{a3} 为在相同的时刻分别记录的三次环境温度，℃。

平均热损失系数是评价真空集热管保温性能的参量，其值与吸收膜系的吸收比无关。影响平均热损失系数的因素有膜系发射率和夹层的真空度两个。

（4）真空性能

GB/T 17049—2005 规定：真空集热管真空夹层内的真空度 $p \leqslant 5.0 \times 10^{-2} Pa$。

检测方法：用电火花检漏器在暗环境下探测全玻璃真空集热管的无选择性吸收涂层开口端部分的真空夹层，根据放电颜色对真空状况进行定性判断。在玻璃壁上呈现微弱荧光为合格品；出现辉光放电、火花穿透玻璃壁或火花发散而玻璃壁上无荧光均为不合格品。

（5）真空品质

GB/T 17049—2005 规定：全玻璃真空集热管的内玻璃管于 350℃ 保持 48h，消气剂镜面轴向长度消失率不大于 50%。

检测方法：全玻璃真空集热管内放置长度不小于集热管长 90% 的电加热棒（单端出口，直径 $\phi 20mm$，功率 1500 W），加热棒外套铝翼后放入集热管内，铝翼两头包石棉布以免铝翼直接与集热管壁接触，集热管口用玻璃纤维做好保温，将镍铬-镍硅型（K 型）热电偶置于集热管中部，并贴紧玻璃壁，使内玻璃管处于 350℃ 下保持 48h，从集热管封离端玻璃管直径 $\phi 15mm$ 处至消气剂镜面边缘的距离，测量周向六等分处消气剂镜面轴向长度，六点平均值标志消气剂镜面轴向长度，该长度消失率不大于 50% 为合格品。

（6）机械性能

机械性能主要包括耐热冲击性能、耐压强性能和耐机械冲击性能。

① 耐热冲击性能测试。将全玻璃真空集热管开口插入不高于 0℃ 的冰水混合体内，插入深度不小于 100mm，停留 1min 后，立即从冰水混合物内取出，并插入 90℃ 以上的热水，插入深度不小于 100mm，停留 1min 后再立即取出并插入不高于 0℃ 的冰水混合体内，如此反复三遍，全玻璃真空集热管应无破损。

② 耐压强性能测试。将全玻璃真空集热管内注满水后，将水压均匀增至 0.6MPa 保持 1min，全玻璃真空集热管应无破损。

③ 耐机械冲击性能测试。全玻璃真空集热管水平固定安装在试验架上，由间距 550mm 的两个带有厚度为 5mm 的聚氨酯衬垫的 V 型槽支撑，直径 30mm 的钢球对准集热管中部与两支撑点中部，钢球底部至玻璃管撞击处 450mm，自由落下，垂直撞击在集热管上，集热管不应破损。

4.2.4　全玻璃真空集热管的改进形式

全玻璃真空集热管的内管直接容水，内玻璃管外壁涂层吸收到的太阳辐射能通过管壁的导热直接传给管内的水，传热热阻很小。尽管如此，全玻璃真空集热管在使用中仍存在如下缺陷：

① 管内存水较多，管内水温上升缓慢，启动性能较差。

② 用水时管内热水无法取出，致使系统的热水利用率降低。

③ 管内水的流动性较差，易结垢。

④ 吸热面为内管外壁面，有效吸热面积小。

⑤ 由于管内容水，在运行过程中若有一支管破损，整个系统就要停止工作。

为了弥补以上缺陷，在全玻璃真空集热管的基础上，出现了若干种改进形式，归纳起来主要从以下三个方面进行改进。

一是采用异型玻璃管作为内管，以增大有效吸热面积，强化流体与内管内壁之间的对流换热。图 4-5 为一采用波纹玻璃管作为内管的全玻璃真空集热管。

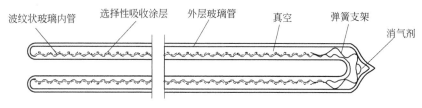

图 4-5 波纹内管全玻璃真空集热管

二是采用三层同轴的全玻璃真空集热管，在内玻璃管的自由端再封接一根一端封死的内套玻璃管，内套玻璃管中也是真空，并与真空夹层连通。内套玻璃管的自由端用一个不锈钢卡子固定以减小环口处受力，如图 4-6 所示。这种真空集热管由于管内存水量减小，热启动较快。实际应用中也有采用普通真空管内插两端封闭的玻璃管，同样可以达到减小真空管内存水量的目的，如图 4-7 所示。

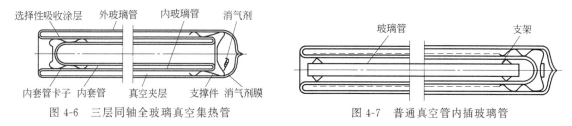

图 4-6 三层同轴全玻璃真空集热管　　　　　图 4-7 普通真空管内插玻璃管

三是采用真空管内插 U 形管或热管结构，以克服真空管内直接存水所带来的诸多问题，如图 4-8 所示。图 4-8（a）为真空管内插 U 形管式，将 U 形金属管包在圆柱形铝翼片内，插入全玻璃真空集热管中，使铝翼片紧靠在内玻璃管的内表面，同时，将 U 形管的两端分别与两根进出口水管相连，使水在金属管内流动，组成内插 U 形管的全玻璃真空管集热器。图 4-8（b）为真空管内插热管式，将热管的蒸发段包在圆柱形铝翼片内，插入全玻璃真空集热管中，使铝翼片紧靠在内玻璃管的内表面，将热管的冷凝段插入集管内，或将热管的冷凝段直接插入储水箱内，组成内插热管的全玻璃真空管集热器。这两种结构的全玻璃真空管

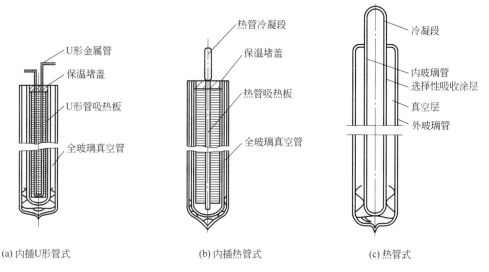

(a) 内插U形管式　　　　　　(b) 内插热管式　　　　　　(c) 热管式

图 4-8 改进型全玻璃真空集热管

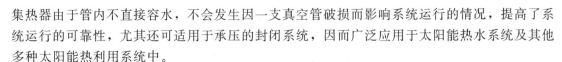

集热器由于管内不直接容水，不会发生因一支真空管破损而影响系统运行的情况，提高了系统运行的可靠性，尤其还可适用于承压的封闭系统，因而广泛应用于太阳能热水系统及其他多种太阳能热利用系统中。

此外，还有一种是在普通的全玻璃真空集热管的基础上，增加了和内管外径相同的冷凝段，将由冷凝段和内管一起组成的空腔抽成真空，同时灌注适量的工质，构成全玻璃热管，如图 4-8（c）所示。当选择性吸收涂层接收光照产生热量时，内管空腔内的工质液体蒸发汽化，蒸气在微小的压差下流向冷凝段放出热量凝结成液体，液体再沿内管内壁靠重力的作用流回蒸发段。如此循环不断，热量由集热管内部传至冷凝段乃至水箱。

4.3　金属吸热体真空管集热器

金属吸热体真空管的吸热体采用金属材料，而且真空管之间也都用金属件连接，所以用这些真空管组成的集热器具有以下共同的优点：

① 运行温度高。由其组成的集热器运行温度可达 100℃以上，有的甚至可高达 300～400℃，它是太阳能中、高温利用必不可少的集热部件。

② 承压能力强。由于介质在金属流道内流动，真空管及其系统都可承压运行，多数集热器还可用于产生 10^6 Pa 以上的热水甚至高压蒸气。

③ 耐热冲击性能好。真空管及其系统能承受急剧的冷热变化，即使用户偶然误操作，对空晒的集热器系统立即注入冷水，真空管也不会因此而炸裂。

金属吸热体真空管的出现，扩大了太阳能的应用范围，满足了不同场合的需求，已成为真空管集热器发展的重要方向。

4.3.1　热管式真空管集热器

4.3.1.1　热管式真空集热管的基本结构

热管式真空集热管主要由热管、金属集热板、玻璃管、金属封盖、弹簧支架、蒸散型消气剂和非蒸散型消气剂等部分构成，如图 4-9 所示。

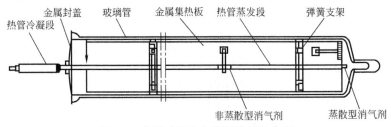

图 4-9　热管式真空集热管结构示意图

工作时，太阳辐射穿过玻璃管后投射在金属集热板上。集热板吸收太阳辐射能并将其转换为热能，通过导热方式传递给与集热板紧密结合在一起的热管蒸发段，使热管蒸发段内的工质汽化，工质蒸气上升到热管冷凝段后，在冷凝段内表面上凝结并释放出蒸发潜热，凝结后的液态工质依靠毛细力或自身的重力回流到热管蒸发段。

（1）玻璃-金属封接

玻璃-金属封接技术可分为熔封和热压封两种。

熔封也称为火封，它是传统电真空行业中金属和玻璃封装工艺中的关键步骤。在金属玻璃集热管封接中，一般是采用对需要封接的局部进行加热实现熔封。封接材料多采用可伐合金，其热膨胀系数介于金属和玻璃之间。熔封的优点是产品耐高温，玻璃排气彻底，使用寿命长，抗拉强度也较大。

热压封也称为固态封接，它是利用一种塑性较好的金属作为焊料，在加热加压的条件下将金属封盖和玻璃管之间封接在一起。目前国内玻璃-金属封接大都采用热压封接技术，热压封接主要使用铅基、铝基或铜基合金的低熔点焊丝或焊料等。先将玻璃端面制成法兰形式，然后将低熔点焊丝放在金属端盖与玻璃法兰封接面之间一同加热，当温度接近焊丝熔点时，迅速向其施加冲击压力，使焊丝表面氧化膜迅速破裂，挤出金属液，在金属与玻璃封接面之间固化。因此，热压封具有封接温度低、封接速度快、封接材料匹配要求低等特点。

（2）真空度与消气剂

在制造过程中，热管式真空集热管真空排气工艺不同于全玻璃真空集热管，具有以下特点：

① 真空集热管内空间容积大，金属部件多，加热烘烤时出气量大，必须采用抽气速率大且极限真空度高的扩散泵机组。

② 在集热管真空排气前，必须对放气量较大的金属部件或材料进行高温预除气。

③ 为了使真空集热管长期保持良好的真空性能，必须在管内同时放置两种消气剂，即蒸散型消气剂和非蒸散型消气剂。蒸散型消气剂在高频激活后被蒸散在玻璃管的内表面上，其主要作用是提高真空集热管的初始真空度；非蒸散型消气剂是一种宽温度范围激活的长效消气剂，其主要作用是吸收管内各部件工作时释放的残余气体，保持真空集热管的长期真空度。

4.3.1.2 热管式真空管集热器的热性能分析

热管式真空管集热器主要由真空集热管、连集管、导热块、保温盒、支架等几部分组成，如图 4-10 所示。为简化分析过程，作如下假设：

① 忽略真空集热管内空气对流和传导热损失；

② 真空集热管玻璃外壳与周围环境的传热系数 h_{g-a} 为常数；

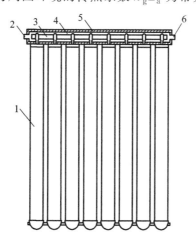

图 4-10 热管式真空管集热器结构示意图

1—真空集热管；2—流体进口；3—导热块；4—连集管；5—保温盒；6—流体出口

③ 真空集热管的总热损失系数 U_l 在一定温度范围内为常数；

④ 忽略热管管壁、导热块和连集管管壁的传导热阻；

⑤ 忽略集热板与热管蒸发段之间以及导热块与热管冷凝段、连集管之间的结合热阻；

⑥ 热管工质蒸气的温度 T_h 均匀一致。

（1）瞬时效率方程

图 4-11 为热管式真空管集热器的热网络图和等效热网络图。

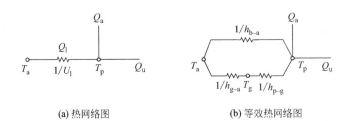

(a) 热网络图　　　　(b) 等效热网络图

图 4-11　热管式真空管集热器的热网络图和等效热网络图

根据能量守恒定律，单位时间内集热器输出的有用能量等于集热器接收的太阳辐照能量减去集热器向周围环境散失的能量，即

$$Q_u = Q_a - Q_l \tag{4-25}$$

将 Q_a 和 Q_l 的数学表达式代入式（4-25）得

$$Q_u = A_p G_T (\tau\alpha)_e - A_p U_l (T_p - T_a) \tag{4-26}$$

式中，A_p 为集热板面积，m^2；T_p 为集热板平均温度，K。

集热器输出的有用能量与投射到集热器上的太阳辐照量之比即为集热器效率，即

$$\eta = \frac{Q_u}{G_T A_p} \tag{4-27}$$

将式（4-26）代入式（4-27）得

$$\eta = (\tau\alpha)_e - U_l \frac{(T_p - T_a)}{G_T} \tag{4-28}$$

式（4-28）即为热管式真空管集热器的瞬时效率方程。

（2）总热损失系数

热管式真空管集热器的热损失包括真空集热管热损失及保温盒热损失，因此热管式真空管集热器总热损失系数 U_l 可表示为

$$U_l = U_t + U_b \tag{4-29}$$

式中，U_t 为真空集热管热损失系数，$W/(m^2 \cdot ℃)$；U_b 为保温盒热损失系数，$W/(m^2 \cdot ℃)$。

根据图 4-11（b），真空集热管热损失系数 U_t 可表达为

$$U_t = \left(\frac{1}{h_{p-g}} + \frac{1}{h_{g-a}} \right)^{-1} \tag{4-30}$$

式中，h_{p-g} 为集热板与玻璃管的传热系数，$W/(m^2 \cdot ℃)$；h_{g-a} 为玻璃管与环境的传热系数，$W/(m^2 \cdot ℃)$。

据前述假设，仅考虑集热板的辐射热损失，集热板与玻璃管之间的辐射换热量可写为

$$Q_{p-g} = \frac{2A_p\sigma(T_p^4 - T_g^4)}{\dfrac{1}{\varepsilon_p} + \dfrac{2A_p}{A_g}\left(\dfrac{1}{\varepsilon_g} - 1\right)} \tag{4-31}$$

式中，T_g 为玻璃管温度，K；A_g 为玻璃管表面积，m^2；ε_p、ε_g 分别为集热板和玻璃管的发射率。

Q_{p-g} 还可以表示为

$$Q_{p-g} = h_{p-g}A_p(T_p - T_g) \tag{4-32}$$

由式（4-31）和式（4-32）可得

$$h_{p-g} = \frac{2\sigma(T_p + T_g)(T_p^2 + T_g^2)}{\dfrac{1}{\varepsilon_p} + \dfrac{2A_p}{A_g}\left(\dfrac{1}{\varepsilon_g} - 1\right)} \tag{4-33}$$

据图 4-11（b），真空集热管热损失可表达为

$$U_t(T_p - T_g) = h_{p-g}(T_p - T_g) \tag{4-34}$$

式（4-30）、式（4-33）、式（4-34）即为计算真空集热管热损失系数 U_t 的方程组。在所讨论的 T_p 和 T_a 条件下，用迭代法求解上述三个方程，即可计算出真空集热管热损失系数 U_t。

保温盒的热损失主要是保温材料向周围环境的传导热损失，其值由保温材料的热导率、厚度以及表面积等因素决定。将保温盒传导热损失折合到单位集热板面积上即可得到保温盒热损失系数 U_b，即

$$U_b = \left(\frac{1}{h_{b-a}}\right)^{-1} = h_{b-a} = \frac{(UA)_b}{A_p} \tag{4-35}$$

式中，h_{b-a} 为保温盒与周围环境的传热系数，$W/(m^2 \cdot ℃)$；$(UA)_b$ 为保温盒通过导热向周围环境散失的热量，W。

由真空集热管热损失系数 U_t 和保温盒热损失系数 U_b，便可据式（4-29）求得热管式真空管集热器的总热损失系数 U_l。

（3）效率因子 F'

集热器的效率因子 F' 表示集热器实际的有用能量与假想集热板温度为热管温度时的有用能量之比。用热管温度 T_h 表示的热管式真空管集热器的瞬时效率方程为

$$\eta = F'\left[(\tau\varepsilon)_e - U_l\frac{T_h - T_a}{G_T}\right] \tag{4-36}$$

集热板的结构不同，热管式真空管集热器的效率因子就不同。轧制、吹胀而成的铜铝复合太阳条属于管板式集热板，其效率因子 F' 由 Duffle 和 Beckman 给出，即

$$F' = \frac{1}{W\left[\dfrac{1}{D + (W-D)\eta_f} + \dfrac{U_l}{\pi D h_e}\right]} \tag{4-37}$$

式中，W 为集热板宽度，m；D 为集热板内的热管直径，m；η_f 为集热板的肋片效率；h_e 为集热板与热管蒸发段的传热系数，$W/(m^2 \cdot ℃)$。

集热板肋片效率 η_f 可以用下式计算

$$\eta_f = \frac{\tanh[m(W-D)/2]}{m(W-D)/2} \tag{4-38}$$

$$m = \left(\frac{U_1}{\lambda\delta}\right)^{\frac{1}{2}} \tag{4-39}$$

式中，δ 为集热板厚度，m；λ 为集热板材料热导率，W/(m·℃)。

（4）热迁移因子 F_R

集热器的热迁移因子 F_R 表示集热器实际的有用能量与假想集热板温度为工质进口温度时的有用能量之比。

用集管工质进口温度 $T_{f,i}$ 表示的热管式真空管集热器的瞬时效率方程为

$$\eta = \left(\frac{A_p}{A_g}\right) F_R \left[(\tau\alpha)_e - U_1 \frac{T_{f,i} - T_a}{G_T}\right] \tag{4-40}$$

在忽略热管管壁、导热块和连集管管壁的传导热阻以及它们之间结合热阻的前提下，可以认为在集管内流动的工质处于等壁温 T_h 加热状态。在集管长度 L 内任意距离 y 处的工质与管壁的传热方程为

$$\dot{m}C_p \frac{\mathrm{d}T}{\mathrm{d}y} = h_c \frac{A_c}{L}(T_h - T) \tag{4-41}$$

沿 y 方向积分式（4-41）有

$$\int_{T_{f,i}}^{T_{f,o}} \frac{1}{T_h - T} \mathrm{d}T = \int \frac{h_c A_c}{\dot{m}C_p L} \mathrm{d}y$$

可得

$$T_{f,o} = T_{f,i}\exp(-N_m) + T_h[1 - \exp(-N_m)] \tag{4-42}$$

式中，$N_m = h_c A_c/(\dot{m}C_p)$；$h_c$ 为热管冷凝端传热系数，W/(m²·℃)；A_c 为热管冷凝端换热面积，m²。

根据式（4-27），有

$$\eta = \frac{\dot{m}C_p(T_{f,o} - T_{f,i})}{A_p G_T} \tag{4-43}$$

将式（4-42）代入式（4-43），并与式（4-36）联合求解可得

$$T_h = \frac{\dfrac{G_T(\tau\alpha)_e}{U_1} + T_a + T_{f,i}F_1}{1 + F_1} \tag{4-44}$$

式中，

$$F_1 = [1 - \exp(-N_m)]/N_c \tag{4-45}$$

$$N_c = F'U_1 A_p/(\dot{m}C_p) \tag{4-46}$$

将式（4-44）代入到式（4-42），整理后可得

$$T_{f,o} = T_{f,i} + \left[\frac{G_T(\tau\alpha)_e}{U_1} - (T_{f,i} - T_a)\right]\frac{F_1}{1+F_1}N_c \tag{4-47}$$

将式（4-47）代入式（4-43），并与式（4-40）合并可得

$$F_R = F'\frac{F_1}{1+F_1} \tag{4-48}$$

式（4-48）是单根真空管 F_R 的计算公式。式中 F_1 的大小取决于 N_c 和 N_m，因此热管式真空管集热器的热迁移因子不仅与集热器的总热损失 $U_1 A_p$ 有关，而且还取决于热管冷凝

段的传热量 $h_c A_c$ 的大小。

当 n 根热管真空集热管连接在同一根集管上时，每根热管真空集热管所对应的集管段的出口温度将是下一根热管真空集热管所对应的集管段的进口温度。采用同样的方法，可以推导出 n 根热管真空管集热情况下的 F_R 计算式。

$$F_R = \frac{F'(1-K)}{N_c} \tag{4-49}$$

式中，

$$K = 1 - \frac{N_c}{n} \times \frac{F_1}{1+F_1} \tag{4-50}$$

$$F_1 = \frac{1-\exp(-N_m/n)}{N_c/n} \tag{4-51}$$

$$N_c = nF'U_1 A_p/(\dot{m}C_p) \tag{4-52}$$

$$N_m = nh_c A_c/(\dot{m}C_p) \tag{4-53}$$

4.3.2 其他形式金属吸热体真空管集热器

(1) 同心套管式真空管集热器

同心套管式真空集热管又称为直流式真空集热管，主要由同心套管、集热板、玻璃管等几部分组成，如图 4-12 所示。同心套管就是内、外同轴的金属管，位于集热板的轴线上，跟集热板紧密连接。

同心套管式真空集热管的工作原理是，太阳辐射穿过玻璃管，投射在集热板上，集热板吸收太阳辐射并将其转换为热能，集热介质从内管进入真空集热管，被集热板加热后，通过内、外管之间的环形空间流出。

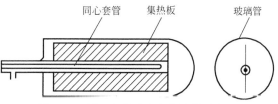

图 4-12 同心套管式真空集热管示意图

除了具有金属吸热体真空管集热器共同的优点之外，同心套管式真空管集热器还有其自身显著的特点：

① 热效率高。由于集热介质进入真空集热管后，被集热板直接加热，减少了中间环节的传导热损失。

② 可水平安装。根据需要，可将真空集热管东西向水平安装在建筑物的屋顶上或南立面上。通过转动真空集热管，将集热板与水平方向的夹角调整到所需要的数值，这样既可简化太阳能集热器的安装支架，又可避免太阳能集热器影响建筑外观。

(2) U 形管式真空管集热器

U 形管式真空集热管主要由 U 形管、集热板、玻璃管等部分组成，如图 4-13 所示。

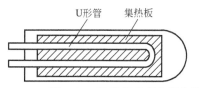

图 4-13 U 形管式真空集热管示意图

U 形管式真空管集热器的主要特点是：

① 热效率高。集热介质进入真空集热管后，被集热板直接加热，减少了中间环节的传导热损失。

② 可水平安装。可将真空集热管东

西向水平安装在建筑物的屋顶上或南立面上，这样既可简化太阳能集热器的安装支架，又可避免太阳能集热器影响建筑外观。

③ 安装简单。真空集热管与集管之间的连接比同心套管式真空管简单。

(3) 储热式真空管集热器

储热式真空集热管主要由吸热管、内插管、玻璃管等部分组成，如图4-14所示。

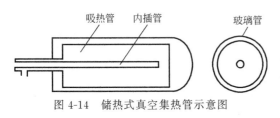

图4-14　储热式真空集热管示意图

储热式真空集热管的工作原理是，太阳辐射穿过玻璃管，投射在吸热管上，吸热管外表面上的选择性吸收涂层吸收太阳辐射并将其转换为热能，加热储存在吸热管内的水。使用时，冷水通过内插管注入吸热管，将热水顶出。由于真空夹层保温性能好，吸热管内的热水降温很慢。

储热式真空集热管组成的集热器有以下主要特点：

① 不需要储水箱。真空管本身既是集热器，又是储水箱，因而由储热式真空管组成的集热器也可称为真空闷晒式热水器。

② 使用方便。打开自来水龙头后，热水可立即放出，所以特别适用于家用太阳能热水器。

(4) 内聚光真空管集热器

内聚光真空集热管主要由吸热体、复合抛物聚光镜、玻璃管等几部分组成，如图4-15所示。复合抛物聚光镜可简称为CPC。由于CPC放置在真空集热管的内部，故称为内聚光真空集热管。

吸热体可以是热管、同心套管或U形管，其表面有中温选择性吸收涂层。太阳辐射穿过玻璃管投射到CPC的表面，被CPC反射到位于其焦线处的吸热体上。

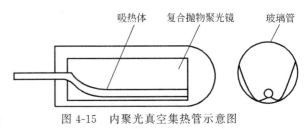

图4-15　内聚光真空集热管示意图

内聚光真空管集热器的主要特点是：

① 运行温度较高。由于CPC的聚光比大于1，内聚光真空集热管的运行温度可达100～150℃。

② 不需要跟踪系统。CPC的光学特性使得平行的太阳辐射以任意的角度投射时，其反射光都可以到达位于焦线的吸热体上，从而避免了复杂的自动跟踪系统。

(5) 直通式真空管集热器

直通式真空集热管主要由金属吸热管、玻璃管以及膨胀波纹管组成，如图4-16所示。

直通式真空集热管吸热管表面有高温选择性吸收涂层，外罩同心玻璃管，吸热管和玻璃管的夹层内抽高真空，玻璃管的外表面蒸镀减反射膜，以降低玻璃管外表面对入射太阳辐射的反射损失。由于金属吸热管与玻璃管之间的两端都需要封接，必须借助于波纹管过渡，以补偿金属吸热管的热胀冷缩。直通式真空集热管需要与抛物柱面聚光镜配合使用，组成聚光型太阳能集热器。工作时，集热介质从吸热管的一端流入，经太阳辐射能加热后，从吸热管的另一端流出，故称为直通式真空集热管。

直通式真空管集热器的主要特点是：

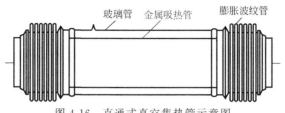

图 4-16　直通式真空集热管示意图

① 运行温度高。抛物柱面聚光镜的开口可以做得很大，使真空管集热器的聚光比很高，所以直通式真空管集热器的运行温度可高达 $300\sim400℃$。

② 易于组装。集热介质从真空管的两端进出，因而便于将直通式真空集热管之间采用串联方式连接。

习题

1.全玻璃真空集热管主要由哪几部分构成？简述各部分的作用和功能。

2.分析全玻璃真空集热管的热损失，简述提高真空管集热器热性能的方法。

3.全玻璃真空管与热管式真空集热管的结构有什么不同？其工作原理的主要区别是什么？

4.热管式真空管中玻璃与金属的封接有哪两种方法，其优缺点各是什么？

5.什么是真空管的空晒性能参数和空晒温度？空晒性能反映了真空管的什么性能？

6.在对真空管空晒性能测试中，发现真空管的外管温度较高，试分析其原因。

7.什么是真空管的闷晒太阳辐照量？闷晒太阳辐照量是用来评价真空管什么特性的？

8.在对真空管热性能测试中，发现真空管闷晒太阳辐照量较高，试分析其原因。

9.什么是平均热损失系数？在对真空管热性能测试中，发现真空管的热损失数较大，试分析其原因。

10.简述真空管真空性能的要求及检测方法。

11.简述真空集热管真空品质的要求及检测方法。

12.真空集热管的机械性能包括哪几项？分别简述其测试方法。

13.如图 4-17 为一新型的全玻璃真空集热管，内管为玻璃波纹管，试分析该管与普通全玻璃真空集热管相比具有什么特点。

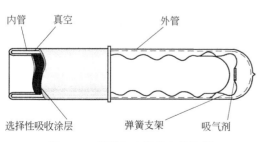

图 4-17　新型全玻璃真空集热管

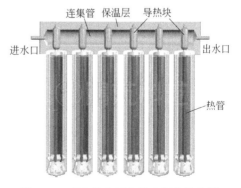

图 4-18　真空管内插热管太阳能集热器

14. 如图 4-18 为一真空管内插热管太阳能集热器，试回答以下问题：

(1) 该集热器中存在哪些结合热阻？

(2) 该集热器和普通的真空管集热器相比有哪些特点？

15. 如图 4-19 (a) 为一内置反射板真空管横截面示意图，其内管管径为 37mm，外管管径为 58mm。为分析其热性能，对其进行了单管闷晒和热损测试，结果如图 4-19 (b) 和图 4-19 (c) 所示。作为对比，图中还给出了普通真空管（内径为 47mm，外径为 58mm）的测试结果。假定两种真空管吸热涂层相同，试根据测试结果分析内置反射板真空管的性能，并与普通真空管进行比较。

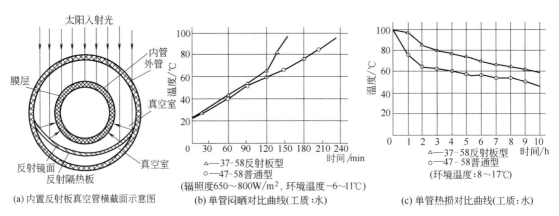

(a) 内置反射板真空管横截面示意图　(b) 单管闷晒对比曲线(工质:水)　(c) 单管热损对比曲线(工质:水)

图 4-19　内置反射板真空管横截面示意图及单管闷晒和热损测试图

16. 空气集热器在太阳能低温热利用领域中有广泛的应用，试利用真空集热管制作太阳能空气集热器，给出设计原理图并说明其工作原理。

第 5 章

聚光太阳能集热器

5.1　概述

在人们的日常生活中，大量用到低温热能，比如沐浴洗漱用热、采暖用热等，这些热能的温度一般在75℃以内。利用太阳能生产这些低温热能，只需要平板型或真空管型太阳能集热器即可。

然而，人们在烹饪、制冷或者在一些工业生产活动中（例如海水淡化、热力发电）还需要温度更高的热能。事实上，人们对于利用太阳能获取高温热能的追求从来没有停止过。在古代，人们就利用聚光原理来获取火种。比如西周时代，我们的祖先已经掌握了"阳燧"取火的技术，"阳燧"实际上是一种凹面镜，这是我国太阳能高温利用的最早记录。西汉时便有"削冰令圆，举以向日，以艾承其影，则生火"的说法。在国外，公元前212年，古希腊著名科学家阿基米德提出了利用许多单元平面镜将阳光聚集起来，用于烧毁攻击西西里岛西拉修斯港的罗马舰队的想法，并加以实施。到了近现代，各种太阳炉、太阳灶甚至太阳能热发电系统更是层出不穷，将人们的想象与创造能力发挥到了极致。

要获取太阳高温热能，必须有用于收集阳光进而产生高温的装置。改变光的运行方向，实现太阳光的聚集，是产生高温热能的先决条件。在低温太阳能集热器中，光在到达接收面前，其运行方向基本不变。因此，在单位接收面积上接收到的太阳能量是有限的。由于辐射、传导等散热不可避免，决定了它们不能得到温度更高的热能。而高温的聚光太阳能集热器往往同时存在一个聚光器和一个接收器。聚光器的功能是改变太阳光的方向，使它向一个较小的区域汇集。聚光器性能的好坏，对接收器温度的提高起决定性作用。因此，聚光器的独立存在是高温集热器与低温集热器的重大差别。

聚光太阳能集热器的类型很多，分类的方法也各不相同。若按聚光是否将太阳成像，可分成下列两类：

① 成像聚光集热器：使太阳辐射聚焦，即在接收器上形成焦点（焦斑）或焦线（焦带）的聚光集热器。

② 非成像聚光集热器：使太阳辐射会聚到一个较小的接收器上而不使太阳辐射聚焦，即不在接收器上形成焦点（焦斑）或焦线（焦带）的聚光集热器。

对成像集热器，按聚焦的形式分类：

① 线聚焦聚光集热器：使太阳辐射会聚到一个平面上并形成一条焦线（或焦带）的聚

光集热器。

②点聚焦聚光集热器：使太阳辐射基本上会聚到一个焦点（或焦斑）的聚光集热器。

对成像集热器，按聚光器的类型分类：

①槽形抛物面聚光集热器：又称为抛物柱面聚光集热器或抛物槽聚光集热器，它是通过一个具有抛物线横截面的槽形聚光器来聚集太阳辐射的一种线聚焦聚光集热器。

②旋转抛物面聚光集热器：又称为抛物盘聚光集热器，它是通过一个由抛物线旋转而成的盘形聚光器来聚集太阳辐射的一种点聚焦聚光集热器。

③菲涅耳反射镜聚光集热器：利用菲涅耳反射镜，通过反射方式来会聚太阳辐射的一种成像集热器。

④菲涅耳透镜聚光集热器：利用菲涅耳透镜，通过折射方式来会聚太阳辐射的一种成像集热器。

对非成像集热器，按聚光器的类型分类：

①复合抛物面聚光集热器：又称为 CPC 集热器，它是利用若干块抛物面镜组成的聚光器来会聚太阳辐射的一种非成像集热器。

②多平面聚光集热器：又称为塔式集热器，它是利用由平面反射镜组成的许多台聚光器（定日镜），将太阳辐射反射集中到位于高塔顶部的接收器上的一种非成像集热器。

③条形面聚光集热器：又称为 FMSC 聚光集热器，它是利用由若干条固定的平面反射镜组成的聚光器，将太阳辐射聚集到跟踪太阳的接收器上的一种非成像集热器。

④球形面聚光集热器：又称为 SRTA 集热器，它是通过一个由一段圆弧旋转而成的球形面聚光器，将太阳辐射聚集到跟踪太阳的接收器上的一种非成像集热器。

⑤锥形面聚光集热器：它是通过一条线段旋转而成的盘形聚光器，将太阳辐射聚集到跟踪太阳的接收器上的一种非成像集热器。

另外，按聚焦程度的不同，可把集热器分为将太阳光聚集成"点状"焦斑的三维集热器以及将太阳光聚焦成"线状"焦斑的二维集热器。点聚焦系统呈中心对称，一般应用在要求高聚光比的场合，如太阳炉和中心接收动力系统。线聚焦系统呈轴对称，一般应用在中等聚光已足够达到所需工作温度的场合。

一些常见的聚光集热器形式如图 5-1 所示。

一般来说，聚光集热器，特别是高倍聚光，其接收器的接收面积都要比聚光器的进光口面积小很多。因此，为了最大限度地收集太阳光，对太阳实时跟踪是必不可少的。这会带来两方面的影响：有利的方面是，此时进光口总是正对着太阳，所以接收到的太阳光强度是最大的，比在固定平面上接收到的太阳光要大 10%～40%，季节不同，接收太阳光增加的比例也不同；但不利的方面是，由于系统增加了运动部件，系统本身会消耗一定动力，也会使系统变得更为复杂，故障率提高。

聚光太阳能集热系统中一个重要部件就是太阳跟踪系统，可以说，跟踪系统的跟踪精度决定了聚光系统性能的好坏，特别是高倍聚光的系统。目前，太阳跟踪系统的种类很多，大致可以分为两类。一类是"观察"太阳型的，太阳在哪里它就跟踪到哪里，在阴雨天没有太阳时，它就保持不动，太阳出来了，它就对准太阳。这类装置的优点是省电、实时、简单明了；缺点是跟踪精度不高，易受环境的影响，特别是当它的观察镜受到污染和环境阴影阻挡时，常会给出错误的判断。另一类是固定程序型的，即它把太阳一年中在天空的轨迹计算出来，嵌入计算机内，通过计算机的控制实施对太阳的跟踪。

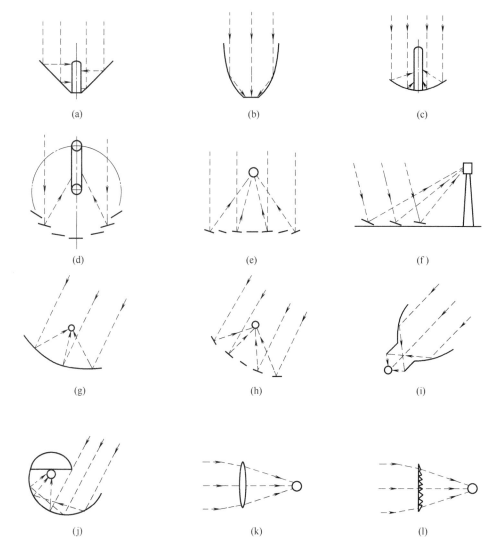

图 5-1　几种聚光集热器示意图

（a）锥形面聚光集热器；（b）复合抛物面聚光集热器；（c）球形面聚光集热器；（d）条形面聚光集热器；
（e）线性菲涅耳镜聚光集热器；（f）塔式聚光集热器；（g）抛物面聚光集热器；（h）阵列式抛物面聚光集热器；
（i）镜像焦点重叠式聚光集热器；（j）多曲面复合聚光集热器；（k）凸透镜聚光集热器；（l）菲涅耳透镜聚光集热器

这样太阳能聚光系统就按预先设定的方式与速度跟踪太阳运转。其优点是程序固定，控制简单，不易受环境的干扰。缺点是它在阴雨天也自动运行，浪费电力，长时间运行后需要修正。近年来，采用两种方法相结合的跟踪系统也被研制出来，能够使太阳聚光器在正常工作时，自动跟踪太阳，当太阳光减弱时，又能自动停止运行。雨过天晴之后，又能通过"观察镜"自动找到太阳。到了傍晚，系统能自动复位到第二天早上的位置。这样的系统免去了固定程序的经常修正要求，又能在恶劣天气下保持静止，以抵抗大风的冲击，避免系统遭到破坏。

5.2 聚光太阳能集热器的基本理论

5.2.1 太阳成像原理

(1) 太阳圆面张角

地球与太阳之间的平均距离约为 $1.5 \times 10^8 \text{km}$,尽管日地距离很远,但相对于地球而言,太阳并非是一个点光源,而是日轮。因此,地球上的任意一点与入射的太阳光线之间具有一个很小的夹角,这个夹角通常称为太阳圆面张角,如图 5-2 所示。根据几何关系,可求得太阳圆面张角的大小约为 $32'$。因此,太阳光并非平行光,而是以 $32'$ 的张角入射到地球表面。

(2) 太阳成像原理

成像聚光集热器中,聚光器的作用是在接收器上形成一个太阳像,由于太阳圆面张角为 $32'$,任何聚光器产生的太阳像都有一定的大小,它取决于太阳圆面张角及聚光器的几何形状。

以抛物线形反射面为例。图 5-3 所示为一焦距为 f 的抛物线形的反射面,当接收器为一平面时,反射形成的太阳像尺寸 W' 为

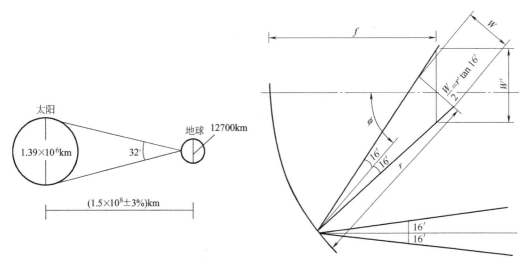

图 5-2 太阳圆面张角示意图   图 5-3 抛物面聚光器在平面接收器上形成的太阳像示意图

$$W' = \frac{2r\tan 16'}{\cos\phi} \tag{5-1}$$

式中,r 为镜面上反射点到焦点的距离,$r = \dfrac{2f}{1+\cos\phi}$;$\phi$ 为反射光束中心线与光轴之间的夹角。因此有

$$W' = \frac{4f\tan 16'}{\cos\phi(1+\cos\phi)} \tag{5-2}$$

在镜面边缘,$\phi = \phi_r$,ϕ_r 为聚光器的半张角,也称为边缘角,此时,$r = r_r$,r_r 称为最大镜半径。

由于 r 和 ϕ 随抛物面聚光器开口大小(从无限小到有限大)的变化而变化,理想太阳像的大小将从 $r = f$ 时的 W 增大到 $r = r_r$ 时的 W',这就是理想太阳像的扩大,其根本原因是太阳光线是非平行光。

由于实际所见的太阳圆面上的亮度是不均匀的,中心亮边缘暗,即使是光学上非常精密的理想系统所形成的太阳像,通常也不是轮廓很清晰的。图 5-4 给出了假设太阳圆面亮度均匀时,在垂直于抛物面光轴的焦平面上的理想太阳像的截面图。

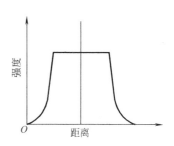

图 5-4　在垂直于抛物面光轴的焦平面上的理想太阳像的截面图

5.2.2　聚光太阳能集热器的评价

5.2.2.1　聚光太阳能集热器的聚光比

前面已经提到,太阳能的缺陷之一就是其能流密度小,在地表上的能流密度仅有 $800\sim1000\mathrm{W/m^2}$。因此,要想获得更高的温度,聚光过程是必不可少的。为了评价和比较具有聚光功能的太阳能集热器的优劣,引进了聚光比的概念。

(1) 几何聚光比

如图 5-5 所示,聚光集热器光孔的面积 A_a 与接收器上接收辐射的表面面积 A_r 之比,称为聚光集热器的几何聚光比,或简称聚光比,它反映聚光集热器使能量集中的可能程度,是聚光集热器几何尺寸的特征量,通常以 C 表示。

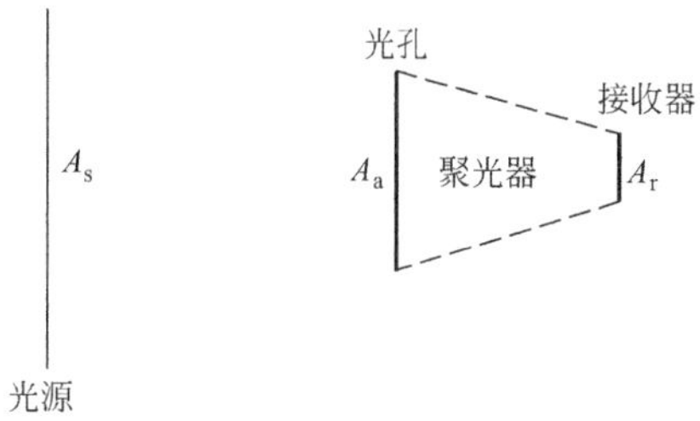

图 5-5　聚光集热器示意图

$$C=\frac{A_\mathrm{a}}{A_\mathrm{r}} \tag{5-3}$$

对于聚光集热器而言,恒有 $C>1$,即接收器向环境散热的表面积总是小于聚光器光孔的面积,这样有利于减小集热器的热损失。

(2) 能量聚光比

接收器表面上的平均辐照度 $\overline{G_\mathrm{r}}$ 与投射在光孔上的辐照度 G 之比,称为能量聚光比 C_e,即

$$C_\mathrm{e}=\frac{\overline{G_\mathrm{r}}}{G} \tag{5-4}$$

对于所有的聚光器,总有 $C>C_\mathrm{e}$,只有在理想的光学系统中,C_e 才与式(5-3)所定义的只取决于几何参数的聚光比等同。这是由于任何聚光器在加工过程中存在以下两个方面的误差,从而产生一定的光学损失。

① 镜面误差。镜面误差即镜面粗糙度,如图 5-6(a) 所示。镜面误差的大小用镜面误差角 Δ_1 表示,即按曲面名义尺寸某点的切线和该点实际切线之间的夹角。在反射式聚光器中,由镜面误差引起的反射误差角为

$$\psi_1=32'\pm\Delta_1 \tag{5-5}$$

根据经验,普通热弯镜面 $\Delta_1=30'\sim60'$。

② 线形误差。线形误差即名义尺寸与实际尺寸之间的误差,线形误差的大小用法线偏移角 Δ_2 表示,如图 5-6(b) 所示。在反射式聚光器中,由线形误差引起的反射误差角为

$$\psi_2=32'\pm\Delta_2 \tag{5-6}$$

对镜面上的任一点,由镜面误差和线形误差产生的综合反射误差角为两者的代数和,即

$$\psi=\psi_1+\psi_2=64'\pm\Delta_1\pm\Delta_2 \tag{5-7}$$

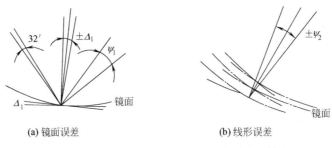

(a) 镜面误差　　　　　　　　　(b) 线形误差

图 5-6　由镜面误差及线形误差引起的反射误差角

由式(5-7)可以看出，两种反射误差角可能增益，也可能部分相互抵消，但只要综合反射误差角不为零，投射到聚光器光孔上的太阳辐射就不能全部经反射到达接收器，从而降低接收器上的平均太阳辐照度。

能量聚光比又称为能流密度比，是一个非常有用的概念，特别在聚光光伏太阳能发电领域，因为在那里，太阳能电池发电量的多少直接与太阳辐照度有关。但对太阳能热利用领域，几何聚光比的概念更加受到人们推崇，因为它更易于理论计算和对实际装置进行预测。

5.2.2.2　聚光太阳能集热器的光学效率

对于一个非理想的聚光器，它不可能百分之百地把聚集到的光线传递给下一个部件，因此它有聚光效率的问题。引起聚光效率降低的原因，有装置的结构问题、透射率或反射率的问题，也有制造工艺的问题。

图 5-7　太阳能聚光器的聚光效率

对于一个抽象的聚光器，如图 5-7 所示，假定有 N 条均匀平行光沿聚光器的进口以角度 θ 的方向进入聚光器，假定经过聚光器内部的反射之后，仅有 N' 条光线从出光口射出，那么就一定有 $N-N'$ 条光线在传导过程中损失了。这时，相对于入射角 θ 来说，系统的能量透射率即为 N'/N，亦即聚光效率。

光学效率 η_0 表示聚光集热器的光学性能，它反映了在聚集太阳辐射的光学过程中，由于聚光器的聚光效率不可能达到理想化程度和接收器表面对太阳辐射的吸收也不可能达到理想化程度而引起的光学损失，亦即接收器收集到的总能量与进口能量之比，其表达式为

$$\eta_0 = \frac{Q_r}{G_a A_a} \tag{5-8}$$

式中，Q_r 为同一时段内接收器收集到的总能量，W；G_a 为同一时段内投射到聚光集热器进光口上的太阳辐照度，W/m^2。

由于光学效率大部分只涉及到几何光学关系，对于许多常用的太阳能集热器或聚光太阳能集热器来说，都是比较容易从理论上推导出光学效率的近似计算公式的。例如，对于平板型集热器（单一盖板的），设盖板透射率为 τ，接收器的吸收率为 α，那么光学效率为

$$\eta_0 = \tau\alpha \tag{5-9}$$

式(5-9)依据的条件是：对于半球辐射，所有光线都能达到集热器，并且光线在盖板与接收器之间的多次反射可以被忽略。

对于一个槽式抛物面聚光器，如果抛物面的反射率为 ρ，接收器玻璃管的透射率为 τ，吸收体的吸收率为 α，那么系统对直射辐射的光学效率近似为

$$\eta_0 \approx \rho\tau\alpha \tag{5-10}$$

在平板型集热器中，文献中常将 η_0 叫作装置的透吸积，即 $(\tau\alpha)$。其实，对于大多数集热器来说，η_0 即集热器在运行时接收器温度与环境温度 T_a 之差等于 0 时的热效率，即

$$\eta_0 = \eta(0) = \eta(\Delta T = 0) \tag{5-11}$$

式中，$\Delta T = T_r - T_a$（接收器温度与环境温度之差）。

但要注意，对于一些带有反射面的集热器来说，由于反射面会吸收部分太阳能而使温度升高，当接收器以接近环境温度运行时，接收器的温度就有可能低于反射面的温度，从而有可能从反射面表面得到部分热辐射能，此时，$\eta(0)$ 就可能大于 η_0，即热效率大于光学效率。一些集热器的 $\eta(0)$ 甚至会超过光学效率 η_0 几个百分点，此时把 $\eta(0)$ 叫作有效光学效率。

5.2.2.3　聚光太阳能集热器的接收角

太阳在天空中运动，太阳光对地面上任一点或任何一个平面，它的入射角都是变化的。因此，任何一个聚光太阳能集热器都不可能接收全部投射到其表面的太阳光，除非它准确地跟踪太阳。如果它固定不动，那么它只能接收部分太阳光，而其他的太阳光便不能到达接收器上。所以，对于聚光太阳能集热器而言，与聚光过程紧密相关的是接收器的接收角 $2\theta_a$，其中 θ_a 为接收半角。接收角的定义是：当集热器的整体或者局部没有移动或相对位置没有变化，太阳光线入射到装置上，并最终能够被接收器接收的角度范围（即接收器视野）。

接收角是一个非常重要的参数，它与聚光集热器的性能，特别是经济性能密切相关。接收角越大，表明系统在不运动时所能接收的太阳光越多，在需要跟踪太阳时，它所要求的跟踪精度越低。因此，大多数情况都需要太阳能集热装置的接收角更大。但是，一般情况下，接收角与聚光比是一对矛盾的参数，往往接收角越大，聚光比就越小。所以，在实际工程中，必须充分考虑用户实际的需求，最后确定如何设计系统的接收角，并使系统的经济性能最佳。

聚光器可以抽象为如图 5-8 所示的模型。假定在出光口形成进光口的像，要实现聚光过程，进光口的面积应该大于出光口的面积。如果出光口外面是空气，即折射率是 1，那么可能的最大几何聚光比对应的出口光线夹角 θ' 的值是 $90°$。当然，对平行光入射，一般的聚光器出口光线夹角都在 $40°$ 左右，较大时也仅有 $60°$ 左右。

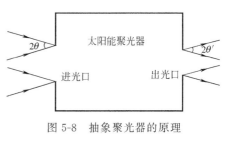

图 5-8　抽象聚光器的原理

如果进光口外（进入装置前）的导光介质的折射率为 n，出光口外导光介质的折射率为 n'，那么进光口宽度 a 与出光口宽度 a' 之比为

$$\frac{a}{a'} = \frac{n'\sin\theta'}{n\sin\theta} \tag{5-12}$$

这里，a' 的值应该满足让所有的光线通过。显然，θ' 的值不可能大于 $\pi/2$，所以对二维（2D）聚光器，其理论最大几何聚光比是

$$C_{\max} = \frac{n'}{n\sin\theta} \tag{5-13}$$

对三维（3D）聚光器，理论最大几何聚光比为

$$C_{\max} = \left(\frac{n'}{n\sin\theta}\right)^2 \tag{5-14}$$

这里，θ 是入射光半角。如果装置放置在空气中，折射率为1，亦即 n 和 n' 的大小均为1，显然有

$$C_{\max,2D} = \frac{1}{\sin\theta} \tag{5-15}$$

$$C_{\max,3D} = \frac{1}{\sin^2\theta} \tag{5-16}$$

所以，依据热力学第二定律，不难得出推论，理论最大几何聚光比与接收半角 θ_a 的关系是：

① 对于二维线聚焦系统（如槽形抛物面聚焦系统）有

$$C_{\max,2D} = \frac{1}{\sin\theta_a} \tag{5-17}$$

② 对于三维点聚焦系统（如碟式抛物面聚焦系统）有

$$C_{\max,3D} = \frac{1}{\sin^2\theta_a} \tag{5-18}$$

太阳本身不是一个点，而是一个具有视野范围为 $\Delta_s \approx 4.65\text{mrad} \approx 16'$ 的圆盘，因此，对于跟踪太阳的聚光集热器，其接收半角 θ_a 即为 Δ_s。因此，二维线聚焦系统的理论最大几何聚光比约为215，而对三维点聚焦系统的理论最大几何聚光比约为46200。

对于实际的聚光太阳能集热器，其工艺、材料、设计、跟踪精度和结构的偏差都可能引起接收角的加大，从而降低系统的聚光比。大多数的聚光器，特别是抛物面聚焦或透镜聚光器，它的实际聚光比都要比理论最大几何聚光比低2～4倍。

5.2.2.4　聚光比的热力学极限

聚光集热器的基本问题是，如何使均匀投射在聚光器光孔上的太阳辐射集中到较小的接收器表面上，以得到较高的聚光比，从而达到较高的集热温度和收集尽可能多的热量。但是聚焦系统可能达到的聚光比，有热力学上和光学上的限制。

虽然聚集太阳光的问题好像仅是一个几何光学问题，但它与热力学第二定律有联系，因为如果太阳辐射能被聚集到任意小的接收器上，那么接收器的温度将超过太阳表面温度，这明显是违背热力学第二定律的。所以，在热力学的角度，太阳光聚焦系统的最大聚光比应以聚光温度小于太阳表面温度为极限。事实上，由于太阳光并不是完全的平行光，从几何上考虑，系统所能设计成功的最大聚光比也远比热力学允许的最大值要小。

在由表面1和表面2组成的辐射换热系统中，设系数 f_{12} 表示表面1发出的辐射通过直射辐射、反射或折射到达表面2的比例。如果只有直射辐射能够从表面1到达表面2，那么 f_{12} 就变成常见的辐射形状因子 F_{12}，亦称角系数。

对于图5-5所示的聚光集热器，根据辐射换热原理，两表面温度相同时，彼此交换的能量为零。因此，在太阳与集热器光孔、太阳与接收器表面之间存在如下两组关系

$$A_s f_{sa} = A_a f_{as} \tag{5-19}$$

$$A_s f_{sr} = A_r f_{rs} \tag{5-20}$$

式中，下标a表示聚光器光孔；下标r表示接收器表面；下标s表示太阳（辐射源）。

于是，几何聚光比可表示为

$$C = \frac{A_a}{A_r} = \frac{f_{sa} f_{rs}}{f_{as} f_{sr}} \tag{5-21}$$

对于理想的聚光集热器，进入聚光器光孔 A_a 的太阳辐射将全部到达接收器表面 A_r，即

$$f_{sa} = f_{sr} \tag{5-22}$$

由于 $f_{rs} \leqslant 1$，所以

$$C \leqslant \frac{1}{f_{as}} \tag{5-23}$$

在图 5-9 所示的太阳辐射聚光系统中，设聚光器光孔距太阳辐射源中心的距离为 R。由于大气层外太阳辐射光谱与温度为 5760K 的黑体辐射光谱基本一致，假设该系统处于一个无限的真空空间，或由绝对零度的黑体壁面构成的封闭空间，则系数 f_{as} 实质上就是两个黑体表面之间的辐射角系数 F_{as}。因此，由式(5-23)可得

$$C \leqslant \frac{1}{F_{as}} \tag{5-24}$$

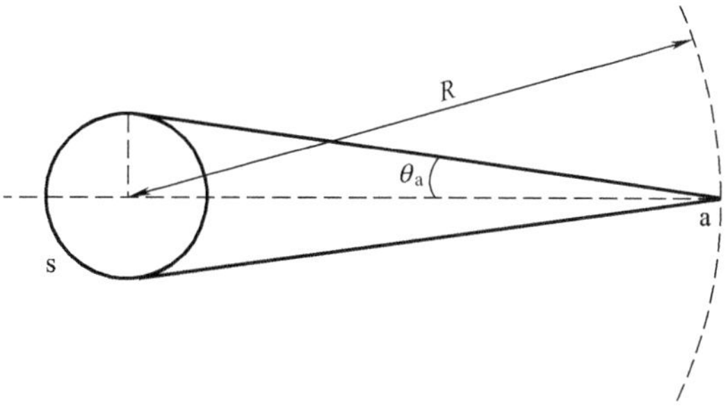

图 5-9　太阳辐射聚光系统示意图

或表示为

$$C_{max} = \frac{1}{F_{as}} \tag{5-25}$$

式(5-25)表示理想聚光集热器的最大聚光比为辐射角系数 F_{as} 的倒数，C_{max} 称为聚光比的热力学极限或理论聚光比。

由式(5-19)还可得

$$F_{as} = F_{sa} \frac{A_s}{A_a} \tag{5-26}$$

根据图 5-9 所示的几何关系，对于准确跟踪的线聚焦的二维聚光集热器，有 $F_{sa} = \frac{A_a}{2\pi R}$，因此可求得

$$C_{max, 2D} = \frac{1}{F_{sa} \dfrac{A_s}{A_a}} = \frac{1}{\dfrac{A_s}{2\pi R}} = \frac{2\pi R}{A_s} \approx 215 \tag{5-27}$$

式(5-27)中的太阳面积 A_s 对二维聚光集热器而言实际是太阳圆面周长。

同理，对于准确跟踪的点聚焦的三维集热器，太阳辐射分布在球面 $4\pi R^2$ 的全部面积上，其中部分到达光孔 A_a，即 $F_{sa} = \dfrac{A_a}{4\pi R^2}$，因此可得

$$C_{max, 3D} = \frac{1}{F_{sa} \dfrac{A_s}{A_a}} = \frac{1}{\dfrac{A_s}{4\pi R^2}} = \frac{4\pi R^2}{A_s} \approx 46200 \tag{5-28}$$

这一结论与第 5.2.2.3 节已给出的完全一致，这对指导太阳能聚光器的设计是大有益

处的。

当然，实际的聚光比由于受跟踪误差及反射或折射表面不理想等因素的影响，是远远达不到这些水平的。根据无跟踪条件下指定的采光时间，还可以确定出最小的聚光比热力学极限。此下限值也是有意义的。

例如，槽形抛物面聚光集热器顺南北向固定放置，倾斜于地面随太阳移动的平面垂直于光孔，则其接收角及聚光比是与需要的采光时角大小有关。若要求全天采光 8h，采光时角为 120°，则最大的聚光比为

$$C_{\max,\mathrm{NS}} = \frac{1}{\sin 60°} = 1.15 \tag{5-29}$$

如果槽形抛物面聚光集热器顺东西向固定放置，则接收角是由太阳的侧视高度角在两至日之间的差值所限定的。例如在北纬 40°，当要求全天 8h 采光时，冬至下午 4 时与夏至中午 12 时之间太阳侧视高度角的差值为 67.94°。为了在此时角范围内都采光，最大的聚光比为

$$C_{\max,\mathrm{EW}} = \frac{1}{\sin(67.94°/2)} = 1.79 \tag{5-30}$$

可见，对于固定的槽形抛物面聚光集热器来说，沿东西向放置可得到较高的聚光比。实际上，在地理纬度、集热器倾斜角及采光时角范围不同时，极限的聚光比也是不同的。

5.2.2.5　聚光太阳能集热器对散射辐射的接收

聚光太阳能集热器如果只需要很少跟踪或不需要跟踪，必须有一个相当大的接收角，在这种情况下，集热器可以收集到相当多的散射辐射。事实上，对散射光的接收也是不应忽视的，因为在一般的天气条件下，散射光的分量往往占到 50% 左右。当然，这一过程的精确计算需要详细的天空散射辐射光分布信息。目前，天空散射辐射光分布的数据基本没有，只能简单地假定它是半球向均匀的。集热器的进光光孔面积相对天空来说很小，所以被接收器接收到的散射辐射能量为 $G_d A_a$。因为散射辐射被假定为均匀的，所以它在进光口平面上也应该是均匀且各向同性的，等同于进光口以半球形式发出的热辐射。此时进光口平面与接收器表面的热交换关系就变成了两个表面的辐射换热问题。集热器进光口相对于接收器来说的角系数为 F_{ar}，并可以给出相对关系为

$$A_a F_{ar} = A_r F_{ra} \tag{5-31}$$

对于图 5-5 所示的聚光集热器的几何关系，由 $C = A_a / A_r$ 可得

$$F_{ar} = \frac{F_{ra}}{C} \tag{5-32}$$

在大多数的聚光集热器，如槽式或碟式抛物面聚光器、V 形槽式聚光器和 CPC 聚光器中，几乎所有从接收器发出的辐射都能到达进光孔。因此，可以认为 $F_{ra}=1$，因而可以近似得到均匀散射辐射被聚光比为 C 的聚光集热器的接收器接收到的分量是

$$F_{ar} = \frac{1}{C} \tag{5-33}$$

式(5-33) 适用于大多数聚光集热器。其实，F_{ra} 对大多数系统都是略小于 1，特殊情况可以低至 0.5，此时接收器对散射辐射的接收是很小的，这样的聚光集热器仅可以用于带跟踪的具有大聚光比的系统中，此时散射辐射的接收是可以忽略的。

5.2.2.6　聚光太阳能集热器的理想集热温度

由于地球表面太阳辐照的能流密度较低，一般不能满足人们利用太阳能聚集高温热能的

要求，如果利用黑体表面来收集这部分能量，并假定忽略对流与传导损失，黑体表面的平衡温度 T 可由下式给出

$$\sigma T^4 = G \tag{5-34}$$

以 $G=1\mathrm{kW/m^2}$ 代入，可以计算得到平衡温度为 364K，约为 91℃，还不能把水烧开。事实上，在实际的太阳能利用装置中，对流和传导损失是不可避免的，因此未作保温处理的平板型太阳能集热系统远不能达到上述温度。要想获得更高的太阳热能，两方面的工作是必不可少的：聚光和绝热。聚光就是使接收表面上得到更多的太阳光能，亦即增加式(5-34)中的 G 值。绝热是不能使已经收集到的太阳热能散失掉，从而累积更高的温度。

正如人们想了解聚光太阳能集热器最大聚光比一样，人们也很希望知道一个设计完整的聚光集热器究竟能够聚集到多高的温度。一个聚光太阳能集热器能够聚集到的温度，称为运行温度，是表征其优劣的重要指标。在大多数情况下我们希望太阳能集热系统收集热能至更高的温度。在评价太阳能集热系统时，有必要对聚光集热器的最高可能达到的运行温度进行预测。当然，这一工作只能是大致的，因为实际系统中往往有许多因素影响到系统的工作过程，特别是系统的散热问题。在计算过程中，为了避免复杂的多重反射，假定太阳表面及宇宙背景都是黑体，令太阳表面温度为 T_s，假设宇宙背景温度为 $T_{\mathrm{amb}}=0$。在地球的大气层外界，太阳发出的辐射功率为

$$Q_s = 4\pi r^2 \sigma T_s^4 \tag{5-35}$$

式中，r 是太阳的半径。到达集热器光孔上的辐射功率是

$$Q_a = \frac{A_a}{4\pi R^2} \times Q_s = \frac{A_a}{4\pi R^2} \times 4\pi r^2 \sigma T_s^4 \tag{5-36}$$

式中，R 是太阳至地球的距离。因此也可得到太阳表面对集热器上某点所张开的半角 Δ_s 是

$$\sin\Delta_s = \frac{r}{R} \tag{5-37}$$

所以，接收器收集到的辐射功率是

$$Q_r = \tau\alpha Q_a = \tau\alpha A_a \sin^2\Delta_s \times \sigma T_s^4 \tag{5-38}$$

式中，$\tau=1-$聚光器中的光学损失，是聚光器的透射率，亦即系统的聚光效率；α 是接收器对太阳辐射的吸收率。接收器由于接收太阳光后温度升高，当它高于环境温度后，也可能向环境辐射能量，假设对应接收器温度 T_r 的红外发射率为 ε，接收器的辐射损失为

$$Q_{1,r} = \varepsilon A_r \sigma T_r^4 \tag{5-39}$$

如果在接收器收集到的能量 Q_r 中有效能量收益（即对外供给的能量）以及通过对流和传导损失的能量之和占总接收能量的比例为 K，接收器的能量平衡可表述为

$$Q_r = Q_{1,r} + KQ_r \tag{5-40}$$

或写为

$$(1-K)\tau\alpha A_a \sin^2\Delta_s \times T_s^4 = \varepsilon A_r T_r^4 \tag{5-41}$$

将式(5-41)代入系统聚光比 $C=\dfrac{A_a}{A_r}$ 及理想聚光比 $C_{\max}=1/\sin^2\Delta_s$，即得到接收器的运行温度为

$$T_r = T_s\left[(1-K)\tau\,\frac{\alpha}{\varepsilon}\times\frac{C}{C_{\max}}\right]^{\frac{1}{4}} \tag{5-42}$$

因为当 T_r 接近 T_s 时，α 与 ε 相等，因此，如果忽略对流和传导热损失，集热系统也没

有对外供热，此时 $K=0$，显然，系统收集太阳能可以达到的最高温度为

$$T_{\text{r,max}} = T_s \left(\tau \frac{C}{C_{\text{max}}} \right)^{\frac{1}{4}} = T_s \left(\tau C \sin^2 \Delta_s \right)^{\frac{1}{4}} \tag{5-43}$$

式(5-43)说明，在大气层外系统所能达到的最高温度仅与系统的几何聚光比和所设计的聚光器的聚光效率有关。

如果三维系统的理想聚光比取 $C \approx C_{\text{max,3D}} = \dfrac{1}{\sin^2 \Delta_s} = 46200$，这假设了系统所设计的聚光比与理想聚光比接近，接收器最高可以达到的温度 $T_{\text{r,max}} = T_s \approx 5760\text{K}$。

对于二维线聚焦系统，如果设计的系统聚光比 $C \approx C_{\text{max,2D}}$，又已知 $C_{\text{max,2D}} = \dfrac{1}{\sin \Delta_s} \approx$ 215，接收器最高可能达到的温度是 $T_s \times 215^{-\frac{1}{4}} \approx 1500\text{K}$，这里假定了 $\alpha \approx \varepsilon$ 和 $\tau \approx 1$。

如果系统在地球表面，而进光口又没有完全朝向天空，则上述推导会复杂一些，特别当考虑大气的存在会影响太阳光的透射率，甚至影响系统的对流散热损失时，情况会更加复杂。但对系统的最高温度预测只是象征性的，实际系统应以实测为准。

5.3 聚光太阳能集热器的性能

5.3.1 聚光比对集热温度的影响

聚光比在聚光太阳能集热系统中是一个重要参数，决定了集热温度的高低。一般来说，所需要的集热温度越高，要求系统聚光比越大。当然，对聚光器和跟踪系统的精度要求也越高。

图5-10示出几种集热器在某种条件下计算得到的聚光比与接收器工作温度之间的关系，更确切地说，是到达接收器表面上的平均辐照度与工作温度的关系。接收器的工作温度越高，热损失就越大。当接收器所获热量与散失的能量达到平衡时，焦面上的辐照度或聚光比与平衡温度之间的关系如图5-10中实线所示。如果要求在某温度下能够输出可用的能量，则应当提高聚光比。图5-10中阴影区表示集热器效率为 $40\% \sim 60\%$ 的工作范围，也是系统切实可行的工作范围。

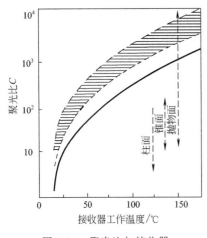

图 5-10 聚光比与接收器
工作温度之间的关系

非成像聚光集热器在接收器上一般不产生清晰的太阳像，而是将太阳辐射"粗糙"地播撒在接收器上。线性非成像集热器的聚光比一般不高，在10以内。成像聚光集热器类似于照相机的透镜，它们将在接收器上形成太阳的像。此类集热器的聚光比一般较高，可高达几百甚至几千。它们能获取很高的集热温度，是利用太阳光获取高温的主要手段。但它们的缺点是要求有理想的反射面和更高的跟踪精度，造价很高。因此，在实际的工程中，应该按用户的实际需求，合理选择成像聚光集热器或者非成像聚光集热器，不能盲目选择可产生更高温度的聚光集热器，否则系统的经济性就会受到影响，得不偿失。表5-1给出了几种聚光集热器的聚光比和运行温度范围。

表 5-1　几种聚光集热器的一般性能

聚光集热器类型		聚光比的大约范围	运行温度范围/℃
二维聚光集热器	复合抛物面聚光集热器(CPC)	3～10	100～150
	菲涅耳透镜聚光集热器	6～30	100～200
	菲涅耳反射镜聚光集热器	15～50	200～300
	条形面聚光集热器(FMSC)	20～50	250～300
	抛物柱面聚光集热器	20～80	250～400
三维聚光集热器	球形面聚光集热器(SRTA)	50～150	300～500
	菲涅耳透镜聚光集热器	100～1000	300～1000
	旋转抛物面聚光集热器	500～3000	500～2000
	塔式聚光集热器	1000～3000	500～2000

5.3.2　聚光太阳能集热器的热效率

根据能量守恒定律，在稳定状态下，聚光集热器在规定时段内的有效能量收益，等于同一时段内接收器得到的能量减去接收器对周围环境散失的能量，即

$$Q_u = Q_r - Q_l \tag{5-44}$$

式中，Q_u 为聚光集热器在规定时段内的有效能量收益，W；Q_r 为同一时段内接收器得到的能量，W；Q_l 为同一时段内接收器对周围环境散失的能量，W。

在稳态（或准稳态）条件下，聚光集热器在规定时段内的有效能量收益与聚光集热器光孔面积和同一时段内垂直投射到聚光集热器光孔上太阳辐照度的乘积之比称为聚光集热器的热效率，即

$$\eta_c = \frac{Q_u}{G_a A_a} = \frac{Q_r}{G_a A_a} - \frac{Q_l}{G_a A_a} = \eta_0 - \frac{U_l A_r (T_r - T_a)}{G_a A_a} \tag{5-45}$$

式中，η_c 为聚光集热器热效率；G_a 为同一时段内投射到聚光集热器光孔上的太阳辐照度，W/m²；η_0 为聚光集热器的光学效率；U_l 为接收器热损失系数，W/(m²·K)；T_r 为接收器温度，K；T_a 为环境温度，K。

将式(5-3)代入式(5-45)，可得到聚光集热器的瞬时效率方程

$$\eta_c = \eta_0 - \frac{1}{C} \times \frac{U_l (T_r - T_a)}{G_a} \tag{5-46}$$

5.3.3　聚光太阳能集热器的光学性能

投射到聚光集热器上的太阳辐射在聚焦过程中的损失包括散射辐射损失、反射（透射、吸收）损失和聚焦损失三类。

(1) 散射辐射损失

如果某种聚光集热器只能利用太阳的直射辐射，即散射辐射全部损失，则能量平衡中投射到聚光器光孔上的太阳辐射应当是 $G_b R_b$，其中 G_b 为直射太阳辐照度，R_b 为倾斜面上和水平面上直射太阳辐照度的比值。

聚光集热器的光学损失要比平板型集热器显著，同时，散射辐射不像直射辐射那样有一定的方向，所以必有一部分散射辐射落在接收角之外而不能被收集到。若假定在聚光器光孔上的散射辐射是各向同性的，由式(5-33)可知，对于任何聚光集热器来说，投射到聚光器

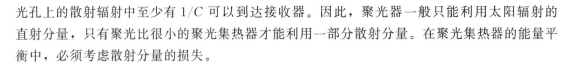
光孔上的散射辐射中至少有 $1/C$ 可以到达接收器。因此，聚光器一般只能利用太阳辐射的直射分量，只有聚光比很小的聚光集热器才能利用一部分散射分量。在聚光集热器的能量平衡中，必须考虑散射分量的损失。

（2）反射（透射、吸收）损失

光反射损失的大小常用镜反射比 ρ 来评定。镜反射比 ρ 的定义为投射到反射面上的平行光符合反射角等于投射角的比例，它是表面性质及表面光洁度的函数。

反射聚光器有两种，一种是正面反射镜面，即在成型的金属或非金属表面蒸镀或涂刷一层具有高反射率的材料，或将金属表面抛光而成。这类反射面由于直接与空气接触，为防止材料氧化，表面涂以保护膜。这种正面反射镜面的优点是消除了透射体的吸收损失，缺点是易受磨损或灰尘影响。另一种是背面反射镜面，是在透射体如玻璃的背面涂上一层反射材料，这种镜面的优点是镜面本身可以擦洗，经久耐用，缺点是太阳辐射必须经过二次透射，使得聚光系统的光学损失增加。聚光集热系统中多采用背面反射镜面。

当接收器具有透明盖板时，透明盖板的影响用透射比 τ 来描述。接收器表面的性能用吸收比 α 表示。当使用空腔形接收器时，α 可接近于 1。τ 与 α 都与太阳辐射对于透明盖板与接收器表面的平均投射角有关。反射光束对于接收器的投射角取决于光束在镜面上反射点的位置和接收器的形状。乘积 $(\tau\alpha)$ 的值是对通过透明盖板和镜面各点反射到接收器上的辐射作积分求得的平均值。

（3）聚焦损失

由镜面反射的辐射通常会有一部分不能投到接收器上，特别是当镜面和接收器配合不当

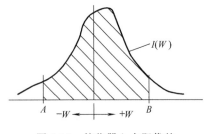

图 5-11　接收器上太阳像的
辐射能流分布

时，这种光反射损失的大小用采集因子 γ 表示。采集因子表示镜面反射的辐射落到接收器上的比例。

接收器表面太阳像的辐射能流分布不是均匀的。太阳像断面上的辐射能流可以假定是正态分布，如图 5-11 所示。分布曲线下的总面积是镜面反射的总能量，可以由 $G_bR_bA_a\tau\rho$ 确定。如果接收器的尺寸占此分布由 A 到 B 的宽度，则阴影面积表示落到接收器上的能量。于是采集因子 γ 可以表示为

$$\gamma = \frac{\int_A^B I(W)\mathrm{d}W}{\int_{-\infty}^{\infty} I(W)\mathrm{d}W} \qquad (5-47)$$

式中，W 为从接收器中心线量起的距离。

当聚光器的光学性能一定时，增大接收器尺寸可以减小光学损失，但要引起热损失的增大，反之亦然。因此，接收器的尺寸应以热损失和光学损失总和减至最小为适当。

对聚焦损失或采集因子的影响，通常有以下几个因素：

① 聚光器反射表面的光洁度或粗糙度不理想引起的散焦。投射在光洁度不理想的反射表面上的平行光束经反射后，反射光束将呈扩散状，扩散角增大。这种角分散是表面小尺度不规则性的函数，其影响是增大在焦点处太阳像的尺寸。这可以认为是减小了镜反射比 ρ 而增加了散射，由镜反射比 ρ 值降低反映出来。

② 聚光器反射表面的线形误差产生的太阳像变形。聚光器反射表面的线形误差将会使太阳辐射产生散射，从而引起太阳像的扩大。线形误差取决于聚光器的制造过程、支撑结构的刚度以及影响聚光器形状的其他因素。

③ 接收器相对于反射表面的定位误差引起太阳像的放大和位移。接收器相对于反射表面的定位误差将引起太阳像的放大和位移，从而使聚焦表面上的能流密度降低。而且，对于同一接收器，安装偏差愈大，采集因子 γ 愈小。

④ 集热器的定向误差引起太阳像的放大和位移。聚光比较大的集热器都需要适当的跟踪太阳的机构。跟踪方式的不完善将引起投射到光孔上的太阳辐射能量减少。减少的程度可以用入射角的余弦 $\cos i$ 表示。通常将 $\cos i$ 称为入射系数。不同跟踪方式的入射系数 $\cos i$ 如表 5-2 所示。

表 5-2 不同跟踪方式的入射系数

跟踪方式(光孔平面位置)	入射系数
水平的固定平面	$\sin\varphi\sin\delta + \cos\delta\cos\omega\cos\varphi$
在春秋分日正午垂直于太阳光线的固定倾斜平面	$\cos\delta\cos\omega$
绕东西向水平轴转动的平面,每日调整一次,使平面法线在每日正午都与太阳光线重合	$\sin^2\delta + \cos^2\delta\cos\omega$
绕东西向水平轴转动的平面,作连续调整,以获得最大的投射能量	$(1-\cos^2\delta\sin^2\omega)^{1/2}$
绕南北向水平轴转动的平面,作连续调整,以获得最大的投射能量	$[(\sin\varphi\sin\delta + \cos\varphi\cos\delta\cos\omega)^2 + \cos^2\delta\sin^2\omega]^{1/2}$
绕平行于地轴的轴转动的平面,作连续调整,以获得最大的投射能量	$\cos\delta$
分别绕互相垂直的两轴转动的平面,作连续调整,使平面法线随时都与太阳光线重合	1

跟踪机构不够精密，将引起定向角误差 θ_t。定向角误差既引起太阳像的放大，也引起太阳像的位移。对于尺寸一定的接收器，由于存在定向角误差，一些反射辐射漏过而不投在接收器上，而使采集因子 γ 减小，聚焦面上的能流密度降低。

定向角误差对采集因子 γ 的影响，常用采集因子修正系数 $F(\theta_t)$ 表示。采集因子修正系数的物理意义是表示一个理想的光学系统其定向系统的非理想程度。图 5-12 为某一槽形抛物面集热器的实验测定结果。由图 5-12 可见，该集热器在定向角误差 θ_t 超过 $0.5°$ 时，采集因子修正系数将急剧下降。

5.3.4 聚光太阳能集热器的热性能

聚光太阳能集热器的热性能与聚光比、接收器的形状、跟踪精度和反射面精度等许多因素有关。此外，它还与接收器接收到热能后，能否有效并及时地将热量转移给用户有关。接收器转移热量不及时，就会有多余的热量累积在接收器上，从而使接收器表面的温度升高，进而增加接

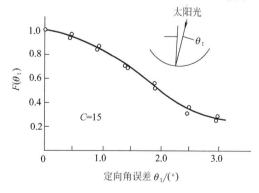

图 5-12 定向角误差引起采集因子修正系数的变化

收器表面热能的散失，这对提高系统热性能是不利的。为此，有必要对影响系统热性能的因素进行系统分析和计算。

对聚光集热器热性能的计算，可以采用与讨论平板型集热器类似的方法。假定太阳的辐照度是 G，接收器的热损失系数是 U_l。原则上，在接收器上的温度梯度可以由热迁移因子 F_R 决定。所以，聚光集热器的集热性能将主要由 U_l 和 F_R 决定。当然，对整个集热系统而言，它还取决于聚光集热器的采集因子 γ。

计算接收器上的热损失，不像计算平板型集热器热损失那样简单，主要是在聚光集热器中，接收器的形状千差万别，很难有统一的模式。而且运行温度更高，意味着辐射损失将是重要的，边缘效应更为明显，导热损失可能相当高，接收器上的热流非均匀问题将更加突出。所以，很难用单一的方法描述接收器上的热损失，只能具体问题具体分析。

作为接收器热损失和热损失系数 U_l 的计算例子，考虑以一个裸圆管作为线聚焦集热器的接收器。假定沿管长方向没有温度梯度，表面的对流、辐射和传导损失可写为

$$
\begin{aligned}
\frac{Q_l}{A_r} &= h_w(T_r - T_a) + \varepsilon\sigma(T_r^4 - T_{sky}^4) + U_c(T_r - T_a) \\
&= (h_w + h_r + U_c)(T_r - T_a) \\
&= U_l(T_r - T_a)
\end{aligned} \tag{5-48}
$$

式中，h_w 为接收管外表面与环境的对流换热系数，$W/(m^2 \cdot \text{℃})$；U_c 为接收管通过支承结构与环境的散热系数，$W/(m^2 \cdot \text{℃})$；T_r、T_{sky} 分别为接收管表面温度和天空温度，K；h_r 为辐射换热系数，$W/(m^2 \cdot \text{℃})$；ε 为管外表面的发射率。

一般来说，辐射换热系数可以写为如下形式

$$
h_r = \frac{\varepsilon\sigma(T_r^4 - T_{sky}^4)}{T_r - T_a} \tag{5-49}
$$

如果在沿着管长方向有较大的温度梯度，上述计算将带来较大误差。这时，为简化计算，可以将接收管分段处理，假设每段有恒定的 U_l，进行分段计算，最后求和，可以给出近似的接收器的热损失。

线聚焦集热系统适合采用圆柱形接收器，为了减少热损失，一般会用透明玻璃管将其包围，甚至在玻璃管与接收器之间抽真空。这样就进一步减少从接收器表面的对流与传导损失。

对于一个长为 L 的集热系统，其接收器及玻璃盖板的剖面结构如图 5-13 所示，接收器对环境 T_a 及天空 T_{sky} 的散热由下式给出

$$
Q_l = \frac{2\pi\lambda_{eff}L}{\ln(D_{ci}/D_r)}(T_r - T_{ci}) + \frac{\pi D_r L\sigma(T_r^4 - T_{ci}^4)}{\dfrac{1}{\varepsilon_r} + \dfrac{1-\varepsilon_r}{\varepsilon_c} \times \dfrac{D_r}{D_{ci}}} \tag{5-50}
$$

$$
Q_l = \frac{2\pi\lambda_c L(T_{ci} - T_{co})}{\ln(D_{co}/D_{ci})} \tag{5-51}
$$

$$
Q_l = \pi D_{co} L h_w(T_{co} - T_a) + \varepsilon_c \pi D_{co} L\sigma(T_{co}^4 - T_{sky}^4) \tag{5-52}
$$

式中，下标 r 代表接收器；下标 ci 和 co 分别代

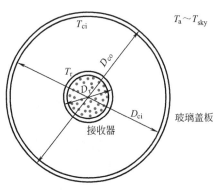

图 5-13 玻璃管型接收器剖面结构

表玻璃盖板的内表面和外表面；λ_c 是透明玻璃管的热导率，$W/(m \cdot ℃)$；λ_{eff} 是接收器与玻璃管之间的有效热导率，$W/(m \cdot ℃)$，它包括了两者之间的对流热损失；ε_r 和 ε_c 分别是接收器表面及玻璃管表面的发射率。

有效热导率 λ_{eff} 是对接收器与玻璃管之间的传热系数的简化计算，它包含了其中气体的对流换热与传导换热两部分。令其中气体的热导率为 λ，对于常用于槽式聚光集热器的水平接收器来说，Incropera 和 DeWitt 给出了如下经验关联式

$$\frac{\lambda_{eff}}{\lambda} = \max\left[1, 0.386\left(\frac{Pr \times Ra^*}{0.861 + Pr}\right)^{1/4}\right] \tag{5-53}$$

式中，Pr 是气体的普朗特数；Ra^* 是接收器与玻璃管之间气体的等效瑞利数，要求 $Ra^* \leqslant 10^7$，可用下式表示

$$Ra^* = \frac{\ln^4(D_{ci}/D_r)}{\left(\dfrac{D_{ci} - D_r}{2}\right)^3 (D_r^{-\frac{3}{5}} + D_{ci}^{-\frac{3}{5}})^5} \cdot Ra \tag{5-54}$$

这里 Ra 是接收器与玻璃管之间气体自然对流的瑞利数。

$$Ra = \frac{g\beta\Delta T\left(\dfrac{D_{ci} - D_r}{2}\right)^3}{\nu\alpha} \tag{5-55}$$

$$Pr = \frac{\nu}{\alpha} \tag{5-56}$$

式中，g 为当地重力加速度，m/s^2；β 为其中气体的热膨胀系数，K^{-1}；ΔT 为内外管壁的温差，即 $\Delta T = T_r - T_{ci}$，K；ν 为运动黏度，m^2/s；α 为热扩散系数，m^2/s。

利用上述公式，即可计算出水平接收器对外的热损失大小。注意，λ_{eff} 的计算式只是一个经验公式，当接收器与玻璃管之间气体的压力减小时，λ_{eff} 也会变化，主要是其中的对流换热过程会减小，但传导换热受气体压力减小的影响不大，只有当气体的压力减小到使气体分子的自由程小于两表面的距离时，气体的导热过程才明显地减小。如果气体的压力进一步减小，甚至成为真空，那么 λ_{eff} 可以变为零。

h_w 是管外对流换热系数，对于空气横掠单管的情况，McAdams 建议用下式计算

$$Nu = \begin{cases} 0.40 + 0.54Re^{0.52}, & 0.1 < Re < 1000 \\ 0.30Re^{0.6}, & 1000 < Re < 50000 \end{cases} \tag{5-57}$$

至此，水平放置的圆形接收器的热损失量就能够计算出来，同时还可以计算玻璃盖板内外表面的温度。在实际求解过程中，可以先假定玻璃盖板外表面的温度，利用式(5-52)求出热损失，再通过式(5-51)求出玻璃盖板内表面的温度，结果代入式(5-50)求出热损失，然后对比式(5-50)与式(5-52)热损失计算结果，如果两者不相等，则需再次假定盖板外表面温度，重新进行上述计算，直至通过两个方程算出的热损失相等为止。同时也要注意到，上述计算都是忽略了玻璃盖板或玻璃管吸收太阳光的情况。如果要考虑玻璃管对太阳光的吸收，则式(5-50)等号左边的热损失中就包含了玻璃管吸收的太阳辐射量，同时假设该部分太阳辐射量全部被玻璃管外壁吸收。

如果对线聚焦并用圆管作接收器，则单位集热器长度所能提供的有用得热量 q_u 为

$$q_u = \frac{A_a G}{L} - \frac{A_r U_l}{L}(T_r - T_a) \tag{5-58}$$

式中，G 为光孔处的太阳辐照度；U_l 为接收器的热损失系数。

在实际的工程中，测量接收管内传热工质的温度往往比测量管壁的温度容易，因此，常以管内工质的温度为基础计算系统的有用得热量。用与平板型集热器类似的方法，可以得到以管内传热工质温度 T_f 为基础的有用得热量为

$$q_u = F' \frac{A_a}{L} \left[G - \frac{A_r}{A_a} U_l (T_f - T_a) \right] = F' \frac{A_a}{L} \left[G - CU_l (T_f - T_a) \right] \tag{5-59}$$

式中，F' 是集热器的效率因子，由下式给出

$$F' = \frac{1/U_l}{\dfrac{1}{U_l} + \dfrac{D_o}{h_{fi} D_i} + \dfrac{D_o}{2\lambda_r} \ln \dfrac{D_o}{D_i}} \tag{5-60}$$

式中，h_{fi} 为圆管内壁与传热流体的对流换热系数，$W/(m^2 \cdot \text{℃})$；D_i 和 D_o 分别是接收管的内外直径，m；λ_r 是接收器管壁的热导率，$W/(m \cdot \text{℃})$。

式(5-59) 中的 T_f 是管中某处的流体温度，如果流体在管长方向有较大的温度梯度，由于 U_l 一般与工作温度有关，式(5-59) 并不适用于整个管长，为简化计算，一般可以将管划分为几个部分，每个部分取一个平均的流体温度和平均的热损失系数。通过分析计算各部分的有用得热量，并相加得到整个系统所获得的有用热能输出。

根据式(5-59) 得到的有用得热量，很容易得到总系统的集热效率

$$\eta = \frac{q_u L}{A_a G} = F' \left[1 - \frac{A_r}{A_a} \times \frac{U_l}{G} (T_f - T_a) \right] = F' \left[1 - C \frac{U_l}{G} (T_f - T_a) \right] \tag{5-61}$$

注意，热损失系数 U_l 一般随接收器的工作温度的升高而增大，对于在流动方向有较大温差的接收系统，U_l 应该分段处理，U_l 与接收器工作温度的关系如图 5-14 所示。

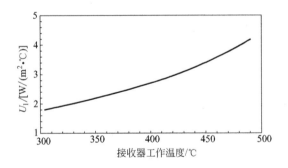

图 5-14　热损失系数与接收器工作温度的关系

5.4　几种典型聚光太阳能集热器

5.4.1　复合抛物面聚光集热器

(1) CPC 的结构与工作原理

复合抛物面聚光集热器（Compound Parabolic Concentrator，简称 CPC）是一种非成像低聚焦度的聚光器，它是由 Winston 教授根据边缘光线原理设计的，可将给定接收角范围内的入射光线按理想聚光比收集到接收器上。由于此类聚光器的结构比较简单，对聚光面加工精度要求不严格，成本较低，引起了人们广泛的关注和研究。CPC 的提出，改变了人们过去总是由单曲面构造太阳能聚光器的观念。通过观察不难发现，在通常使用的太阳能聚光

器中，基本都是由单曲面构成的，比如抛物面碟式聚光器、抛物面槽式聚光器等。而 CPC 是由两个曲面构成的，特别对槽式 CPC 更是一目了然。CPC 聚光器有三种形式：

① 由两个抛物面构成的槽式聚光器；

② 由抛物线绕光轴旋转而成的旋转体，或称光漏斗；

③ 由两组槽式抛物面垂直相交而得的方柱形。

CPC 聚光器的结构如图 5-15 所示。

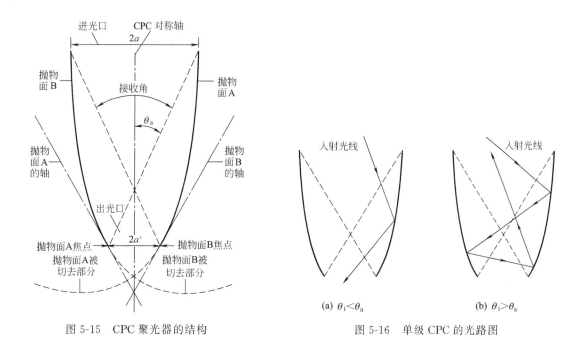

图 5-15　CPC 聚光器的结构　　　　　图 5-16　单级 CPC 的光路图

设计中，抛物面 A 的焦点落在抛物面 B 的下端点上，同样 B 的焦点落在 A 的下端点上。接收半角 θ_a 可以简单定义为两个抛物面上下端点连线夹角的一半。如果定义入射光线与 CPC 轴线的夹角为入射角 θ_i，如图 5-16（a）所示，当 $\theta_i < \theta_a$ 时，入射光线可以被反射到出光口；当 $\theta_i = \theta_a$ 时，即入射光线平行于抛物面 A 的轴线，入射光线将被反射到抛物面 A 的焦点，也就是抛物面 B 的下端点；如图 5-16（b）所示，当 $\theta_i > \theta_a$ 时，入射光线不能通过出光口，而是被反射回进光口。因此，CPC 的接收角是 CPC 设计中的一个关键因素。

（2）CPC 接收角的计算

由上述可知，只有与 CPC 对称轴的夹角小于接收半角 θ_a 的光线才能通过 CPC，这个接收半角显然与装置的结构参数有关，其中最重要的参数就是聚光比 C。对于二维的槽式聚光器，它就是进光口与出光口的宽度之比。

图 5-17 中设抛物线的一支为 OPQ，其满足的方程在坐标系 $Ox'y'$ 中表示为

$$y' = x'^2 / (4f) \tag{5-62}$$

式中，f 为焦距，$f = \overline{OF}$，F 为焦点。

设 Oy' 轴与 CPC 对称轴夹角 $\alpha = \theta_a$，Q 点切线与 PQ 的夹角为 ϕ。P 点在 $Ox'y'$ 坐标系中的坐标为 (x'_P, y'_P)，即 $(2a'\cos\alpha, a'^2\cos^2\alpha/f)$。由图 5-17 可知

$$f = y'_P + 2a'\sin\alpha = a'^2\cos^2\alpha/f + 2a'\sin\alpha$$

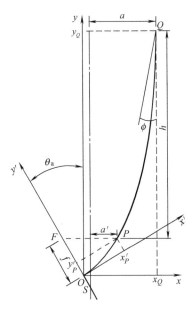

图 5-17 接收角计算中的
坐标旋转几何关系

解得

$$f = a'(1 + \sin\alpha) \tag{5-63}$$

令 $\overline{OS} = u$，S 是对称轴与 Oy' 轴的交点，则

$$u = \overline{OS} = \overline{FS} - f = a'/\sin\alpha - f \tag{5-64}$$

为确定聚光比 C，需将坐标系旋转，使新坐标系 Oxy 的 Oy 轴与对称轴平行，抛物线上的点 (x', y') 在新坐标系中的坐标为

$$x = x'\cos\alpha - y'\sin\alpha \tag{5-65}$$

$$y = x'\sin\alpha + y'\cos\alpha \tag{5-66}$$

由确定聚光比 C 的条件（最大开口面积）$\mathrm{d}x/\mathrm{d}y = 0$ 得

$$\cos\alpha = x'\sin\alpha/(2f)$$

即

$$x' = 2f\mathrm{ctg}\alpha$$

此时，对应点 Q 在坐标系 Oxy 中的坐标为 $(f\mathrm{ctg}\alpha\cos\alpha, \ f\cos\alpha\,(2 + \mathrm{ctg}^2\alpha))$。

$$\tan\phi = \frac{a - a'}{h} = \frac{Ca' - a'}{h}$$

式中，h 为 CPC 的高度。

CPC 装置聚光比 C 和接收半角 θ_a 的关系可以表述为

$$C = a/a' = (x_Q - u_x)/a'$$

式中，u_x 为 u 在 x 轴上的投影。

则

$$C = [f\mathrm{ctg}\alpha\cos\alpha - (a'/\sin\alpha - f)\sin\alpha]/a' = \frac{1}{\sin\alpha} \tag{5-67}$$

式中，α 也可称为 CPC 的接收半角，即 $\alpha = \theta_a$，或写成 $\sin\theta_a = \sin\alpha = 1/C$。这与前面给出的聚光比的热力学极限表达式是相同的。

如果通过聚光比求接收半角，则

$$\theta_a = \alpha = \arcsin(1/C) \tag{5-68}$$

根据上述推导，还可以得到装置的全尺寸高度为

$$h = y_Q - f\cos\alpha = f\mathrm{ctg}\alpha/\sin\alpha = a'(C+1)\sqrt{C^2 - 1} \tag{5-69}$$

由于 CPC 具有较大的接收半角，如槽式的 CPC 聚光器一般的接收角在 15°～20°的范围内，有的甚至可以达到 30°，因而它的聚光比仅在 4 左右，三维 CPC 的聚光比也只在 10～15 范围内。因此 CPC 的聚光比受接收角的限制很大，当要求大的接收角时，聚光比就不可能做得太大，因此集热温度也不可能太高。但 CPC 的最大优势也在于它有较大的接收角，且结构简单，在许多情况下无需跟踪太阳，只需要每年按不同季节调整倾角若干次就可有效地工作。它也易于与真空管接收器等其他太阳能接收器匹配。

CPC 聚光器一般与以下几种接收器配合使用：平板接收器、竖平板接收器、折板接收器、圆管接收器等。如图 5-18 所示。

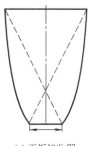 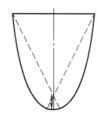  

(a) 平板接收器　　　(b) 竖平板接收器　　　(c) 折板接收器　　　(d) 圆管接收器

图 5-18　与 CPC 配合使用的各种接收器

(3) CPC 的截断

一般的 CPC 聚光器都比较高，因而需要大量的反射材料，这被认为是 CPC 的一个缺点。但观察发现，一般 CPC 的上部分随着高度的增加，开口宽度增加很少，有时甚至不增加。因此可以考虑采用非全尺寸 CPC，或者说将全尺寸 CPC 的上端截去一部分。实践或计算都表明，当 CPC 上端被截去部分时，聚光比的损失很小，或说由此减少进入装置的光线很小。例如，当有些 CPC 聚光器被截去 $\frac{1}{3}$ 时，聚光比的减少只有 10%。图 5-19 给出了 CPC 截断前后的几何关系。

从图 5-19 中显示的几何关系并结合式(5-63)，很容易推出截断后进光口半宽度变为

$$a_T = \frac{f\sin(\theta_T - \theta_a)}{\sin^2(\theta_T/2)} - a' \quad (5\text{-}70)$$

截断前进光口宽度为

$$a = \frac{a'}{\sin\theta_a} \quad (5\text{-}71)$$

截断后聚光器高度为

$$H_T = \frac{f\cos(\theta_T - \theta_a)}{\sin^2(\theta_T/2)} \quad (5\text{-}72)$$

截断前聚光器高度为

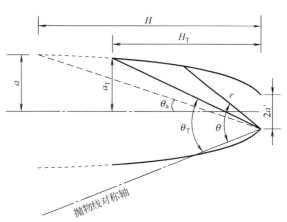

图 5-19　CPC 截断前后的几何关系

$$H = \frac{f\cos\theta_a}{\sin^2\theta_a} \quad (5\text{-}73)$$

据此，可以导出截断后 CPC 的高宽比变为

$$\frac{H_T}{a_T} = \frac{(1+\sin\theta_a)\cos(\theta_T - \theta_a)}{\sin(\theta_T - \theta_a)(1+\sin\theta_a) - \sin^2(\theta_T/2)} \quad (5\text{-}74)$$

截断前高宽比是

$$\frac{H}{a} = \frac{(1+\sin\theta_a)\cos\theta_a}{\sin\theta_a} \quad (5\text{-}75)$$

图 5-20 给出了在不同接收半角的情况下，截断对 CPC 高宽比的影响。

利用图 5-19 的几何关系，也很容易计算出截断后 CPC 的聚光比为

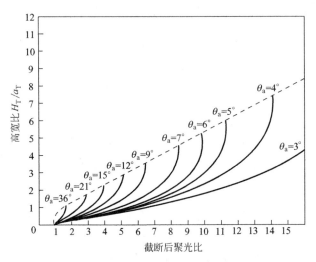

图 5-20　截断对 CPC 高宽比的影响

$$C_T = \frac{a_T}{a'} = \frac{f\sin(\theta_T-\theta_a)}{a'\sin^2(\theta_T/2)} - 1 = \frac{(1+\sin\theta_a)\sin(\theta_T-\theta_a)}{\sin^2(\theta_T/2)} - 1 \tag{5-76}$$

可见，截断后 CPC 的聚光比除了与截断后的接收角 θ_T 有关外，也与原尺寸 CPC 的接收半角 θ_a 有关。为了进一步了解截断后 CPC 的聚光比的变化，定义聚光比减少率 β 为

$$\beta = \frac{C-C_T}{C} = 1 - \frac{a_T}{a} = 1 + \sin\theta_a - \frac{\sin\theta_a(1+\sin\theta_a)\sin(\theta_T-\theta_a)}{\sin^2(\theta_T/2)} \tag{5-77}$$

同时定义表示截断程度的物理量——截去率 γ 为

$$\gamma = \frac{H-H_T}{H} = 1 - \frac{\cos(\theta_T-\theta_a)}{\sin^2(\theta_T/2)} \times \frac{\sin^2\theta_a}{\cos\theta_a} \tag{5-78}$$

图 5-21 给出了在不同接收半角的情况下，截去率对聚光比减少率的影响曲线。由图 5-21 可见，截去率对聚光比减少率的影响主要集中在截去率较大的地方，截去率在小于 0.6 时聚光比减少率小于 0.1，说明一般的 CPC 可以截去一半以上而对聚光比影响很小，对节约材料意义重大。图 5-20 也说明原始接收半角对于聚光比减少率的影响不大，主要决定于截去率。

图 5-22 给出了在不同接收半角的情况下，截去率对截断后聚光比的影响曲线。可以看出，在截去率小于 0.5 时，聚光比变化不大，特别是当原始接收半角比较大时更是如此。当原始接收半角较小时，截去率大于 0.5 之后，聚光比开始明显下降，截去率越大，下降越迅速。在原始接收半角较大时，CPC 的截断对 CPC 聚光比影响较小的原因，除了上述指出的 CPC 上部宽度的增加随着聚光器高度的增加不明显之外，还有两个原因：

① CPC 被截断之后，原本在其接收半角外边的光线，此时有可能被反射到出光口，这些光线的入射角 $|\theta|>\theta_a$，θ_a 是原来 CPC 的接收半角。而原来入射角小于 $|\theta_a|$ 的光线仍然能够到达出光口。

② 当 CPC 被截断后，部分光线在 CPC 中的反射次数减少了，也有利于接收器的接收。

因此，多种原因的综合，使得 CPC 的截断对其聚光性能影响较小。实际的工程中，大多数 CPC 聚光器都是被截断过的。

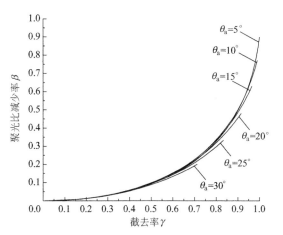

图 5-21　截去率对聚光比减少率的影响

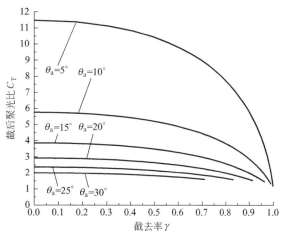

图 5-22　截去率与截断后聚光比的关系

反射面积代表了制作 CPC 装置所需要材料的多少，在相同聚光比的条件下，反射面积应取最小值。一个被截断后的 CPC 的反射面的面积与出光口面积或接收器面积之比随截断后聚光比的变化如图 5-23、图 5-24 所示。

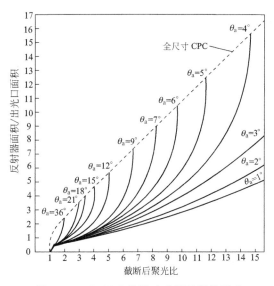

图 5-23　2D CPC 截断对反射面积的影响

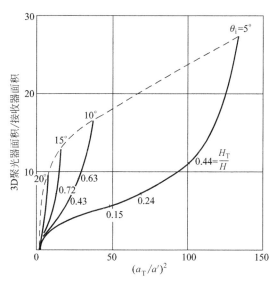

图 5-24　3D CPC 截断对反射面积的影响

由图 5-23 和图 5-24 可见，截断对反射面积与出光口面积之比值的影响与截断对 CPC 高宽比的影响效果基本相同。原始接收角较小时，影响不太明显，原始接收角较大时，影响非常剧烈。

5.4.2　点聚焦聚光集热器

点聚焦聚光集热器是获取高温热能的重要装置，点聚焦也是生产和科研中利用太阳能获取高温热能通常采用的方法。从热力学的角度来讲，理论上点聚焦聚光集热器可以收集太阳能达到 5000℃ 以上的高温，目前人类在地球上利用太阳能获得的最高温度已经达到 4000℃ 左右。因此，利用点聚焦收集热能也是太阳能利用领域非常重要的手段。点聚焦一般可分为反射式点聚焦和透射式点聚焦两类。反射式主要以抛物面聚光器为代表，透射式以凸透镜和菲涅耳透镜为代表。

5.4.2.1　抛物面碟式聚光集热器

抛物面碟式聚光集热器也称为盘式系统，主要特征是采用盘状的旋转抛物面反射镜进行聚光，其结构从外形上看类似于大型抛物面雷达天线。盘状抛物面镜是一种典型的点聚焦太阳能集热器，其聚光比可以高达数百到数千，因而可产生非常高的温度。聚光镜的开口直径视需要而定，小的可能只有几厘米，比如用来收集太阳光实现光纤照明的聚光器；大的可以达到几米，比如用来实现高温烹饪的太阳灶；更大的可以达到几十米，比如用来实现高温发电的大型聚光器，一般来说，其直径限制在 $10\sim20\mathrm{m}$ 之间是合理的，其主要原因是受到镜面结构及自身质量的限制。如果实际镜面与理想抛物面形状的偏差太大，就容易造成焦斑直径过大，反而不利于高温或高效集热。

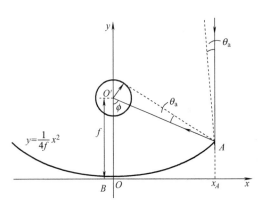

图 5-25　抛物面聚光器的剖面结构

图 5-25 给出了抛物面聚光器的剖面结构。平行于光轴并投射到抛物面最边缘的太阳光线称为边缘入射光，从抛物面最边缘被反射到焦点的光线称为边缘反射光，边缘反射光与抛物面对称轴组成的夹角称为边缘角，用 ϕ 表示（即图 5-25 中 $\angle AO'B$）。

对于一个理想的抛物面，它能够将平行光会聚到一个理想的点上，当然，只有对那些平行于光轴（或称对称轴）的光线，抛物面才能实现理想聚焦。对于来自其他方向的光束，它不仅不能将光会聚到焦点上，而且可能根本就没有会聚特性。

对于太阳光，即使光线沿着光轴入射，理想抛物面聚光器也不能将其完全会聚到一点上，因为太阳光不是完全的平行光，它有 $2\Delta_\mathrm{s}=32'$ 的张角，它在焦点附近会形成一个焦域或称焦斑，即一个太阳的像。焦域内会形成一定的能量分布。焦域的大小除了由太阳光的不平行性引起外，还可能由抛物面的几何误差引起。所以，实际抛物面聚光器的焦斑大小要远大于理想太阳像。为了使置于焦斑附近的太阳光接收器能够拦截到所有光线，接收器就必须做得足够大。但接收器做得足够大会在经济上造成损失，有时在结构上也是不允许的。所以一般会选取合理的接收率而确定接收器的尺寸。

如图 5-25 所示，抛物面聚光器的开口直径一般用 D 表示，所以系统收集太阳光的面积为 $\dfrac{1}{4}\pi D^2=\pi x_A{}^2$。如果设在焦点处的接收器为球形（也可以是平面的、半球型的和腔体式等），半径为 a，它的总接收面积即 $4\pi a^2$，抛物面聚光器的聚光比可以近似写成

$$C_{\mathrm{3D,parab}}=\frac{\dfrac{1}{4}\pi D^2}{4\pi a^2}=\frac{\sin^2\phi}{4\sin^2\theta_\mathrm{a}} \tag{5-79}$$

如果是二维聚焦的抛物面聚光器，即传统的槽式太阳能聚光器，其聚光比可以写成

$$C_{\mathrm{2D,parab}}=\frac{2x_A}{2\pi a}=\frac{\sin\phi}{\pi\sin\theta_\mathrm{a}} \tag{5-80}$$

抛物面的进口宽度为 $D=2x_A$。根据几何关系，可以得到边缘角与抛物面开口宽度及焦长度 f 的关系为

$$\tan\frac{\phi}{2}=\frac{D}{4f} \tag{5-81}$$

聚光器的高宽比为

$$\frac{H}{D}=\frac{\dfrac{x_A^2}{4f}}{2x_A}=\frac{r\sin\phi}{8f} \tag{5-82}$$

式中，r 是抛物面边缘到焦点的距离；H 是聚光器的垂直高度。

从式(5-79)和式(5-80)可以发现，最大聚光比发生在 $\phi=90°$ 时。当 $\phi>90°$ 时，聚光比反而会减小，而且聚光器的高宽比会变小，不利于节约聚光面的材料成本，一般不会考虑。

5.4.2.2 菲涅耳镜透射聚光集热器

(1) 菲涅耳透镜的结构

一个平滑的光学反射镜表面或透镜可以被化分成许多微小的独立镜面，再将这些小镜面按一定规则组成一个大的镜面，这就是由 Fresnel 提出的设想发明的装置，称为菲涅耳透镜或反射镜。

菲涅耳透镜或反射镜的原理在太阳能利用中是非常重要的，特别在大规模安装上。当一个抛物反射聚光器的尺寸增加时，由于重力和风载等迅速增加而产生的机械问题将越发严重。

另外，传统的凸透镜具有将太阳光会聚到一点的功能，但采用传统的凸透镜收集或聚焦太阳能，在许多场合往往是不合适的，因为它实在太厚重了，成本过于昂贵。因此，人们很自然地会想到采用菲涅耳透镜。事实上，菲涅耳透镜的光学性能与传统透镜几乎相同。

在太阳能利用方面，大口径的菲涅耳透镜作为聚光系统，可以尽可能多地接收来自太阳的能量。与传统的光学玻璃透镜相比，菲涅耳透镜具有质量轻、材料来源丰富、成本低、制作方便、口径大、厚度薄等特点，这些都是它能够在各领域中广泛应用的根本原因。

传统的菲涅耳透镜一般是一块轻薄光学玻璃片或塑料片，在其中的一面或两面刻有一系列规律排列的棱形槽，如图5-26所示，如果是圆形的就是同心棱形槽。其每个环带都相当于一个独立的折射面，这些棱形环带都能使入射光线会聚到一个共同的焦点。在构造方面，它其中一个面为棱形槽面，另一个面是平面。原则上，菲涅耳透镜的两面都可以开槽实现聚光。但实际应用中，大多都保持一面是光滑面。而且，尽可能把开槽面朝下以减少污垢的累积。这种透镜结构简单、加工方便。其实，平面菲涅耳透镜光滑面朝向太阳也有其不利的一面，因为光滑面会影响镜的透明度，特别是当太阳光以较大入射角进入镜面时，此时外部棱镜面反射的太阳光具有很大的入射角，不利于光的透射，即使透射也会产生较大的离轴偏差。

另一种形式为弯月形，即它的基面为曲面，其优点是为消除像差增加了自由度，对提高成像质量有利。但工艺较复杂。另外，菲涅耳透镜还有透射式与反射式之分。菲涅耳透镜的

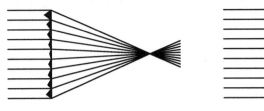 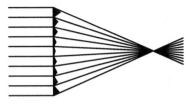

(a) 凹槽面朝"外"   (b) 凹槽面朝"内"

图 5-26　菲涅耳透镜会聚光线示意图

棱形槽一般为每毫米 2～8 个槽，精密型的可达每毫米 20 个槽左右，这样使菲涅耳透镜完全有可能同一般透镜相比拟。通常菲涅耳透镜在整个直径范围内厚度基本相同，所以使用它能节省材料，减轻质量，也减少了对光的吸收。

(2) 菲涅耳透镜的成像特点

菲涅耳透镜具有与非球面透镜类似的作用，即在平行光垂直入射情况下，在其焦面上能得到一个无像差的会聚点。但由于太阳光有一定的空间内聚角，作为聚光透镜则表现为太阳光经过透镜后得到的不是一个理想无像差会聚点，而是一个有一定大小的弥散斑，如图 5-27 所示。

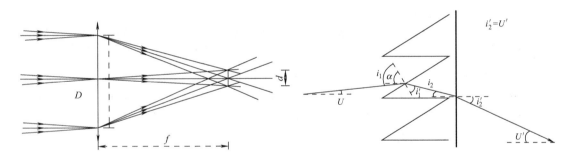

图 5-27　太阳光经菲涅耳透镜会聚的光路图　　　图 5-28　菲涅耳透镜成像：光线计算示意图

普通的菲涅耳透镜每毫米有 m 个棱形槽，焦距为 f，通光孔径为 D，相对孔径 $d = D/f$，则第 i 个环带距离中心高度 $H = i/m$。定义棱形槽面法线与水平光轴的夹角为工作侧面角。某一个刻槽的光路运行路线如图 5-28 所示，设第 i 个环带的光线入射角为 U，出射角为 U'，工作侧面角为 α，透镜折射率为 n，由折射定律得

$$i_1 = U + \alpha \tag{5-83}$$

$$\sin i_1 = n \sin i'_1 \tag{5-84}$$

$$i_2 = \alpha - i'_1 \tag{5-85}$$

$$n \sin i_2 = \sin i'_2 \tag{5-86}$$

式中，i_1 为棱形槽面处光线入射角；i'_1 为棱形槽面处光线折射角；i_2 为平面基面处光线入射角；i'_2 为平形基面处光线折射角。

由式(5-83) 至式(5-86) 可以推得

$$\alpha = \tan^{-1} \frac{\sin U + \sin U'}{\sqrt{n^2 - \sin^2 U'} - \cos U} \tag{5-87}$$

菲涅耳透镜的理想工作状态是平行光垂直入射，会聚为一个理想点，此时 $U=0$，$\tan U'=h$，$h=H/f$ 为第 i 个环带的相对高度。所以有

$$\alpha=\tan^{-1}\frac{\sin U'}{\sqrt{n^2-\sin^2 U'}-1}=\tan^{-1}\frac{\sin(\tan^{-1}h)}{\sqrt{n^2-\dfrac{h^2}{1+h^2}}-1} \tag{5-88}$$

对于一条入射角度为 U，到达菲涅耳透镜第 i 个环带（相对高度为 h）的光线，可用式(5-88)计算出菲涅耳透镜在该环带处的工作侧面角 α，然后用式(5-87)可计算该光线在像方的出射角 U'。

在图 5-27 所示的几何关系中，焦斑直径 d 与焦距 f 的关系为

$$d=2f\Delta_s \tag{5-89}$$

假设透镜通光面积为 S_1，会聚后焦斑面积为 S_2，W 为进入整个系统的太阳光总功率，则聚光镜的功率密度提高倍数 K 可表示为

$$K=\frac{W\eta/S_2}{W/S_1}=\frac{S_1\eta}{S_2}=\frac{\pi(D^2/4)\eta}{\pi(d^2/4)}=\frac{D^2\eta}{4(f\Delta_s)^2}=\frac{1}{4\Delta_s^2}\left(\frac{D}{f}\right)^2\eta \tag{5-90}$$

式中，η 为透镜的平均功率通过率，它取决于透镜对太阳功率的损耗。

由式(5-90)可以看出，聚光镜的功率提高倍数 K 与透镜的相对孔径（D/f）和透镜的功率损耗有关。菲涅耳透镜的损耗主要是材料的能量透过损耗和环形小棱镜对入射光线产生的一定阻挡损耗。

5.4.2.3　镜像焦点重叠式聚光集热器

传统的抛物面碟式、槽式聚光器等都是一次反射聚焦的，一次反射聚焦型聚光器由于反射次数少，反射损失较低，光学效率一般较高。但它们也有其自身的固有缺陷，如跟踪精度要求高、反射光聚集时的锥角较大，甚至部分光线是逆向反射的，不利于装置的安装等。CPC 聚光器虽然包含部分多次反射的光线，但它不具有聚焦的功能，且还具有如下缺陷：

① 对于三维的 CPC 聚光器，在其出光口没有点聚焦过程，致使从出光口出射的光分散性很大，不利于聚集到一个小空间中；

② CPC 的聚光比不大，实用的 CPC 一般只有 5 以下（对槽式聚光器），如果要提高聚光比，则聚光器将变得很长，不利于节省材料和安装；

③ CPC 虽然接收角很大，可以达到 10°以上，甚至可以达到 25°，但如果不跟踪太阳，其接收到的总太阳能仍然太少，但如果增加跟踪系统，则 CPC 的优势就大大降低。

镜像焦点重叠式聚光集热器的出现弥补了现有系统在某些领域的不足。此类新组合曲面太阳能聚光系统的剖面是由两条抛物线与两条直线构成的，它与传统的复合抛物面聚光系统（CPC）在结构和聚光性能上有较大的差别。虽然该新型聚光系统也是组合抛物面构成的，但它是聚焦型的，有一个焦点位于它的出光口外部，因此可以称它为聚焦型 CPC。在这种特殊结构的聚光系统中，光线传输是顺向反射传输的，即入射光线与出射光线是顺着一个方向的，在这点上与传统的 CPC 类似，而传统抛物面聚光器中光线是逆向反射的，两者的比较如图 5-29 所示。因为聚焦型 CPC 的光线顺向传输，焦点又在后端的外部，使它易于与后续接收器相连接，接收器的形状大小、支架和工质流通的管道都不会对入射的光路造成影响。它也有二维槽式和三维旋转对称式两种结构。

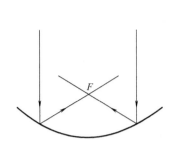

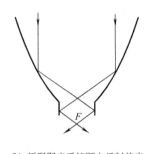

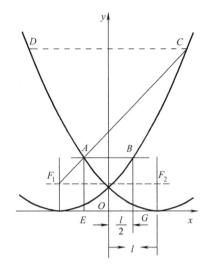

(a) 抛物面聚光系统逆向反射传光   (b) 新型聚光系统顺向反射传光

图 5-29 两种聚光系统传光方式的比较

图 5-30 新聚光系统的组成原理图

如图 5-30 所示，开口向上的两抛物线，F_1 和 F_2 分别为它们的焦点，它们的方程分别为

$$y = \frac{1}{2p}(x+l)^2 \text{（开口向上 } p>0\text{）} \qquad (5\text{-}91)$$

$$y = \frac{1}{2p}(x-l)^2 \text{（开口向上 } p>0\text{）} \qquad (5\text{-}92)$$

式中，p 为焦参数；l 为焦点与 y 轴的水平距离。

用平行于 x 轴的直线 AB 去截两条抛物线，线段 AB 必须同时满足两个条件：

① 它与 x 轴的距离必须大于 $y_F\left(y_F = \frac{p}{2}\right)$，即 $y_B > \frac{p}{2}\left(\text{或 } y_A > \frac{p}{2}\right)$，在图 5-30 中要求它的位置必须在焦点 F_1 和 F_2 的上方；

② 它的长度正好为两抛物线焦点距离的一半，即 $|AB| = \dfrac{|F_1 F_2|}{2} = l\left(\text{或 } |EO| = |OG| = \dfrac{l}{2}\right)$，线段 AE 和 BG 分别与 x 轴垂直。

取抛物线段 AD 和 BC 以及直线段 AE 和 BG，绕对称轴 y 旋转即得如图 5-31（a）所示的三维旋转组合抛物面聚光系统，因其状若漏斗，可称之为光漏斗。若沿垂直于 xOy 平面平移即得到如图 5-31（b）所示的二维变化的槽形组合抛物面聚光系统。

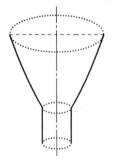

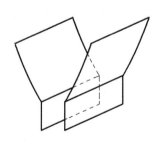

(a) 三维变化的聚光系统   (b) 二维变化的聚光系统

图 5-31 新型聚光系统的三维变化和二维变化的结构图

镜像焦点重叠式聚光系统的工作原理即光路运行原理如图 5-32 所示，平行光平行于光轴（即 y 轴）入射，由抛物线段 CB 反射的光本应会聚于 F_1，但由于平面反射镜 AE 的作用，实际上会聚于 F 点，上述条件①就是为了保证 F 点位于聚光器的抛物面部分下端开口 AB 的下方。而上述条件②规定了 F_1 与轴线的距离为 l，A 点与轴线的距离为 $\dfrac{l}{2}$，所以，F 点是 F_1 点关于平面镜 AE 的像，它恰好在装置的对称轴上。同理，由抛物线段 AD 反射的光，在 BG 的反射作用下也会聚于 F 点上。所以 F 点就是整个组合抛物面聚光系统的焦点。

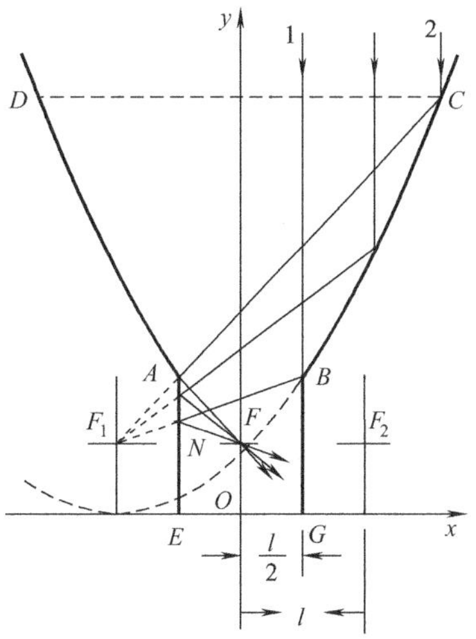

图 5-32　新型聚光系统的光路运行

5.4.3　线聚焦聚光集热器

由于线聚焦型太阳能聚光器可以做得很长，所以聚集的能量总量可以很大，克服了碟式太阳能聚光器聚能总量不足的缺陷。目前世界上中高温太阳能集热系统使用得最多的也是线聚焦槽式太阳能集热器。而槽式抛物面太阳能聚光集热器是目前中高温太阳能集热系统中技术最成熟、商业化前景最好的大型太阳能电站最广泛采用的聚光集热器类型之一，它可以很方便地进行串联并联组合，以获得所需要的集热面积，只需要单轴跟踪，聚光比范围为 15～45，温度范围为 60～400℃。美国与以色列联合的公司鲁兹（LUZ）公司在 1985 年～1991 年间先后在美国加利福尼亚州南部的 Mojave 沙漠地区组建成的 9 座大型商用太阳能热发电系统（SEGSⅠ～SEGSⅨ），就是槽形抛物面聚光器应用的最典型的代表作。此类聚光器的特点是制造难度相对于旋转抛物面要小，成本较低，且只需要一维跟踪就可以满足设计要求。太阳光被聚光器反射后会聚成一条焦线，所以它的能量接收器是线状的。通常，采用这类聚光器的太阳能电站中接收器的工质温度可以达到 400℃。

5.4.3.1　槽式抛物面太阳能聚光器

(1) 理想槽式抛物面聚光器的结构

槽式抛物面聚光器的聚光过程如图 5-33 所示。垂直于进光口的太阳光线照射到抛物面聚光器上，经聚光器反射面反射而聚集到接收器上，再经接收器收集产生的高温热能，然后由接收器内的集热介质带给用户。

槽式抛物面聚光集热系统采用的接收器一般是圆管形接收器，为了减少散热，接收器外围用玻璃管覆盖，并将玻璃管内抽成真空。平板型接收器有时也被使用，一般叫肋片管式接收器，这类接收器的优点在于，工质只在一根小管子内流动，而接收太阳光则通过紧贴或焊接在小管子的肋片（即平板），这样所需的集热介质量减少，工作温度升高，等于节省了接收管的材料。为了减少从肋片上散热，有时也将整个肋片管置于一根玻璃内，并抽真空。

图 5-34 集中给出了几种适用于槽式聚光器的接收器的示意图。某些大型的聚光系统可能还需要二次聚光，进一步提高聚光比以提高集热温度，如图 5-35 所示。而对于简易的抛物面聚光器，也有采用简易接收器的，如图 5-36 所示。

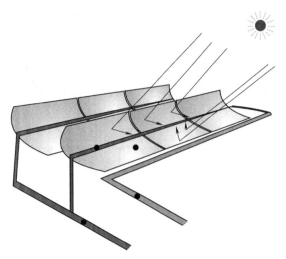

图 5-33　槽式抛物面聚光器的聚光过程

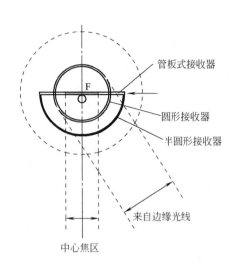

图 5-34　几种适用于槽式聚光器的接收器

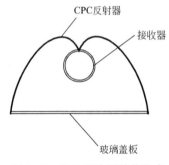

图 5-35　CPC 聚光圆管接收式

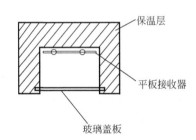

图 5-36　单面平板式接收器

线聚焦抛物面聚光器的几何结构如图 5-37 所示。聚光器开口宽度是 a，抛物线焦距是 f。在系统坐标系下，抛物线方程为

$$y = \frac{x^2}{4f} \tag{5-93}$$

图 5-38 给出了抛物面聚光器的聚光原理示意图。直射辐射入射到抛物面的 B 点上，B 点是抛物面的边缘点，它到焦点的距离为 r_r，即最大镜半径。角度 ϕ_r 即为边缘角，$\phi_r = \angle AFB$。经过简单计算，不难得出边缘角与焦距及光孔开口宽度的关系为

$$\phi_r = \tan^{-1}\left[\frac{8(f/a)}{16(f/a)^2 - 1}\right] = \sin^{-1}\left(\frac{a}{2r_r}\right) \tag{5-94}$$

为了直观地看到 ϕ_r 与 f/a 的关系，给出 ϕ_r 与 f/a 的关系曲线如图 5-39 所示。

在抛物线上任何一点的镜半径为

$$r = \frac{2f}{1 + \cos\phi} \tag{5-95}$$

为讨论方便，假定聚光器是对称的，直射光垂直入射到光孔上，则直射辐射是沿着中心轴平行入射进入聚光器，太阳光被反射后将在焦点处形成一个焦区或称焦域，焦区不是严格的一个点，而是具有一定大小的焦斑。焦斑的大小和能流密度分布取决于反射面的理想程度，

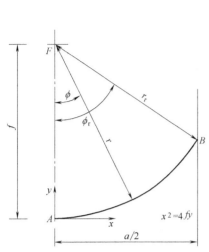

图 5-37 线聚焦抛物面聚光器的几何结构

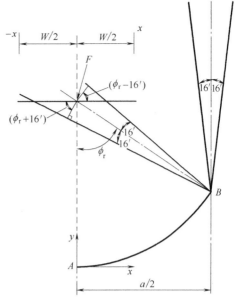

图 5-38 抛物面聚光器的聚光原理

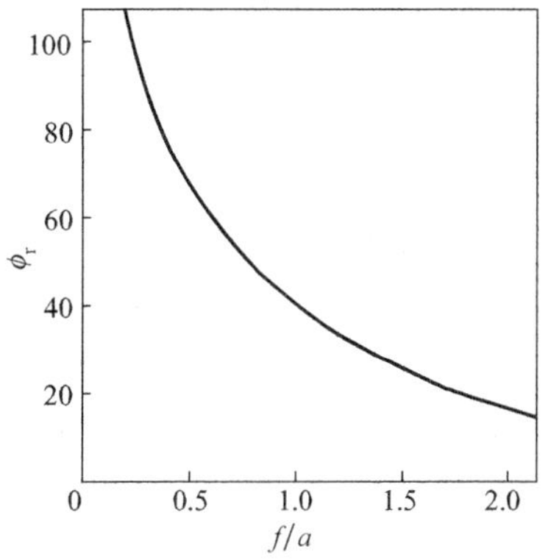

反射抛物面越理想，焦斑的分布区域越小。对于完全理想的抛物面，焦斑的范围是最小的。抛物面边缘反射来的光线决定了焦斑或焦域的宽度，称为焦域的最小宽度，这就是太阳像的宽度。这个宽度显然是随着边缘的增大而增加的。

图 5-34 至图 5-36 给出的几种接收器的形状，其最小尺寸都应该大于实际焦斑的区域，这样才能拦截到所有被反射到焦点的辐射。对于 个理想的抛物面聚光器，接收器能够截取所有太阳像的最小尺寸可以计算出来，圆柱接收器的直径为

图 5-39 边缘角 ϕ_r 随 f/a 的变化关系

$$d = 2r_r \sin 0.267° = \frac{a \sin 0.267°}{\sin \phi_r} \tag{5-96}$$

对于一个在焦平面上的平板接收器，其宽度 W 为

$$W = \frac{2r_r \sin 0.267°}{\cos(\phi_r + 0.267°)} = \frac{a \sin 0.267°}{\sin \phi_r \cos(\phi_r + 0.267°)} \tag{5-97}$$

注意，W 也是半圆接收器的直径。

对于平面接收器，当 ϕ 从 0 变化到 ϕ_r 时，r 从 f 变到 r_r，在焦平面上像的大小从 d 变化到 W。与之对应的系统最大聚光比为

$$C = \begin{cases} \dfrac{a}{\pi d} = \dfrac{\sin \phi_r}{\pi \sin 0.267°} = 68.34 \sin \theta_r & \text{圆管接收器} \\[4mm] \dfrac{a}{W} = \dfrac{\sin \phi_r \cos(\phi_r + 0.267°)}{\sin 0.267°} & \text{单面平板接收器} \\[4mm] \dfrac{a}{\frac{1}{2}\pi W} = \dfrac{2\sin \phi_r \cos(\phi_r + 0.267°)}{\pi \sin 0.267°} & \text{半圆接收器} \end{cases} \tag{5-98}$$

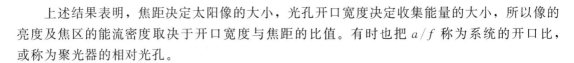

上述结果表明，焦距决定太阳像的大小，光孔开口宽度决定收集能量的大小，所以像的亮度及焦区的能流密度取决于开口宽度与焦距的比值。有时也把 a/f 称为系统的开口比，或称为聚光器的相对光孔。

(2) 理想槽式抛物面聚光器的像

由于太阳光并非完全的平行光，在焦点上的像肯定不是一条无限细的线。其次，抛物面的边缘角越大，这条焦线就会越宽。因此，在焦线内部，即在线聚焦器的像中，其亮度也不是均匀的。

在此仅讨论垂直焦线平面内的像的分布。投射到一个理想的抛物面上（在这里是一条抛物线）任何一微元的太阳光，都有一个会聚夹角 32′，从任何一个微元被反射的太阳光也有相同的"发散"角或圆锥角 32′，如图 5-38 所示。因此，在垂直于焦线的平面内（横截面上），接收器表面截取的从该微元发出的发散光线的宽度决定了像的大小和形状。在焦线上总的像就是所有这些微元产生的像的叠加。

考虑一个平面接收器，它垂直于理想抛物柱面的对称轴，并置于抛物面的焦点上。假定入射的直射光垂直于入光口，此时，从反射元反射来的圆锥形光线与焦平面的截断面是一个椭圆，该椭圆短轴是 $2r\sin16'$，长轴是 x_1-x_2，这里 $x_1=r\sin16'/\cos(\phi-16')$，$x_2=r\sin16'/\cos(\phi+16')$。总的太阳像就是来自所有反射微元的椭圆的叠加。

图 5-40 (a) 给出了几种理想聚光器焦线上的能量分布情况。图中曲线考虑了太阳亮度的非均匀性，认为来自太阳中心的光线大于来自边沿的光线。

当地聚光比 $C_1=G(x)/G_{b,a}$ 是在像内 x 点处的辐照度与聚光器入口处的太阳辐照度之比。当地聚光比随 x/f 的变化如图 5-40 (a) 所示。横坐标表示到像中心的距离，通常表示为无量纲形式，即 x/f。在研究当地聚光比时通常假定反射面的反射率是 1。图 5-40 (a) 中给出了 5 种不同边缘角的聚光器的分布曲线。当边缘角增加时，当地聚光比或称局部聚光比是增加的，像的大小也是增加的。当然，如果不考虑太阳盘的亮度变化，即认为太阳盘的亮度是均匀的，那么局部的聚光比在中心部分可能会有所降低，而边缘部分可能会升高。

图 5-40 (a) 的分布曲线能够从 0 积分到 x/f，这就给出了采集因子 γ。采集因子随 x/f 的变化如图 5-40 (b) 所示。比如，一个开口 7.00m、焦距 6.53m 的理想槽式抛物面聚光器，如果忽略两端边缘效应，假定入口处的直射太阳辐照度是 805W/m²，取聚光器反射率为 0.85，那么，在焦点处的像宽约为 0.076m，在像中心的辐照度约为 $G(x=0)=10$kW/m²。离开像中心 0.026m 处，其辐照度降为 4.7kW/m²，采集因子是 0.92。所以，如果用宽 52mm 的平面接收器在焦平面上接收太阳，则单位长度上能接收到的辐照功率为 $7.00\times805\times0.85\times0.92=4.41$kW/m。

从上述分析可以看出，在焦线的中心处，其能流密度或能量聚光比是最高的，离开中心的位置，其能量聚光比就会降低。所以，接收器应放在焦平面上，并应通过焦点。如果偏离了焦像的中心，即如果接收器与抛物面顶点的距离小于或大于 f，都将降低接收器上的能流密度，而且像的宽度变大，不利于用有限宽度的接收器接收更多的太阳光，使采集因子减少。

5.4.3.2　多曲面聚焦槽式太阳能聚光器

传统的槽式抛物面聚光器虽然是应用最广泛、最成熟的技术之一，但这类聚光集热器有三个主要缺点：

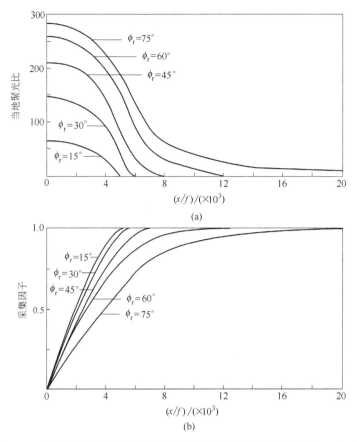

图 5-40　不同边缘角的理想太阳能碟式聚光器焦线上的能量分布（a）和
与（a）对应的不同边缘角聚光器相应的采集因子（b）

① 聚光器焦线在聚光面的上部，所以支撑真空接收管的支架会在反光面上留下阴影；

② 装置对太阳跟踪精度和抛物面的理想程度要求非常高，被反射的光线一旦不能到达接收器，就将成为无效反射，而这些要求对大型装置是非常困难的；

③ 高温太阳能接收器安装在反光面上部，散热的环境相当恶劣，不利于接收器安装和保温。

　　为了强化传统槽式抛物面太阳能聚光集热器的优点，克服其缺点和减少对跟踪装置的精度要求，根据多次反射聚焦的原理，可以设计成槽式的组合抛物面聚光器，其最大的特点是将原来的单曲面聚焦分解成了多曲面聚焦，使高温太阳能接收器受到上下两面的聚焦加热，提高了接收器的效率，并使聚光焦线转移到装置的下部，有利于接收器的安装和保温，同时也有利于接收部分散射光。

　　多曲面组合槽式聚光集热器的结构与部件组成如图 5-41 所示。它主要由新型组合抛物面聚光器、二次反射平面镜、槽底抛物面聚光器和高温太阳能接收器等组成。它的工作原理如下：平行的入射光线 4 沿对称轴 5 方向入射，在最大聚光半宽度 6 内的太阳光，大部分将入射到新型组合抛物面聚光器 1 的内表面上，经反射后入射到二次反射平面镜 2 上，经二次反射平面镜 2 内表面反射后会聚到一条镜像焦线上；高温太阳能接收器 8 的中心线正好与此镜像焦线重合，因此能够高效地接收太阳能。同时，为了防止高温太阳能接收器 8 散热，在其外面设置有透明真空隔热玻璃管 7，起到保温作用。槽底抛物面聚光器 3 是传统的槽形抛

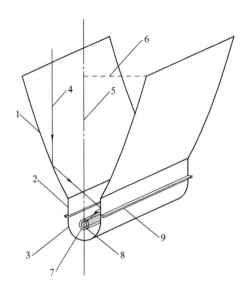

图 5-41　多曲面组合槽式聚光集热器

1—新型组合抛物面聚光器；2—二次反射平面镜；3—槽底抛物面聚光器；4—入射光线；
5—对称轴；6—最大聚光半宽度；7—透明真空隔热玻璃管；8—高温太阳能接收器；9—连接法兰

物面聚光器，其焦线也与高温太阳能接收器 8 的中心线重合，因此部分未经新型组合抛物面聚光器 1 反射的太阳光，直接射入到槽底抛物面聚光器 3 上，再被 3 的表面反射至高温太阳能接收器 8 上被吸收。槽底抛物面聚光器 3 通过连接法兰 9 与二次反射平面镜 2 连接；高温太阳能接收器 8 吸收太阳光后温度升高，加热其内部的集热介质，最后经集热介质将高温热能输送给用户。槽底抛物面聚光器 3 的确定对新型槽式聚光器的影响是很大的，必须使得槽底抛物面聚光器 3 的焦点也在高温太阳能接收器 8 上，所以它在 x-y 坐标系上的抛物线方程应有相同的焦参数 p。

习题

1. 太阳光是近似的平行光，严格来说它有 $32'$ 的张角。但对某一具体的太阳光线来说，它遵守一切的几何光学定律。光的传播现象按几何光学理论可以归结为 4 条基本定律，试简述这些基本定律。

2. 全反射现象在光学仪器和光学技术中有着重要的应用。在实际应用中，为什么全反射常优于一般镜面反射？例如，为了转折光路常用反射棱镜取代平面反射镜。

3. 在透镜聚光系统中，物距、像距和焦距之间满足什么关系？

4. 太阳光的聚集好像是一个几何光学领域的问题，但它为什么与热力学第二定律有联系，即为什么聚光比有热力学极限？

5. 太阳能聚光系统的接收角是一个非常重要的参数，它是怎样定义的？如何设计系统的接收角？

6. 以槽式抛物面聚光集热器为例，假定接收器为外罩透明管、夹层抽真空的玻璃金属真空集热管，并作如下假定：a. 罩玻璃管温度和集热管温度在其横截面上均匀一致；b. 忽略集热管与罩玻璃管之间的对流换热；c. 忽略罩玻璃管与聚光器反射镜面之间的对流与辐射换热。画出热网络图，并给出热平衡条件下，聚光集热器的有用能量收益 Q_u。

7.平板型集热器的光学效率将会随着入射角的增大而降低。对于槽式抛物面集热器是否也有类似的结果？怎样修正入射角对于光学效率的影响呢？

8.镜面反射的辐射通常会有一部分不能投到接收器上，怎样评价这种损失？

9.投射到光孔面积上并且最终能被接收器接收的太阳辐射受到哪些因素的影响？

10.CPC 的接收角是其重要的性能指标之一，只有小于接收角的入射光线才能从出光口导出。哪些手段可以增大其接收角，从而改善其聚光性能呢？

11.可利用于聚光集热器的接收器有很多种类，但不管是何种接收器，都不可能完全接收所有到达焦点（焦线）附近的光线。那么，怎样评价接收器的接收效率？

12.碟式抛物面太阳能聚光系统最大的优势是能量集中，产生的热能温度高。请找到此类聚光集热器的具体应用案例。

13.对于一个偏离理想抛物面不远的太阳能聚光器，其焦点附近区域上的能量分布是怎样的？

14.试解释菲涅耳透镜的功率损耗。

15.简述镜像焦点重叠式聚光器的构成原理。

16.槽式聚光集热器每单位光孔面积所能提供的落在接收器上的太阳辐照度怎样计算？

第 6 章

太阳能的热储存

6.1 概述

虽然太阳给人类提供了清洁、安全以及几乎取之不尽、用之不竭的能量，但是对于太阳能的使用又要受到诸如昼夜、季节、天气等因素的影响，因而太阳能具有显著的间断性和不均匀性，这种间断性和不均匀性会造成供和需的矛盾。以冬季太阳能采暖为例，在白天有太阳辐射时，只需少量供暖或不需要供暖，而在夜晚或阴雨天没有太阳辐射或太阳辐射极弱时，室内却需要大量供暖。所以，为了使太阳能成为连续、均匀、稳定的能源，蓄能装置已成为太阳能利用装置中不可或缺的部分。

太阳能热储存有三层含义：一是将白天接收到的太阳能储存到晚间使用，二是将晴天接收到的太阳能储存到阴雨天使用，三是将夏天接收到的太阳能储存到冬天使用。太阳能热储存的一般原理是，太阳能集热器把所收集到的太阳辐射能转换成热能并加热集热介质，集热介质再经热交换器把热量传递给蓄热器内的蓄热介质，蓄热介质将热量储存起来。当需要时，再利用传热介质经过热交换器把所储存的热量提取出来输送给热负荷。

太阳能热储存的方法可分为显热储存、潜热储存和化学反应热储存等三大类。其中显热储存也叫热容式蓄热，即利用蓄热介质温度变化时的吸、放热来蓄热。潜热储存也称为相变储热，就是利用蓄热介质发生相变时伴随的潜热效应来蓄热。化学反应热储存就是通过可逆化学反应实现热量储存和释放过程的储热方式。

从上述太阳能热储存方式的技术成熟程度来看，显热储存是发展最早、应用最广因而也是技术上最完善的储热方式，例如储水箱储热和岩石堆积床储热等都已经在太阳能热水、采暖和空调系统中获得了广泛的应用。潜热储存在短期储热方面也已有初步的应用，并且很有发展潜力，但还存在一些技术上的困难，例如无机水合盐类的过冷、分层和老化，石蜡的机械强度差、比容积变化大和热导率小等，虽然已经提出了各种克服上述困难的办法，并且个别的潜热储存材料已有商品出售，但是上述各项问题尚未得到妥善而彻底的解决。化学反应热储存存在的困难则更多，解决的难度也更大，例如该方法稳定性差、腐蚀性强、对容器的要求高等，因而主要还处于实验室研究阶段，只有少数示范性装置付诸实际运行。

6.2 太阳能热储存的分类

6.2.1 蓄能技术的类型

在日常生活和工农业生产中，能量的产生和需求在时间和数量上往往存在不同步的现象，因此，在系统中设置蓄能装置就显得很有必要。目前常采用能源转换的方式进行蓄能，即把要储存的能量转化为机械能、电磁能、化学能和热能等形式进行储存。由此得到的蓄能技术分别称为机械能蓄能、电磁能蓄能、化学能蓄能和热能蓄能。

（1）机械能蓄能

目前具有一定实用价值的机械能蓄能方式主要有飞轮蓄能、抽水蓄能、压缩空气蓄能等。

飞轮蓄能是将电能转化为飞轮动能的蓄能方式。当电网电力充裕时，通过电动机使飞轮加速转动，以动能形式储存电能；当电网需要电量时，飞轮减速拖动发电机发电释放出能量。飞轮蓄能系统中的飞轮转子常选用强度较高的碳纤维材料制造，利用高温超导磁悬浮轴承使飞轮处于悬浮状态，整个系统需运行于真空环境下。目前欧美、日本等都已建造了飞轮蓄能示范装置。

抽水蓄能是利用水泵将多余电能转化为上水库中水的势能的蓄能方式。抽水蓄能电站的水库分为上水库和下水库，在用电高峰期把上水库的水放下来发电输送出去，在用电低谷期利用电网上富余的电把下水库的水抽到上水库里去，这样就起到了削峰填谷的作用。目前我国已建造了多座抽水蓄能电站。

压缩空气蓄能是利用多余电能将空气压缩储存在地下洞穴中，需要时再放出，经加热后通过燃气轮机发电机组发电，供给燃气轮机的能量是压缩空气的势能和用以加热空气的燃料化学能的总和。1978年联邦德国成功地投运了一个290MW的压缩空气蓄能电站。

（2）电磁能蓄能

电磁能蓄能主要包括电容器蓄能和超导电磁蓄能两种形式。电容器充、放电过程同时也是蓄能和释能过程，电容器蓄能可为熔焊机、闪光灯等设备提供大功率的瞬时脉冲电流。超导电磁蓄能是用超导材料制成超导螺旋管，蓄能时，通过功率调节器将电能以磁场形式储存于超导螺旋管中，需要时通过功率调节器的逆向输送再将磁场能量转化为电能。

（3）化学能蓄能

化学能蓄能主要包括化学燃料蓄能和电化学蓄能两种。化学燃料本身就是一种含能体，化学燃料蓄能就是将这些含能体储存起来以达到蓄能的目的。电化学蓄能则包括蓄电池蓄能和燃料电池蓄能等形式，其原理可参阅相关文献，此处不再赘述。

（4）热能蓄能

热能蓄能就是把暂时不需要的热量通过某种方式收集并储存起来，待需要时再提取使用的蓄能方式。热能蓄能主要包括显热储存、潜热储存和化学反应储存三种方式。

本章主要讨论太阳能的热储存。

6.2.2　太阳能热储存的分类

太阳能热储存可以按储热时间长短、储热温度高低、储能密度大小等不同的方法进行分类。

（1）按储热时间长短分类

① 短期储热。热储存时间在16h以内，其主要目的是为了调整一天内的热量供给与热负荷之间的不平衡。

② 中期储热。热储存时间一般为3～7天，其主要目的是为了满足阴雨天的热负荷需要。

③ 长期储热。热储存时间一般为1～3个月，其主要目的是为了调整几周甚至跨季度的

热量供给与热负荷之间的不平衡。

（2）按储热温度的高低分类

① 储冷。储热温度在0℃以下，多用于空调制冷系统的冷量储存。

② 低温储热。储热温度小于100℃，多用于建筑物的采暖、供应生活用热水或低温工农业生产用热（如干燥）。在显热储存系统中，常用水和岩石作为蓄热介质，而在潜热储存系统中，则多用无机水合盐和石蜡等有机化合物作为蓄热介质。

③ 中温储热。储热温度在100～200℃之间，多用于吸收式制冷系统、蒸馏器、小功率水泵或低温差发电等。常用沸点在100～200℃之间的有机流体作为蓄热介质；也可利用岩石作为蓄热介质。如仍用水作为蓄热介质，则需加压至2～10bar（1bar＝10^5Pa），这样对储热容器的耐压要求有所提高，因而成本也会显著增加。

④ 高温储热。储热温度在200～1000℃之间，多用于聚焦型太阳灶、蒸汽锅炉或采用高性能汽轮机的太阳能热发电系统。由于储热温度较高，其热力循环的效率也较中、低温储热高。一般多采用岩石或金属熔盐作为蓄热介质。

⑤ 极高温储热。储热温度大于1000℃，多用于大型太阳能热发电站或高温太阳炉。由于温度过高，目前只能采用诸如氧化铝等金属氧化物制成的耐火砖或液态金属作为蓄热介质。

图6-1示出常用储热材料的工作温度范围。

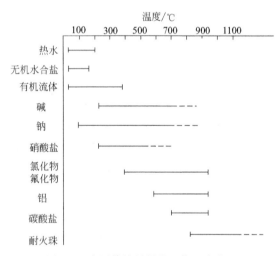

图6-1 常用储热材料的工作温度范围

（3）按蓄能密度大小分类

① 低能量密度储热。就储热方式而言，显热储存属于这一类；就储热材料而言，砖和岩石都属于这一类，因为两者的储能密度分别只有1430kJ/（m^3·K）和1800kJ/（m^3·K）。因此，当采用这类蓄热介质时，就不可避免地需用大量材料，从而使整个储热装置的体积和质量都较大。但是，这些材料的价格一般都比较低廉。所以，当不需要严格地限制储热装置的体积和质量时，使用这些材料在经济上是比较合算的。

② 高能量密度储热。就储热方式而言，潜热储存和可逆化学反应储存都属于这一类；就储热材料而言，无机水合盐、有机盐和金属熔盐等都属于这一类。此外，水和铸铁也都具有较大的储能密度，分别为4200kJ/（m^3·K）和3650kJ/（m^3·K）。不过，有些储热材料的储能密度虽然较大，但价格昂贵（如部分金属熔盐），除有特殊需要外，一般不采用。

6.2.3 太阳能热储存的一般要求

总体上来讲，总是希望太阳能热储存系统具有蓄能密度尽可能大、蓄热时间尽可能长、取放热过程温度波动范围尽量小以及热损失小等特点。

（1）对蓄热介质的要求

① 蓄能密度大。即单位质量或单位体积的储热量大。对显热储存，要求蓄热介质的比

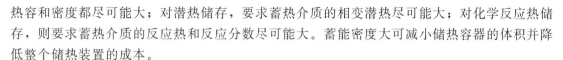

热容和密度都尽可能大；对潜热储存，要求蓄热介质的相变潜热尽可能大；对化学反应热储存，则要求蓄热介质的反应热和反应分数尽可能大。蓄能密度大可减小储热容器的体积并降低整个储热装置的成本。

② 来源丰富、价格低廉。比如在显热储存系统中常用水和岩石；在潜热储存系统中用得较多的是无机水合盐和石蜡等。

③ 化学性质不活泼，无腐蚀性、无毒性、不易燃，安全性好。特别是在中、高温蓄热系统中，腐蚀现象更为严重，腐蚀现象不仅限制了储热容器的使用寿命，还因为需要采用相应的防腐蚀措施而使成本大为提高，因此，无腐蚀性在选择储热材料时是一个相当重要的因素。

④ 储热和取热简单方便。例如，储热水箱和岩石堆积床的储热和取热过程都比较简单方便。

⑤ 能反复使用，性能长期稳定不变。例如，显热储存材料水和岩石在中低温情况下可以经过多次反复使用而性能不会发生改变，而岩石在高温下使用则容易碎裂，相变蓄热材料无机水合盐在反复使用过程中会出现晶液分离现象。

(2) 对储热容器隔热措施的要求

特别是在中、高温条件下储热时，为了使所储存的热量在整个储热期间都能保持所需的热级，必须对储热容器采取严格的隔热措施。所采用的隔热措施分别针对传导、对流和辐射三种传热方式。

① 传导。最简单的办法就是采用优质隔热砖或其他隔热材料，如果是静态储热装置，并且不会发生冲击、振动和沉积的话，则采用耐火纤维（例如石英纤维）及其织品就会产生很好的隔热效果。近年来开始采用更为完善的工艺，将带有反射屏的多孔纤维薄壁（如以瓦棱纸板、尼龙布或塑料作为衬底的铝箔）置于真空中，效果良好。

② 对流。通常仍旧采用传统的双层薄壁中间抽成真空的杜瓦瓶原理，来消除由于对流产生的热损失。

③ 辐射。当储热温度升高时，辐射热损失就占有越来越重要的份额。通常是在储热容器的内壁上安装以耐火纤维彼此隔开的多维反射屏（需经抛光），一般采用具有一定机械强度的多孔金属进行多层次的配置。

6.3　显热储存

6.3.1　显热储存的一般原理

显热储存是各种储热方式中原理最简单、技术最成熟、材料来源最丰富、成本最低廉的一种，因而也是实际应用和推广得最普遍的一种。

显热储存是利用物质在温度升高（或降低）时吸收（或放出）热量的性质来实现储热的目的。在一般情况下，物质体积元 dV 在温度升高（或降低）dT 时所吸收（或放出）的热量 dQ 可用下式表示

$$dQ = \rho(T, r) dV \cdot C(T) dT \qquad (6-1)$$

式中，$\rho(T, r)$ 为物质的密度，一般来说是温度 T 和位置坐标 r 的函数；$C(T)$ 为物质的比热容，一般来说是温度 T 的函数。

由于在太阳能热利用中所使用的显热储存材料大多是各向同性的均匀介质，且范围多在

中、低温区域，此时 ρ 和 c 可视为常量。因此，可将式（6-1）简化为

$$dQ = dm \cdot CdT \tag{6-2}$$

式中，$dm = \rho dV$，是物质体积元的质量。

对于质量 m 的物体，当温度由 T_1 变化至 T_2 时，其吸收（或放出）的热量 Q 可用下式计算

$$Q = \int_{T_1}^{T_2} mCdT = mC(T_2 - T_1) \tag{6-3}$$

6.3.2　显热储存的常用材料

如上所述，显热储热体的储热量等于储热体的质量、比热容和所经历的温度变化三者的乘积。但在一般情况下，可利用的温差与所使用的储热材料无关，而大都由系统确定。因此，显热储热体的储热量主要取决于材料的比热容和密度两者的乘积。在实际应用中，水的比热容最大，为 4.2kJ/(kg·℃)，而常用的固体比热容仅为 0.4～0.8kJ/(kg·℃)，无机材料为 0.8kJ/(kg·℃)，有机建筑材料为 1.3～1.7kJ/(kg·℃)。至于材料的体积，除了材料的实体部分外，还与其空隙率有关，由于材料的不同，该值差异很大。附表 4 列出了常用显热储存材料的物理性质参数。

由于气体的比热容过小，一般不用作显热蓄热介质，显热储存通常用液体和固体两类材料。事实上，能够很好地满足太阳能热储存的一般要求以及显热储存特殊要求的材料并不多。经过系统地研究、对比、实验和筛选后，目前比较一致的看法是：在中、低温（特别是热水、采暖和空调系统所适用的温度）范围内，液体材料中以水为最佳，固体材料中则以砂石等最为适宜。因为这些材料不仅比热容较大，来源丰富，价格低廉，而且都无毒性，也无腐蚀性。

6.3.3　显热储存的缺点

① 蓄能密度小。由于一般显热蓄热介质的储能密度都较小，所需蓄热介质的质量和体积都较大，因而所用蓄热器的容积也较大，所需隔热材料也较多。即使蓄热介质本身的价格比较低廉，整个储热系统的成本仍较高，且所占空间也较大，特别是对于高层建筑物和多层建筑物来说，经济性究竟如何，还需要进行综合考虑。对于大规模和长时期（跨季度）的储热，所需费用是相当昂贵的。近年来，地下含水层和土壤储热的研究和实验日益受到重视，并已取得可喜的成果。

② 输入和输出热量时的温度变化范围较大，并且热流也不稳定。一方面不易与用热器具的需求（恒温和恒定的热流）相吻合，往往需要采用调节和控制装置，因而增加了系统运行的复杂程度，并且也提高了系统的成本；另一方面，对系统的隔热措施要求比较高，不仅需要使用隔热性能良好的材料，还要增大所用隔热层的厚度，从而也提高了储热系统的成本。

6.3.4　液体显热储存

利用液体（特别是水）进行显热储存，是各种显热储存方式中理论和技术最成熟、推广和应用最普遍的一种。一般要求液体显热储存介质除有较大的比热容外，还应有较高的沸点和较低的蒸气压，前者是避免发生相变（变为气态），后者则是为减小对储热容器产生的压力。

(1) 水

在低温液态显热蓄热介质中，水是一种比热容最大、便宜易得、性能优良的蓄热介质，因而也是最常使用的一种介质。其优点为：

① 物理、化学和热力学性质很稳定。

② 传热及流动性能好。

③ 可以兼作蓄热介质和传热介质，在储热系统内可以免除热交换器。

④ 液态-气态平衡时的温度-压力关系十分适用于平板型太阳能集热器。

⑤ 来源丰富，价格低廉，无毒，使用安全。

当然，水也具有以下缺点：

① 作为一种电解腐蚀性物质，所产生的氧气易于锈蚀金属，且对于大部分气体（特别是氧气）来说都是溶剂，因而对容器和管道容易产生腐蚀。

② 凝固（结冰）时体积膨胀较大（达 10% 左右），易对容器和管道造成破坏。

③ 在中温以上（超过 100℃ 后），其蒸气压会随绝对温度的升高而指数增大，故用水来储热，温度和压力都不能超过其临界点（374.0℃，2.2×10^7 Pa）。就成本而言，储热温度为 300℃ 时的成本比储热温度为 200℃ 时的成本要高出 2.75 倍。

利用水作为显热蓄热介质时，可以选用不锈钢、铝合金、钢筋水泥、铜、铁、木材以及塑料等各种材料制作蓄热水箱，其形状可以是圆柱形、球形或箱形等，但应注意所用材料的防腐蚀性和耐久性。例如选用水泥和木材作为储热容器材料时，就必须考虑其热膨胀性，以便防止因久用产生裂缝而漏水。

（2）其他液体蓄热介质

如上所述，水是中、低温太阳能热利用系统中最常用的液体显热蓄热介质，价廉而丰富，并具有许多优异的储热特性。但是，温度在沸点以上时，水就需要加压。有一些液体也可以用于 100℃ 以上作为蓄热介质而不需要加压。例如一些有机化合物，其密度和比热容虽比水小并且易燃，但部分液体的储热温度不需要加压就可以超过 100℃。一些比热容较大的普通有机液体的物理性质列于表 6-1 中。由于这些液体是易燃的，应用时必须有专门的防火措施。此外，有些液体黏度较大，使用时需要加大循环泵和管道的尺寸。

表 6-1　有机液体显热储存材料的物理性质

有机液体储热材料	密度（20~25℃）/（kg/m³）	比热容（20~25℃）/[kJ/(kg·℃)]	常压沸点/℃
乙醇	790	2.4	78
丙醇	800	2.5	97
丁醇	809	2.4	118
异丙醇	831	2.2	148
异丁醇	808	3.0	100
辛烷	704	2.4	126

6.3.5　固体显热储存

一般固体材料的密度都比水大，但考虑到固体材料的热容小，并且固体颗粒之间存在空隙，所以以质量计，固体材料的蓄能密度只有水的 1/4~1/10。尽管如此，在岩石、砂石等固体材料比较丰富而水资源又很匮乏的地区，利用固体材料进行显热储存，不仅成本低廉，还比较方便。固体显热储存通常与空气太阳能集热器配合使用，由于岩石、砂石等颗粒之间导热性能不良，容易引起温度分层，这种显热储存方式通常适用于空气供暖系统。

固体显热储存的主要优点有：

① 在中、高温下利用岩石等储热不需加压，对容器的耐压性能没有特殊要求。

② 空气作为传热介质，不会产生锈蚀。

③ 储热和取热时只需利用风机分别吹入热空气和冷空气，因此管路系统比较简单。

固体显热储存的主要不足之处有：

① 固体本身不便输送，故必须另用传热介质，一般多用空气。

② 储热和取热时的气流方向恰好相反，故无法同时兼作储热和取热之用。

③ 较液体显热储存蓄能密度小，所需使用的容器体积大。

6.3.5.1　岩石储热

岩石是除水以外应用最广的蓄热介质。岩石成本低廉，容易取得。利用松散堆积的岩石或卵石进行储热的系统叫岩石堆积床（有时亦称为岩石储热箱）。

(1) 岩石堆积床的基本结构

图 6-2 为一个典型的岩石堆积床结构示意图。岩石堆积床包括用于支承床体的网孔结构

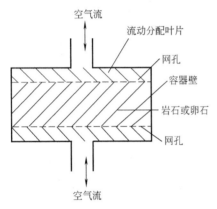

图 6-2　岩石堆积床的结构示意图

以及使空气在两个方向上流动的流动分配叶片。容器一般由木材、混凝土或钢板制成。为了防止空气泄漏，床体应该密封，例如可用环氧树脂或其他热阻值适宜的化合物堵缝，顶盖则可用丁基橡胶或其他合适的材料密封，所用密封材料要经得起床体的最高储热温度。如果进行长期储热，则床体的外表面还必须有良好的保温措施，以便减少热损失。这种床体的特点是传热介质和蓄热介质直接接触换热，因此，岩石堆积床自身既是蓄热器又是换热器。

床体的形状以及岩石的大小对于堆积床的运行特性具有重要的影响。岩石堆积床的进、出口距离应尽可能短，而气流方向要尽量垂直于横截面。如果断面大、流速小，再加上行程短，则压力降较低，从而所需风机的动力较小，反之则所需风机的动力就较大。在一般情况下，床体的形状大都近似为扁平圆柱形。

岩石的颗粒越小，传热面积越大，因而传热速率越高，这样既有利于储热，也有利于床体内部形成温度分层。但是岩石越小，压力降越大，空气流量越低，风机所消耗的动力也就越多。因此，一方面要求岩石不应过小，否则压力降过大，从而使空气流量大大降低；另一方面，也要求岩石不能过大，否则岩石内部加热不透，也会影响储热性能。

在一般情况下，岩石堆积床内所用的岩石大多是直径为 1~4cm 的卵石，且大小基本均匀，其空隙率（即岩石间空隙的容积与容器容积的比值）以 30% 左右为宜。典型的堆积床内的传热表面积约为 80~200m²，而空气流动的通道长度（与床体高度大致相同）约为 1.25~2.5m。

设计得比较好的岩石堆积床，可以具有太阳能热利用所希望的两个特性：

① 空气与床体内固体之间的换热系数很高，这就有可能使得在储热和取热时，空气与固体之间的温差减至最小；

② 当无空气流动时，床体沿径向的热导率很低，故当利用岩石堆积床进行短期储热时，其外表面的隔热要求很低，可以大大降低成本。

(2) 岩石堆积床的换热性能

从以上分析可见，空气与石块之间的传热速率及空气通过床体时引起的压降是岩石堆积

床最重要的两个特性参数。

确定岩石颗粒大小的平均直径 d（称为等效球直径）的经验公式为

$$d = \left(\frac{6}{\pi} \times \frac{V_0}{N}\right)^{\frac{1}{3}} \qquad (6-4)$$

式中，V_0 为岩石颗粒的净体积，m^3；N 为岩石颗粒数。

此外，平均直径 d 也可以利用下列经验公式计算

$$d = \frac{\mu(1-e)}{\rho v Re} \qquad (6-5)$$

式中，μ 为空气的黏滞系数，$Pa \cdot s$；e 为空隙率；ρ 为岩石的密度，kg/m^3；v 为空气在岩石空隙中的平均流速，m/s；Re 为空气流动的雷诺数。

堆积床的体积传热系数 h_V 为

$$h_V = 650\left(\frac{G}{d}\right)^{0.7} \qquad (6-6)$$

式中，$G = \rho v$，为堆积床中空气的表面质量流速，$kg/(m^2 \cdot s)$。

堆积床的面积传热系数 h 为

$$h = \left(\frac{V}{A}\right)h_V \qquad (6-7)$$

式中，V 为床体的容积，m^3；A 为床体的横截面积，m^2。

从理论上讲，研究岩石堆积床的换热性能既可以使用解析方法，也可以使用数值近似方法。但是，由于床体内岩石的大小和形状不可能完全均匀一致，空气在岩石空隙间的流动情况极为复杂，故试图通过对进入床体后的空气温度随时间和空间变化的函数关系的求解得出解析解是非常困难的，甚至几乎是不可能的。因此，通常都采用数值近似方法来求解。

6.3.5.2　其他固体材料储热

除了岩石之外，大多数固体储能材料（如金属氧化物等）的熔点都很高。这些材料能经受冷热的反复作用而不会碎裂，所以可作为中、高温蓄热介质。但金属氧化物的比热容及热导率都比较低，储热和换热设备的体积将很大。若将蓄热介质制成颗粒状，可增大换热面积。可作为中、高温蓄热介质的有花岗岩、氧化镁、氧化铝、氧化硅及铸铁等。这些材料的容积蓄热密度虽不如液体，但价格低廉，特别是氧化硅和花岗岩最便宜。

此外，还有一种以土壤作为容器的储热装置。它可以利用小池潭或在平地上开挖，用挖出的泥土在四周筑成围坝，并在围坝中间填满破碎的岩石，上部覆盖保温层或不透水层，如混凝土等。这种储热装置的特点是以土壤作为容器，周围不必保温，费用较低，且岩石堆周围的土壤也参与储热，可以提高整个装置的储热能力。这种储热装置通常也以空气作为传热介质，与空气集热器配合使用，表面应朝南倾斜约30°，以便于排水。这种以土壤作为容器的储热装置具有结构简单、成本低廉、无水渗漏的危险等优点。缺点是只能适用于干燥地区，并且由于以空气为传热介质，其输送费用较高，故仅适宜于小规模的储热之用。

附表5列出了几种固体储热材料的密度和比热容值。在计算材料的储热密度时，密度与比热容的乘积是一个重要参数，有时称为容积比热容。由附表5可以看出，铸铁拥有相对较

大的容积比热容，几乎接近于水的水平。

为了克服一般固体储热材料蓄能密度小的缺点，可将液体储热和固体储热结合起来，比如将岩石堆积床中的岩石改为由大量灌满了水的玻璃瓶罐堆积而成，这种储热方式兼备了水和岩石的储热优点，相比单纯的岩石堆积床，提高了容积储热密度。

6.4 潜热储存

6.4.1 潜热储存的一般原理

潜热储存是利用物质发生相变时需要吸收（或放出）大量相变潜热的性质来实现储热的，有时又称为相变储热或熔解热储存。所谓相变潜热，就是单位质量物体发生相变时所吸收（或放出）的热量，其数值只与物质的种类有关，而与外界条件的影响关系极小。

质量为 m 的物体在相变时所吸收（或放出）的热量 Q 为

$$Q = m\lambda \tag{6-8}$$

式中，λ 为该物质的相变潜热，kJ/kg。

相变温度为 T_m 的材料，从温度 T_1 加热至温度 T_2，期间经历相变过程的总储热量 Q 为

$$Q = \int_{T_1}^{T_m} mC_1 dT + m\lambda + \int_{T_m}^{T_2} mC_2 dT \tag{6-9}$$

式中，C_1 为固态材料的比热容，kJ/(kg·℃)；C_2 为液态材料的比热容，kJ/(kg·℃)。

通常，把物质由固态熔解成液态时所吸收的热量称为熔解潜热，而把物质由液态凝结成固态时所放出的热量称为凝固潜热。同样，把物质由液态蒸发成气态时所吸收的热量称为蒸发潜热（或汽化潜热），而把物质由气态冷凝成液态时所放出的热量称为冷凝潜热。把物质由固态直接升华成气态时所吸收的热量称为升华潜热，而把物质由气态直接凝结成固态时所放出的热量叫凝华潜热。

在一般情况下，三种潜热之间存在着下列关系：

熔解潜热＋汽化潜热＝升华潜热

并且，三种潜热之间在数值上存在着下列关系：

熔解潜热＜汽化潜热＜升华潜热

但是，由于物质汽化或升华时，体积变化过大，对容器的要求过高，所以实际上使用的往往都是熔解（凝固）潜热。此外，还可以利用某些固体（例如冰或其他晶体）的分子结构形态发生变化（亦称相变）时的潜热进行储热，这种相变潜热又称迁移热。

6.4.2 潜热储存的特点

一般来说，显热储存和潜热储存两者是相辅相成、各有长短的。并且，显热储存的主要缺点正好可以用潜热储存的主要优点来加以弥补。潜热储存的主要优点有：

① 储能密度高。一般物质在相变时所吸收（或放出）的潜热，在几百至几千千焦每千克的范围内。例如，冰的熔解潜热为 335kJ/kg，而水的比热容仅为 4.2kJ/(kg·℃)。在低温范围内，目前常用的相变材料的熔解潜热大多为几百千焦每千克的数量级。所以，如果储存相同的热量，则所需相变材料的质量往往仅为水的 1/4～1/3 或岩石的 1/20～1/5，而所需相变材料的体积仅为水的 1/5～1/4 或岩石的 1/10～1/5。

表 6-2 对潜热储存材料与显热储存材料进行了比较，这里假设两种材料的储热量都为 10^6 kJ。

表 6-2 潜热储存材料与显热储存材料的比较 (储热量为 10^6 kJ)

物理性质	水	岩石	某相变材料
比热容/[kJ/(kg·℃)]	4.2	0.84	2.1
熔解潜热/(kJ/kg)			230
密度/(kg/m³)	1000	2260	1600
质量/kg	14000	75000	4350
体积/m³	14	33	3.7

② 储热或取热时的温度波动幅度小。一般相变材料在储热或取热时的温度波动幅度仅在 2~3℃ 的范围内。只有像石蜡这样的有机化合物类材料，储热和取热的温度变化范围才比较大，约为几十摄氏度。因而，只要选取合适的相变材料，其相变温度可与供热对象的要求基本一致，系统中除了需要调节热流量的装置以外，几乎不需要任何其他的温度调节或控制系统。这样，不仅使设计和施工大为简化，也能降低不少成本。

当然，潜热储存也不可避免地存在一些缺点：

① 当系统温度在熔点附近时，相变材料往往固、液两相并存，不宜泵送，故相变材料通常不能兼作传热介质。因此，在收集和储存以及释放热量的过程中，一般都需要两个独立的流体循环回路。

② 要求相变材料同时具有较大的热扩散系数和比热容往往是不可能的，因为在材料的热导率 k、热扩散系数 a 和定压比热容 C_p 之间存在着下列关系

$$a = \frac{k}{C_p \rho} \tag{6-10}$$

对于相变储热材料来说，除要求它具有尽量大的熔解潜热外，还希望它有尽可能大的比热容。事实上，同时符合这两项要求的典型相变材料一般都只具有较低的热导率和热扩散系数。所以，通常需要设计和制作特殊的（因而也是昂贵的）热交换器。

③ 为了保证相变材料的凝固速率（也即放热速率）与取热速率协调一致，通常也需要对热交换器进行特殊的设计。

④ 对于分别用于供暖和空调的系统来说，由于两者的最佳放热温度并不相同，一般需要采用两种不同的相变材料和两个分开的储热容器。此外，如果相变材料的储热和放热温度与环境温度之间的差别较大，则还需要对储热容器采取特殊的保温措施。

⑤ 由于相变材料（特别是无机盐水合物）常会发生过冷现象及晶液分离现象，所需添加的成核剂和增稠剂在经多次热力循环后可能受到破坏，相变材料对容器壁面的长期腐蚀会产生杂质等，这些都为系统的正常运行带来各种问题，要求分别给予特殊的考虑。

目前常用的潜热储存装置有胶囊型和管壳型两种结构，其典型结构如图 6-3 所示。

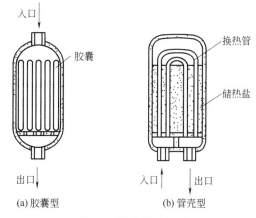

图 6-3 潜热储存装置

6.4.3　常用相变材料

用作潜热储存的相变材料,应具备下列特性:

① 具有合适的熔点温度。对于作为建筑供暖系统的储热材料,其熔点温度最好在30℃左右。

② 具有较大的熔解潜热。

③ 在固态和液态中都具有较大的热导率、热扩散系数和比热容。

④ 没有或只有微小的过冷现象。

⑤ 具有高度的化学稳定性,与容器壁面之间不发生化学反应。

⑥ 相变时体积变化很小,无论处于固态还是液态,都能与容器壁面之间接触良好。

⑦ 具有较低的蒸气压。

⑧ 能快速结晶。

⑨ 不易燃和无毒性。

⑩ 价格低廉,来源丰富。

目前,大体上符合上述各项要求且具有一定吸引力的相变储热材料主要有无机盐的水合物(有时称无机盐化合物)、有机化合物和饱和盐水溶液。

6.4.3.1　无机盐水合物类储热

无机相变蓄能材料主要包括无机盐类、无机盐水合物类、金属或合金类等。其中金属与合金、一般无水无机盐的熔点都较高,属于高温相变材料。虽然少数无水无机盐类的熔点较低,但往往价格过高,而且来源也不丰富,不利于广泛应用。在中、低温利用领域中应用较广的是无机水合盐类,如 $Na_2SO_4 \cdot 10H_2O$、$CaCl_2 \cdot 6H_2O$、$Cu(NO_3)_2 \cdot 6H_2O$、$Mn(NO_3)_2 \cdot 6H_2O$、$LiNO_3 \cdot 3H_2O$ 等。特别是在低温范围内,其熔点都比较适宜作为供暖和空调系统的相变储热材料。其储能密度大都在 $120\sim300kJ/kg$ 的范围内,与冰的熔解潜热相差不多,并且价格比较便宜,来源也比较丰富。

无机水合盐的分子通式是 $AB \cdot nH_2O$,其中 AB 表示无机盐,n 是结晶水分子数。水合盐吸热后在一定温度下相变为水和盐,同时储存热量。反应是可逆的,降至一定温度后热量释放并还原为水合盐,其反应式为

$$AB \cdot nH_2O \Longrightarrow AB + nH_2O - Q \tag{6-11}$$

无机水合盐是重要的一类相变蓄能材料,这类材料具有大的熔解潜热、比较高的热导率、相变时体积变化小等优点。附表6中列出了常用无机盐水合物的热物理性质。可见可供选择的无机盐水合物较多,故只需要根据热负荷的温度和热量,选取适宜的无机盐水合物以及相应的数量,即可与需求基本上协调一致。特别是,由于绝大多数无机盐水合物的熔点较低,如与平板型太阳能集热器配合使用,可以保证太阳能集热器始终在较高的效率下运行。此外,对于利用温度基本恒定的工厂余热或废气进行储热,也十分方便。

(1) 无机盐水合物的缺点及解决办法

如上所述,利用无机盐水合物作为相变储热材料确实具有许多无可争议的优点。但是,绝大多数无机盐水合物又不可避免地存在着一些缺点和问题,其主要缺点以及克服办法大致如下。

① 难以泵送与热交换。和所有的相变材料一样,无机盐水合物在相变过程中固液共存,在熔点附近是很难泵送的,所以必不可少地需要采用与储热材料熔点差异较大的中间传热介

质，这样就要求在储热材料和传热介质之间进行热交换，其结果必然会降低整个系统的热效率。

② 晶液分离与增稠剂。当对 $AB \cdot nH_2O$ 类型的无机盐水合物加热时，通常变成具有较少结晶水的另一种水合物 $AB \cdot mH_2O(m < n)$ 或无水盐，而无水盐或 $AB \cdot mH_2O$ 的全部或一部分就溶解在 $(n-m)$ mol 的结晶水中。当在熔点以上（或甚至在更高的温度下）仍有部分盐类未溶解时，就发生"部分共溶"现象。这时，未溶解的固体通常具有较大的密度，故沉淀于容器的底部。当对部分共溶的无机盐水合物进行冷却并对混合物进行搅动时，就会毫无困难地重新结晶。但当在封闭容器内进行冷却且对混合物不进行搅动时，在容器底部的固体剩余物常被"冻入"，并被固态无机盐水合物的晶体包围。因此，就有部分固体沉淀物不能和它的结晶水重新结合，结果发生晶液分离现象。这样会使相变材料的储热能力减退。经过多次热力循环后，相变材料的储热能力就会持续减退以至完全消失。

为了减轻或防止晶液分离现象，通常采用下列几种措施：a. 对混合物进行适当地搅动或振动，但这种方法对于固定在建筑物内部（如墙壁或屋顶）的储热装置来说，显然并不适用，并且就节能的观点来看也不经济。b. 将无机盐水合物放入浅盘式的容器中，使得在重力作用下由于密度不同而造成的晶液分离现象有所减轻或消除。但是实践表明，浅盘的高度只能为几毫米，在实际应用中存在一定的困难和不便。c. 在无机盐水合物中加入适当的增稠剂，以防止无水盐晶体的沉淀。这样，就有可能使无水盐与其结晶水在熔点温度下重新结合。通常使用的增稠剂多为硅胶衍生物。

③ 过冷与成核剂。对液态无机水合盐进行降温冷却时，在其重新结晶以前，可能会在熔点以下显著地过冷。当熔解物冷却到一定温度（即不稳定过饱和的温度）以下时，便会自发地结晶。但其真正的熔点和不稳定过饱和温度之间的差值常可高达 30～40℃。典型的水-冰例子是众所周知的，当过冷的洁净水自发地冻结以前，可以一直过冷到 -40℃左右；十水硫酸钠的熔点虽是 32.4℃，但可一直过冷到 -7℃才

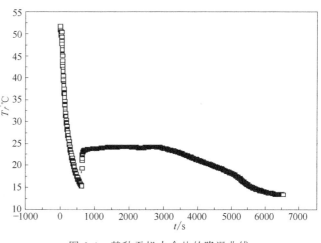

图 6-4　某种无机水合盐的降温曲线

自发地结晶；六水氯化钙的熔点为 29.5℃，可过冷至 0℃附近才结晶。图 6-4 给出的是某种无机水合盐的降温曲线，由曲线可以明显看出该材料存在比较严重的过冷现象。

过冷现象的发生是由于在熔解物中没有"晶种"，或者其温度和外界条件变化过于平缓。当相变材料发生过冷时，其熔解热在确定的温度（即熔点温度）下并未释放出来，因此在实际应用中，一定要防止过冷现象的发生。

有很多种办法可以简单地防止过冷现象的发生，例如放入原来的物质作为晶核以诱发结晶，或对相变材料进行搅动等。但对实用的储热系统来说，问题的关键在于，当把无机盐水合物永久性地密封在容器内时，如何防止过冷现象的发生。为了保证无机盐水合物的储热能力，必须在不打开容器的前提下防止过冷，并需在熔点温度或其上下几摄氏度范围内，实现

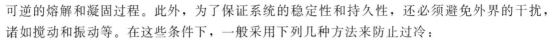

可逆的熔解和凝固过程。此外，为了保证系统的稳定性和持久性，还必须避免外界的干扰，诸如搅动和振动等。在这些条件下，一般采用下列几种方法来防止过冷：

a."自成核剂"法。引入形成熔解物的原始无机盐水合物的固态结晶体。比如在容器内放入比实际需要量多的相变材料，以便在其吸热量最大的情况下，仍可有一小部分相变材料未能熔解，而这些过剩的晶体在冷却过程中便成为"晶种"；或采用冷指法，即在蓄能器内保持部分冷区，处于冷区的无机水合盐始终处于固态，这部分固态无机水合盐在结晶时便可作为晶核。

b."异质成核剂"法。引入与无机盐水合物原始晶体属于异质同晶型或部分异质同晶型的材料。这种异质同晶型材料在结晶形式、晶格间距以及原子排列等方面都必须与无机盐水合物原始晶体大致相同，并且这些成核剂应不显著地影响无机盐水合物本身的性质。如在十水硫酸钠中引入 3%～4% 的硼砂作为异质成核剂便相当成功。

c.熔解物加热至略高于其熔点的方法。当熔解物的温度略高于熔点后再行冷却时，一般可以立即发生结晶，并且这时晶体是从容器壁面或容器内异质材料的表面开始生成。对于这一现象可作如下的解释：假设在容器壁内或异质材料表面上存在着亚微观的裂缝，无机盐水合物的微小晶粒便沉淀在其中，而分界面处的表面张力使得无机盐水合物的熔点略高于其正常熔点。因此，当无机盐水合物的温度略高于其熔点后再冷却时，这些微小的晶粒便成为晶种而促进结晶过程的完成。

d.其他方法。还可以利用超声波装置或在储热容器内放入一些肋片等成核装置来防止过冷现象的发生。但这些装置的成本都较高。

(2) 常用无机水合盐的特性

① 十水硫酸钠。$Na_2SO_4 \cdot 10H_2O$ 的熔点为 32.4℃，熔解潜热为 250.8kJ/kg，单位容积蓄热量是温升为 20℃ 水的蓄热量的 4 倍多，是一种比较理想的太阳能供热采暖或低温余热利用系统蓄热材料。常用高吸水树脂、十二烷基苯磺酸钠作为 $Na_2SO_4 \cdot 10H_2O$ 的防相分离剂，用硼砂作为防过冷剂。

② 六水氯化钙。$CaCl_2 \cdot 6H_2O$ 熔点为 29.5℃，熔解潜热为 180kJ/kg，属于一种低温型蓄热材料。由于它的熔点较低，接近于室温，且其溶液为中性，无腐蚀、无污染，适合于温室、暖房、住宅及工厂的低温废热回收等方面。$CaCl_2 \cdot 6H_2O$ 同样存在严重的过冷现象，常用 BaS、$CaHPO_4 \cdot 12H_2O$、$CaSO_4$、$Ca(OH)_2$ 及某些碱土金属或过渡金属的醋酸盐作为防过冷剂。用二氧化硅、膨润土、聚乙烯醇等作防相分离剂。

③ 三水醋酸钠。$CH_3COONa \cdot 3H_2O$ 的熔点为 58.2℃，属于中低温蓄热材料，其熔解潜热为 250.8kJ/kg，若用于采暖系统，三水醋酸钠的熔点过高，此时可加入凝固点调整剂，如低熔点的水合盐类等，但通常会伴随熔解潜热的降低。和田隆博等采用醋酸钠、尿素与水以适当比例混合，既降低了相变温度，又可维持较高的相变潜热。三水醋酸钠的防过冷剂常用 $Zn(OAc)_2$、$Pb(OAc)_2$、$Na_2P_2O_7 \cdot 10H_2O$、$LiTiF_6$ 等，防相分离剂常用明胶、树胶、阴离子表面活性剂等。

④ 十二水磷酸氢二钠。磷酸盐水合物通常只作为辅助蓄热材料使用，但 $Na_2HPO_4 \cdot 12H_2O$ 却可作为主蓄热材料，其熔点为 35℃，熔解潜热为 205kJ/kg。$Na_2HPO_4 \cdot 12H_2O$ 的凝固开始温度通常为 21℃，可用 $CaCO_3$、$CaSO_4$、硼砂等作防过冷剂，用聚丙烯酰胺作防相分离剂。

目前，在美国已有 10 余家公司生产建筑物供暖系统储热用的相变材料，诸如十水硫酸钠、五水硫代硫酸钠和六水氯化钙等。所用容器有钢筒、铝箔层压盒以及聚乙烯管等。相变温度的范围为 20～46℃，储热能力为 360～2700kJ，使用年限为 1～10 年不等。此外，由于无机盐水合物的热导率与混凝土的热导率相当接近，故可将无机盐水合物灌注在多孔混凝土内，并用环氧树脂或其他表面涂层进行封装。这样制成的"热混凝块"具有使建筑物成为一个整体的特殊优越性。如含有质量分数为 50% 的六水氯化钙的混凝块试样在 27℃ 时提供潜热储热。初看起来，这种材料似乎很有希望，但是老化试验表明，混凝土会鼓起并破裂，这显然是无机盐水合物与混凝土内的石灰发生化学反应的结果。后来又利用不含石灰的混凝土来克服这种缺陷，其中有些试样已经持续使用了一年以上。不过，还没有对这种新材料进行过长期的试验，以便确定它们能否经受得住在实际应用中预期会发生的反复热力循环而保持储热性能不变。

6.4.3.2　有机化合物类储热

如果只根据材料的熔解潜热来看，有机化合物都可以作为潜在的相变储热材料。但是，当把性能不稳定或价格过高的化合物排除在外后，可选的数目就大大减少了。对于作为建筑物供暖和空调系统的储热材料来说，饱和的碳氢化合物（石蜡）、结晶聚合物（塑料）、天然生成的有机酸等都是比较实用的。

表 6-3　几种有机化合物相变材料的熔点和熔解潜热

有机相变材料	熔点/℃	熔解潜热/(kJ/kg)
石蜡	74	230
蜂蜡	62	177
牛脂	76	198
蒽	96	105
萘	80	149
萘酚	95	163

表 6-3 给出几种有机化合物相变材料的熔点和熔解潜热。其中，尤以石蜡最具有代表性。石蜡主要由直链烃混合而成，分子通式为 C_nH_{2n+2}，其性质接近饱和碳氢化合物。在常温下，n 小于 5 的石蜡族为气体，n 在 5～15 之间的为液体，n 大于 15 的是固体。纯石蜡价格较高，通常采用工业级石蜡作为相变蓄热材料。工业级石蜡是多种碳氢化合物的混合体，没有固定的熔点，而是一个熔化温度范围。目前石蜡得到了比较广泛深入的研究和应用。它的主要优点如下：

① 具有较宽的熔点范围。自 $C_{16}H_{34}$ 至 $C_{60}H_{122}$，其熔点温度的范围为 20～90℃。各种石蜡的熔点随其中所含 CH_2 基数量的多少而升降，故可通过增减石蜡中的 CH_2 基数量来调节其熔点。使用前，可以根据不同的需要，任意选取合适的种类，这一点在利用太阳能供暖和空调的系统中特别适宜。

② 物理和化学性能长期稳定。能反复熔解、结晶而不发生过冷或晶液分离现象，这一点使石蜡比一般的无机盐水合物具有更大的吸引力。

③ 来源丰富，价格便宜，无毒性且无腐蚀性。

当然，有机相变材料也存在一些缺点，一般来说，所有有机相变材料都具有下列三个方面的缺点：

① 热导率很低。例如石蜡的热导率仅为 0.7W/(m·℃) 左右，与一般隔热材料的热导

率数量级相同，因此传热极慢，需用大型的热交换器才行。

② 易燃且易流动，安全性和稳固性都较差。石蜡还有被氧化的可能，而且氧化后变色，产生臭味，含油量上升，这些都不利于用作储热材料。

③ 熔解和凝固时的体积变化较大。例如石蜡熔解时的体积增大可达 11％～15％，因此需要对于容器以及整个储热系统进行特殊的设计。

近年来，有人尝试把石蜡掺入混凝土，使石蜡形成团粒状的材料，并与水泥、砂子、骨料和水等混合在一起。这样，一方面由于石蜡的高熔解潜热，可使这种混合材料比纯混凝土的储热能力提高 75％；另一方面，由于混凝土的热导率较高，又可保证这种混合材料传热较快，且强度也较好。预计在混凝土内掺入 30％～40％的石蜡后，可以提供最高的储热能力。如果掺入的石蜡比例过高，则石蜡可能流出，因而影响强度。虽然目前只进行过小样实验，但研究人员确信这种工艺有可能商品化。如果实验证明这种材料是可以采纳的，则它同样可在堆积床中使用。

6.4.3.3　固-固相变材料

所谓固-固相变是指物质在相变前后都为固态，但其晶型发生了转变。一般而言，固-固相变的潜热较小，体积变化也小。其最大优点是相变后不生成液相，对容器的要求不高。由于这种独特的优点，固-固相变材料越来越受到人们的重视。

目前发现的具有实用价值的固-固相变材料主要有三类：无机盐类［主要包括层状钙钛矿、$LiSO_4$，KHF_2，Na_2XO_4（X＝Cr、Mo、W）等物质］、多元醇类和有机高分子类，它们都是通过有序-无序转变而可逆地吸热、放热。

固-固相变材料主要应用在采暖系统中，与水合盐相比，具有不泄漏、收缩膨胀小、热效率高等优点，能耐 3000 次以上的冷热循环（相当于使用寿命 25 年）。把它们注入纺织物，可以制成保温性能好的服装；可以用于制作保温时间更长的保温杯；含有这种相变材料的沥青路面或水泥路面可以防止结冰；等等。总之，这种相变材料具有非常广阔的应用前景。

6.4.3.4　复合相变材料

从应用的实际情况来看，单一相变蓄能材料或多或少都存在一些缺点，不能满足需要。而材料的复合化可以将各种材料的优点集合在一起，制备复合相变材料是潜热蓄热材料的一种必然的发展趋势，因此制备复合相变材料正成为蓄热技术领域的一个新热点。

比如潜热储存具有单位质量（体积）储热量大、在相变温度附近的温度范围内使用时可保持在一定温度下进行吸热和放热、化学稳定性和安全性好等优点。但也具有在相变时固、液两相界面处传热效果较差的缺点。所以，近年来有人正在研制一种新型的高性能复合储热材料，将高温熔融盐相变潜热储存材料复合到高温陶瓷显热储存材料中，例如，将 LiCl-KCl、$Li_2CO_3 \cdot Na_2CO_3$-K_2CO_3、Li_2CO_3-K_2CO_3、LiF-NaF-MgF_2、LiF-NaF 等熔融盐复合到 Al_2O_3、MgO、SiC 等多孔质陶瓷基体材料中去。如此形成的复合储热材料，既可兼备固相显热储存材料和相变潜热储存材料两者的长处，又可克服两者的不足，从而使之具备能快速放热、快速储热及储热密度高的特有性能。

再比如，因石蜡的热导率低而使以石蜡为相变材料的蓄能系统传热速度慢，为解决这一问题，将石蜡与膨胀石墨通过一定工艺进行复合，构成膨胀石墨/石蜡复合相变储热材料，利用石墨具有的高热导率来提高石蜡的导热能力。

6.5　化学储热

上述两节介绍的太阳能显热储存和太阳能潜热储存，都属于利用物理方法进行热储存。除了这两种物理方法以外，还可以利用化学方法来实现太阳能热储存，这就是太阳能化学反应热储存。

所谓太阳能化学反应热储存，是通过可逆化学反应的反应热形式进行的，也即利用可逆的吸放热化学反应来储存和释放由太阳能转换成的热能。

一个最简单的可逆吸放热化学反应例子是

$$AB + \Delta H \rightleftharpoons A + B$$

式中，AB 为化合物，A 和 B 为两个组分，ΔH 为反应热。

这里，正反应是吸热反应（储存热量），逆反应是放热反应（释放热量）。反应进行的方向由温度（转折温度 T_c）决定，当 $T > T_c$ 时，反应正向进行，即由化合物 AB 分解成 A 和 B 两个组分时，需要吸收热量 ΔH；而 $T < T_c$ 时，反应逆向进行，即由 A 和 B 两个组分化合成 AB 时，可放出相同的热量 ΔH。这种利用可逆的吸放热化学反应来储热和放热的方法称为化学反应热储存，简称为化学储热。

6.5.1　可供选择的化学反应及其分类

可逆化学反应的储热量 Q 与反应程度和反应热有关，可表示为

$$Q = \alpha_{\tau} m \Delta H \tag{6-12}$$

式中，α_{τ} 为反应分数；ΔH 为单位质量反应物的反应热，kJ/kg；m 为反应物的质量，kg。

通常化学反应过程的能量密度很高，因此，少量的材料就可以储存大量的热。可逆化学反应热储存的另一优点是反应物可在常温下保存，无需保温处理。

选择化学反应的标准是：

① 热力学的要求。ΔH 和 T_c 的值都必须适当，使温度范围和储能密度符合应用的要求。

② 可逆性。反应必须是可逆的，且不能有显著的附带反应。

③ 反应速率。正向和反向过程的反应速率都应足够快，以便满足对热量输入和输出的要求；同时，反应速率不能显著地随时间而改变。

④ 可控性。必须能够根据实际需要，随时使反应进行或停止。

⑤ 储存简易。反应物和产物都应能简易而廉价地加以储存。

⑥ 安全性。反应物和产物都不应由于其腐蚀性、毒性及易燃性等，对安全造成不可克服的危害。

⑦ 廉价和易得。所有的反应物和产物都必须容易获得，并且价格低廉。但是，对于价格的具体要求，只能针对具体的应用途径，通过详细地经济分析才能加以确定。

虽然可逆吸热化学反应的种类很多，但能同时满足上述各项标准要求的反应数目却十分有限。由于可控性的要求，下面将只考虑可以控制的反应方式。

在给定吸热反应的条件下，主要关心的是怎样才能防止由于逆反应的发生而使储存的能量有所减损。一般来说，有三种方法可供使用：采用催化剂、将产物分离以及对反应进行热抑制。以下分别加以介绍。

(1) 催化反应（化学热管）

此方法大多适用于气-气反应，例如：

$$2SO_3 \Longrightarrow 2SO_2 + O_2$$
$$CH_3OH \Longrightarrow CO + 2H_2$$

这类反应的特点是反应物和产物中都有气相存在，故其反应平衡温度具有一定的分布范围。此外，在对逆反应无适当催化剂存在的情况下，产物之间不发生反应，因而受催化的吸热反应的产物将能长期储存。由于从吸热反应器出来的产物可以通过管道输送到负荷所在地的放热反应器，而化合后的反应物又可以通过第二条管道输送回吸热反应器重新进行吸热反应，整个过程形成一个循环，故通常又称为化学热管。

图 6-5 表示利用气-气反应 $CH_3OH \Longrightarrow CO + 2H_2$ 的化学反应热储存系统的简单流程，其中 CH_3OH 分解为 CO 和 H_2，CO 冷凝后以液态的形式储存起来，而 H_2 则被压缩后以气态的形式储存起来。在放热反应器中添加催化剂，即可使 CO 和 H_2 重新化合而将热量放出，而放热反应的产物 CH_3OH 则在冷凝后加以储存。

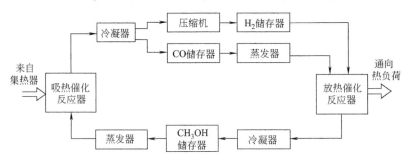

图 6-5 利用 $CH_3OH \Longrightarrow CO + 2H_2$ 的化学反应热储存系统的简单流程

(2) 产物分离反应 (热分解反应)

这种反应适用的温度范围比较宽，是太阳能化学反应热储存中最常用的一类反应，例如碳酸盐、硫酸盐、金属氧化物和氢氧化物等。通常可以通过把产物在空间位置上进行分离来防止逆反应的发生。显然，单相反应 (如气-气、液-液或固-固反应) 的产物不容易分离，而复相反应 (如固-气、液-气或固-液反应) 的产物则比较容易分离，可以按照在反应器-热交换器组件内不同的相而进行分离。一般不考虑固-液反应，因为此类反应熵值过小，反应焓值也过小，不能满足储能密度高的要求。对于太阳能储热来说，比较理想的热分解反应形式是反应物为固态，而产物为固态和气态，这样产物就易于分离。

尽管对于产物分离反应已经进行了大量研究，目前仍旧存在着许多问题，大致可以分为以下三个方面。

① 以前的研究多集中于吸热分解反应，而对于放热化合反应则研究得很少，但这正是太阳能经过储热后能否重新利用的关键。此外，有关反应动力学的资料很不充分，尤其对于整个反应循环过程的综合研究更是相当缺乏。

② 经过若干次循环后，反应速率会逐渐降低。影响反应速率的关键因素，一个是所用介质颗粒的大小及其分布情况，另一个是反应期间介质体积的变化。目前所选取的热分解反应的介质，在反应过程中，其体积膨胀率为 100%～200% 不等。如果体积膨胀受到容器的限制，而容器本身又具有足够强度的话，则会导致反应物增稠或结块，结果形成一道"熵壁"阻止内部分子参加反应，就好像一个势垒把微观粒子挡住一样，将会严重地影响反应速率。

③ 热分解反应后的产物如果含有气体，则因体积过大，储存时需要进行压缩或液化，这就造成了额外的能量损耗；如果产物不含气体，则一般又不易加以分离，这种矛盾情况需要妥善地加以处理。

（3）热抑制反应

从理论上讲，可以通过迅速散热的方式，把吸热反应的产物抑制在亚稳定状态。这时，产物的放热必须足够慢，使得有可能把产物的温度抑制到环境温度以下。但是，由于这种方法在技术上十分复杂，困难很大，目前为止尚无现实意义。

根据以上分析，目前正在进行研究的可逆吸热化学反应大致如表 6-4 所列。

表 6-4　适用于中、低温的可逆吸热化学反应

反应种类	反应方式	反应方程	T_c/K
催化反应	气-气	$2NH_3(气)\longrightarrow N_2(气)+3H_2(气)$	466
		$CH_3OH(气)\longrightarrow CO(气)+2H_2(气)$	415
产物分离反应	固-气	$MgCl_2 \cdot xNH_3(固)\longrightarrow MgCl_2 \cdot yNH_3(固)+(x-y)NH_3(气)$	415~550
		$CaCl_2 \cdot xNH_3(固)\longrightarrow CaCl_2 \cdot yNH_3(固)+(x-y)NH_3(气)$	310~460
	液-气	$H_2SO_4(稀)\longrightarrow H_2SO_4(浓)+H_2O(气)$	<500
		$NaOH(稀)\longrightarrow NaOH(浓)+H_2O(气)$	<500
		$NH_4Cl \cdot 3NH_3(液)\longrightarrow NH_4Cl(固)+3NH_3(气)$	≈320

6.5.2　可逆化学反应储热的主要优缺点

（1）主要优点

① 储能密度高。无论是按储热材料的质量还是按储热材料的体积来计算，热化学反应的储能密度都要比显热或潜热储能密度高出 2~10 倍。

② 可以在环境温度下储热。对于可逆吸热化学反应来说，无论发生反应时所需的温度多高，都可以在反应结束后把反应物和产物冷却到环境温度，亦即可以把反应热在环境温度下加以储存。这样的好处很多，包括：a.可以避免储热材料与容器材料之间的相互作用，增加系统的稳定性和持久性。b.基本上不需要另加隔热措施，可以大幅度减少技术难度并降低成本。c.可以减少系统的总热损失，从而提高系统的热效率。d.避免了潜在的环境影响问题，例如在地面上或地下储存大量高温储热材料所引起的小气候以及生态和土质变化等。

当然，另一方面，在将产物冷却到环境温度的过程中，不可避免地要损失掉一部分显热。但是，一则由于其储能密度高，即使存在这部分损失也还是值得的；二则在化学循环中还是有可能把这部分损失收回的。

③ 可以长期储热。由于能在环境温度下储存反应物和产物，可实现几乎没有损耗或只有很少损耗的长期储热，特别是对于建筑物供暖和空调系统所需的季节性长期储热来说，这是一种很有希望的可能途径。

④ 可以输送。只要选取合适的化学反应，使得产物和反应物都易于移动（例如，两者都是可在管道中流动的气体），则在系统的布局上就能够做到更加合理和具有更大的灵活性，即集热器、储热器和用热器等都可以放置在最适宜的地点，这样在实际应用上就大为方便了。

⑤ 与能量相关的费用很低。就储热系统的总费用而言，一般可以分为两个部分：一部分是与功率相关的费用，主要指与反应器、热交换器及泵等有关的费用；另一部分是与能量相关的费用，主要指与原材料、储热容器以及保温措施等有关的费用。热化学储热系统具有功率与能量两部分组件能够在位置上分开的特点，故两部分组件的大小可以独立地变更，并且与能量相关的费用一般很低。这一点在考虑长期储热时特别有利。

（2）主要缺点

① 循环效率低。此处所谓循环效率，是指由储热器输出的能量与输入储热器的能量之比。由于在完成一个完整的循环过程中，存在着若干个能量损失的环节，诸如热交换与气体压缩等，故循环效率较低。

② 运转和维修要求高、费用大。由于热化学储热系统本身的复杂性，其运转和维修的要求较高，费用也较大。

6.6 中高温蓄热材料

6.6.1 中高温蓄热材料的热力学性质评价

中高温蓄热材料指的是工作温度在100℃以上的蓄热材料。选择中高温蓄热材料时，需考虑其高温物理、化学性质和经济性。中高温蓄热材料的热力学性质评价主要考虑以下11个参数：熔点、相变潜热、相变时的体积变化、比热容、密度、黏度、热导率、热膨胀系数、凝固点、劣化温度和工作温度范围。

（1）熔点

熔点即一定压力下纯物质的固态和液态呈平衡时的温度，混合蓄热材料的熔点则通常是指低共熔点。

（2）相变潜热

相变潜热是指单位质量的物质在等温等压状态下，从一个相变化到另一个相吸收或放出的热量。通常，在一定温度、压力下，纯物质相变过程体系吸收或放出的热量等于过程前后体系焓的变化量，故相变潜热又称相变焓。

（3）相变时的体积变化

固态物质在相变到液态时其体积一般会变大，但也有一些材料（如冰和多数熔盐）相变时体积变小。

（4）比热容

比热容即单位质量物质改变单位温度时吸收或释放的热量。比热容通常分为定压比热容和定容比热容两种。

（5）密度

物质的固有属性，只随物态（温度、压强）变化而变化。

（6）黏度

又称动力黏度，是反映流体流动阻力大小的物理量。

（7）热导率

热导率表征物体导热本领的大小，是指单位温度梯度下物体内所产生的热流量。

（8）热膨胀系数

热膨胀系数用于表征由于温度改变而引起的物体胀缩现象，即单位温度变化的膨胀率，可分为线膨胀系数和体膨胀系数两种。

（9）凝固点

凝固点是晶体物质凝固时的温度，非晶体物质没有凝固点。

（10）劣化温度

劣化温度是指由于材料受热因素的影响而发生性质劣化的温度。对熔盐材料，劣化温度是指熔盐发生分解或蒸发的温度。

（11）工作温度范围

任何工质都存在工作温度范围。熔盐的最佳工作温度范围是由熔点和劣化温度决定的，通常情况下，熔盐的工作温度下限高于熔点 50~100℃，工作温度上限低于劣化温度 50~100℃。

6.6.2　常见的中高温蓄热材料

中高温蓄热材料主要包括空气、水/水蒸气、导热油、高温熔盐和液态金属等，其适用温度和使用压力如表 6-5 所示。

表 6-5　常用中高温蓄热材料的使用条件

蓄热材料	适用温度/℃	使用压力/MPa
水/水蒸气	0~238	0~3.0
导热油	0~400	0~1.0
液态金属	−38~800(或更高)	0~1.2
空气	0~872	0~0.1
高温熔盐	120~1000	0~0.1

6.6.2.1　导热油

导热油按生产原料可分为矿物油型和合成油型两大类，多呈淡黄色或褐色油状液体，大部分无毒无味，少数有一定毒性和刺鼻臭味。导热油沸点高，热稳定性好，一般不腐蚀金属设备，黏度不大，目前已被广泛用作传热蓄热材料。导热油使用温度超过 80℃时必须有隔离空气措施，否则会急剧氧化变质。导热油可燃，必须注意防火要求。导热油超温工作时会因裂解而析出碳，黏度增加，传热效果下降，发生结焦时会引发事故。表 6-6 给出了常用导热油的热物性数据。

导热油目前在槽式太阳能热发电站中广泛应用，但在更高参数的太阳能热发电技术中的应用尚有很大的局限性。

表 6-6　常用导热油的热物性数据

热物理性质	联苯混合物			二甲基二苯甲烷			芳化油		联三苯混合物	
	260℃	300℃	380℃	250℃	300℃	350℃	250℃	300℃	260℃	480℃
饱和蒸气压/atm[①]	1.05	2.38	8.15		1.05	2.25	0.09	0.252	0.374	6.64
密度/(kg·m⁻³)	863	825	739	796	752	696	815	781	910	770
比热容/(kJ·kg⁻¹·K⁻¹)	2.63	2.76	2.97	2.22	2.34		2.38	2.55	2.17	2.51
热导率/(W·m⁻¹·K⁻¹)	0.102	0.0964	0.0848	0.0952	0.0894		0.0987	0.0929	0.00012	0.000105
运动黏度/(×10⁴m²·s⁻¹)	32.6	27.6	21.8	17.5	13.1		71.9	50.7	50.65	22.04

① 1atm=101325Pa。

6.6.2.2 液态金属

液态金属具有相变潜热高、导热性好、热稳定性好、蒸气压低、过冷度小、相变时体积变化小等优点，适宜作为显热蓄热传热材料并用于高温传热蓄热系统。但液态金属也有诸多缺点，比如比热容小；易泄漏；在热负荷高时会导致过高的温度影响容器的寿命，同时加大了出口温度的波动范围；等。高温下液态金属还有很强的腐蚀性，且价格昂贵。另外，为了防止金属（特别是碱金属）氧化，使用时不能与空气接触。附表 7 列出了目前在工程上得到应用的几种液态金属的热物理性质。

6.6.2.3 熔融盐

熔融盐（简称熔盐）是盐的熔融态液体，通常说的熔盐指的是无机盐的熔融体，现已扩大到氧化物熔体和熔融有机物。熔融盐具有如下优点：

① 离子熔体具有良好的导电性。

② 具有广泛的温度使用范围，使用温度范围在 120～1200℃，且具有较好的热稳定性。

③ 低蒸气压。

④ 热容大。

⑤ 低的黏度，良好的高温流动性能大大降低流阻，减少能耗。

⑥ 对物质有较高的溶解能力。

⑦ 具有化学稳定性。

⑧ 经济性好，便宜易得，成本低。

熔盐作为传热蓄热材料已广泛应用于能源、动力、石化、冶金、材料等行业。较为常见的高温熔盐是由碱金属或碱土金属的氟化物、氯化物、碳酸盐、硝酸盐及硫酸盐等组成。理论上有价值但价格昂贵的物质，如锂盐和银盐，目前不可能用于工程实际。

(1) 硝酸熔盐

硝酸熔盐主要由碱金属与碱土金属的硝酸盐组成，具有熔点低、比热容大、热稳定性好、腐蚀性低等优点，但当温度超过 500℃时，熔盐中由于热分解、氧化引起的亚硝酸盐组分含量降低，使得熔盐的熔点上升，引起各种运行故障。硝酸熔盐广泛应用于工业余热回收和太阳能热发电领域。常用的硝酸熔盐的物理化学特性如表 6-7 所示。

表 6-7 常用的硝酸熔盐的物理化学特性

物理化学特性	$NaNO_3$	KNO_3	60% $NaNO_3$-40% KNO_3	53% KNO_3-40% $NaNO_2$-7% $NaNO_3$
熔点/℃	307	337	220	142
上限温度/℃	500	500	600	535
表面张力/(mN·m^{-1})	114.5	106.7	109.2	112.02
密度/(kg·m^{-3})	1820	1827	1837	1791
黏度/cP[①]	1.91	2.11	1.776	1.87
电导率/(Ω·cm^{-1})	1.366	0.805		
热导率/(W·m^{-1}·K^{-1})	0.581	0.48	0.519	0.387
比热容/(J·kg^{-1}·K^{-1})	1819	1340	1495	1550
相变潜热/(kJ·kg^{-1})	181.93	99.64	161	80

注：表中参数为硝酸熔盐在 400℃时的物理化学性能。

① 1cP＝10^{-3}Pa·s。

（2）氯化物熔盐

氯化物种类繁多，价格一般很便宜，蓄热能力大，可以在 600～1000℃ 范围内使用，按要求能制成不同熔点的混合盐。缺点是工作温度上限难以确定，大多数腐蚀性强，容易发生潮解，含结晶水的氯化物稳定性不高。氯化物熔盐传热蓄热材料以其储量巨大和成本低廉的优势成为未来高温传热蓄热材料发展的重点。

（3）碳酸熔盐

大部分碳酸盐的熔点在 800℃ 左右，最高使用温度在 1000℃ 附近。碳酸盐及其混合物非常适合作为高温传热蓄热材料，这类熔盐价格不高，熔解热大，腐蚀性小，密度大，按不同比例混合可以得到熔点更低的共熔物。但碳酸盐的熔点较高且液态碳酸盐的黏度较大，有些碳酸盐容易分解。

（4）氟化物熔盐

大部分氟化物熔盐的工作温度范围为 900～1200℃。氟化物熔盐主要由碱金属或碱土金属氟化物组成，具有很高的熔点和很大的相变潜热，属于高温传热蓄热材料，可用于工业高温余热回收和空间太阳能热发电等领域。氟化物熔盐与金属容器材料的相容性较好，但氟化物熔盐在由液相转变为固相时有较大的体积收缩，此外，氟离子有毒，所以氟化物必须在闭合系统中使用。多数碱金属和碱土金属氟化物都可作为传热蓄热材料的备选盐，但从成本和易得性考虑，可供选择的氟化物主要有 LiF、NaF、KF、MgF_2、CaF_2。常用氟化物和混合氟化物熔盐的热物理性质参数如表 6-8 和表 6-9 所示。

表 6-8 常用氟化物的热物理性质

性质	LiF	NaF	KF	MgF_2	CaF_2
熔点/℃	848	995	856	1263	1418
相变潜热/(kJ·mol^{-1})	26.88	33.56	29.47	57.68	29.64
25℃固体比热容/(J·mol^{-1}·K^{-1})	41.92	46.85	48.98	61.54	68.59
液体比热容/(J·mol^{-1}·K^{-1})	86.19$^{1727℃}$	84.39$^{1727℃}$	72.52$^{1727℃}$	94.34$^{1527℃}$	99.94$^{1518℃}$
相变时体积变化/%	29.4	24.0	17.2	14.0	8.0
固体热导率/(W·m^{-1}·K^{-1})	5.98$^{727℃}$	4.68$^{727℃}$			0.911$^{87℃}$
液体热导率/(W·m^{-1}·K^{-1})	1.726$^{870℃}$	1.613$^{1027℃}$			
液体密度/(kg·m^{-3})	1716$^{1037℃}$	1884$^{1097℃}$	1806$^{1017℃}$	2135$^{1827℃}$	2280$^{2027℃}$
液体黏度/cP[①]	1.53$^{1037℃}$	1.15$^{1917℃}$	1.59$^{973℃}$		

注：表中上标数字表示该数据所对应的温度。

① 1cP=10^{-3}Pa·s。

表 6-9 常用混合氟化物熔盐的组成及其热物理性质

组成及性质	体系1	体系2	体系3	体系4	体系5	体系6
LiF 摩尔分数/%		46.5	67	—	—	
NaF 摩尔分数/%	40	11.5		—	—	58
KF 摩尔分数/%	60	42				
RbF 摩尔分数/%					—	
BeF$_2$ 摩尔分数/%			33	—		42
熔点/℃	710	454	460	315	435	340

组成及性质	体系 1	体系 2	体系 3	体系 4	体系 5	体系 6
相变潜热/(kJ·kg^{-1})	402.5					
相变时体积变化/%	17.9					
比热容/(J·kg^{-1}·K^{-1})		1882.8	2414.2	2046.0	987.4	2175.7
热导率/(W·m^{-1}·K^{-1})		0.92	1.0	0.97	0.62	0.87
密度/(kg·m^{-3})	1938	2020	1940	2000	2690	2010
黏度/cP[①]		2.9	5.6	5.0	2.6	7.0
沸点/℃		1843				

注："—"表示含量未知。

① 1cP=10^{-3}Pa·s。

(5) 硫酸熔盐

大多数硫酸盐很稳定，加热时不分解，只有硫酸锂大约在 860℃ 开始轻微分解。硫酸熔盐虽然流动性较碱金属氯化物差，但从易得性、安全性、热物性等角度考虑，最可能用作传热蓄热材料的基础组分盐应该是锂、钠、钾、镁、钙的硫酸盐。常用硫酸熔盐及混合硫酸熔盐的热物理性质如表 6-10 和表 6-11 所示。

表 6-10　常用硫酸熔盐的热物理性质

性质	Li$_2$SO$_4$	Na$_2$SO$_4$	K$_2$SO$_4$	MgSO$_4$	CaSO$_4$
熔点/℃	859	884	1069	1127	1640
相变潜热/(kJ·mol^{-1})	7.48	23.53	36.4		
25℃固体比热容/(J·mol^{-1}·K^{-1})	120.96	128.15	131.19	96.20	99.65
液体比热容/(J·mol^{-1}·K^{-1})	201.9$^{906℃}$	197.7$^{1577℃}$	199.8$^{1127℃}$	158.99$^{1727℃}$	182.0$^{1727℃}$
相变时体积变化/%	1.2	18.7	26.9		
液体密度/(kg·m^{-3})	1957$^{977℃}$	1973$^{1077℃}$	1839$^{1137℃}$		
液体黏度/cP[①]		4.63$^{1187℃}$			
热分解温度/℃	>859℃分解	>900℃分解	>1270℃分解		

注：表中上标数字表示该数据所对应的温度。

① 1cP=10^{-3}Pa·s。

表 6-11　常用混合硫酸熔盐的组成及其热物理性质

组成及性质	体系 1	体系 2	体系 3
Li$_2$SO$_4$ 摩尔分数/%	80	39.5	78
Na$_2$SO$_4$ 摩尔分数/%			8.5
K$_2$SO$_4$ 摩尔分数/%	20	60.5	13.5
熔点/℃	535	710~712	512
相变时体积变化/%	−1.0	11.2	
液体密度/(kg·m^{-3})	2040$^{747℃}$	1923$^{987℃}$	
上限温度/℃	860	860	

注：表中上标数字表示该数据所对应的温度。

中高温传热蓄热材料的热导率及其他热物性直接影响系统能源利用效率与工作温度范围，提高热导率的一种有效方式是在液态材料中添加金属、非金属或聚合物的固体粒子。在众多高温蓄热材料中，熔盐以其宽广的工作温度范围、高的导热性、低的蒸气压和高的热稳定性和化学稳定性，成为低成本规模化中高温传热蓄热材料发展的重点。

6.7　太阳能热储存的经济性分析

以上先后介绍了太阳能显热储存、太阳能潜热储存、太阳能化学反应热储存以及中高温蓄热材料。太阳能热储存技术是一项复杂的技术，无论是从技术层面还是投资成本来看，太阳能热储存技术都是太阳能利用中的关键环节。从现有的研究来看，显热储存研究比较成熟，已经发展到商业开发水平，但由于显热储能密度低，储热装置体积庞大，有一定局限性。化学反应储热虽然具有很多优点，但仍存在化学反应过程复杂、有时需催化剂、有一定的安全性要求、一次性投资较大及整体效率仍较低等困难，目前只处于小规模实验阶段，在大规模应用之前仍有许多问题需要解决。相变储热凭借其优越性吸引着人们对其进行大量的研究，发展势头强劲。然而常规相变材料在实际应用过程中存在的种种问题，诸如无机相变材料的过冷和相分离现象以及有机相变材料的热导率低等问题，严重制约了相变储热技术在太阳能热储存中的应用。此外，降低相变储热的应用成本亦是将相变储热技术大规模应用于太阳能热储存前必须解决的一个现实问题。近年来，随着纳米复合相变储热材料、定形相变材料和功能热流体等新型相变材料的出现，上述问题有望得到解决。新型相变材料的出现，必将在很大程度上推动相变储热技术在太阳能热储存中的应用。

就太阳能热储存来说，理论分析和实验研究都表明，满足数天或更短时间内热负荷变化要求的短期太阳能热储存，在建筑物的采暖和空调系统中还是比较经济的。例如，在被动式太阳房中利用砖、石、混凝土墙等所构成的储热系统，实际上并不需要多少额外投资，因为在设计建筑物的墙体结构时，就已经把它们的费用计算在内了。对储热水箱或岩石堆积床所作的经济分析也表明，短期太阳能热储存的成本与常规能源相比较还是具有竞争力的。但是，利用常规的太阳能显热储存方式进行长期储热，在经济上并不合算。此外，因为它的技术已日臻完善，所以仅仅依靠技术发展来大幅度改善其经济性的可能性是很小的。

目前，寻求经济而有效的长期储热方法是很有实际意义的课题。在太阳能采暖和空调系统中，利用土壤、地下含水层以及太阳池等来实现跨季度的长期储热，在经济上是很有吸引力的。当然，如果技术困难逐步得到克服，并且材料和系统的成本不断降低，则潜热储存和化学反应热储存等方式在长期储热方面可能具有更加广阔的发展前景。

在太阳能储热系统中，热能的储存应当与整个系统进行综合考虑。例如，在太阳能热发电系统中，希望集热器具有较高的运行温度，否则热机效率必定不会很高，这样储热装置就应使用中温或高温储热介质；而在低温太阳能热水系统中，以直接用水储热最为合理，若换用其他储热介质，再通过换热设备，在传热过程中将会损失一部分可应用的热能。

对于储热装置的设置，也应当考虑整个系统能量转换的全过程。例如，对于太阳能制冷空调系统，既可以在太阳能集热器与制冷机之间储存热量，也可以在制冷机与风机盘管之间储存冷量，究竟如何设置应进行技术经济的综合考虑。

另外，储热装置的容量是必须考虑的另一个重要因素。装置容量太大，必然会增加投资额和运转费用。当小容量足够用时，尽量保持小容量，这样对快速提升温度也是有利的。

最后，要考虑的也是比较重要的是储热装置的隔热性能。隔热层厚度越大，热损失越少，但总成本会上升，所以应在节能和装置的经济性之间综合平衡决定隔热层的厚度。

习题

1. 太阳能热储存的一般原理是什么？

2. 太阳能热储存对蓄热介质有何要求？

3. 显热储存、潜热储存和化学储热的基本原理各是什么？

4. 试比较显热蓄热材料水和相变蓄热材料六水氯化钙的优缺点。

5. 试比较相变蓄热材料六水氯化钙和石蜡的优缺点。

6. 克服无机水合盐过冷常用哪些方法？

7. 什么叫晶液分离？如何解决晶液分离问题？

8. 根据图 6-4 所示的某相变材料的降温曲线分析：

（1）该材料的相变温度大约为多少摄氏度？

（2）该材料的过冷度约为多少摄氏度？

9. 中高温蓄热材料的热力学性质评价主要考虑哪些参数？

10. 熔盐主要有哪些优点？

11. 制备复合蓄热材料是蓄热技术领域的一个新热点，查阅资料给出一种复合蓄热材料的制备方法、性能特点及应用。

第 **7** 章

太阳能热水系统

太阳能热利用包含的内容很多，只要是太阳辐射转换成热直接利用，或再经过转换变成其他形式的能源，都属于太阳能热利用的范畴。其中，太阳能供热水是目前太阳能热利用中唯一达到普及化的利用方式。太阳能热水系统主要由太阳能集热系统和热水供应系统构成，包括太阳能集热器、贮水箱、循环管道、辅助加热器、控制系统、热交换器和水泵等设备和附件。

7.1 太阳能热水系统的分类

太阳能热水系统的分类方法很多，本书将按照国际标准 ISO 9459 对太阳能热水系统提出的分类方法，即按照太阳能热水系统的七个特征进行分类，其中每个特征又都可分为 2～3 种类型，从而构成一个严谨的太阳能热水系统分类体系，如表 7-1 所示。

表 7-1 太阳能热水系统的分类

特征	类型		
	A	B	C
1	太阳能单独系统	太阳能预热系统	太阳能带辅助能源系统
2	直接系统	间接系统	
3	敞开系统	开口系统	封闭系统
4	充满系统	回流系统	排放系统
5	自然循环系统	强制循环系统	
6	循环系统	直流系统	
7	分体式系统	紧凑式系统	整体式系统

(1) 特征 1 表示系统中太阳能与其他能源的关系

① 太阳能单独系统：没有任何辅助能源的太阳能热水系统。

② 太阳能预热系统：在水进入任何其他类型加热器之前，对水进行预热的太阳能热水系统。

③ 太阳能带辅助能源系统：联合使用太阳能和辅助能源，并可不依赖于太阳能而提供所需热能的太阳能热水系统。

（2）特征 2 表示集热器内集热介质是否为用户消费的热水

① 直接系统：最终被用户消费或循环流至用户的热水直接流经集热器的系统，亦称为单循环系统或单回路系统。

② 间接系统：集热介质不是最终被用户消费或循环流至用户的水，而是集热介质在集热器和换热器之间循环的系统，亦称为双循环系统或双回路系统。

（3）特征 3 表示集热介质与大气接触的情况

① 敞开系统：集热介质与大气有大面积接触的系统，其接触面主要在蓄热装置的敞开面。

② 开口系统：集热介质与大气的接触处仅限于补给箱和膨胀箱的自由表面或排气管开口的系统。

③ 封闭系统：集热介质与大气完全隔绝的系统。

（4）特征 4 表示集热介质在集热器内的状况

① 充满系统：在集热器内始终充满集热介质的系统。

② 回流系统：作为正常工作循环的一部分，集热介质在泵停止运行时由集热器流入到蓄热装置，而在泵重新开启时又流入集热器的系统。

③ 排放系统：为了防冻目的，水可从集热器排出而不再利用的系统。

（5）特征 5 表示系统循环的种类

① 自然循环系统：仅仅利用集热介质的密度变化来实现集热介质在集热器和蓄热装置（或换热器）之间进行循环的系统，亦称为热虹吸系统。

② 强制循环系统：利用泵迫使集热介质通过集热器进行循环的系统，亦称为强迫循环系统或机械循环系统。

（6）特征 6 表示系统的运行方式

① 循环系统：运行期间，集热介质在集热器和蓄热装置（或换热器）之间进行循环的系统。

② 直流系统：有待加热的集热介质一次流过集热器后，进入蓄热装置（贮水箱）或进入使用辅助能源加热设备的系统，有时亦称为定温放水系统。

（7）特征 7 表示系统中集热器与贮水箱的相对位置

① 分体式系统：贮水箱和集热器之间分开一定距离安装的系统。

② 紧凑式系统：将贮水箱直接安装在集热器相邻位置上的系统，通常亦称为紧凑式太阳能热水器。

③ 整体式系统：将集热器作为贮水箱的系统，通常亦称为闷晒式太阳能热水器。

实际上，同一套太阳能热水系统往往同时具备上述 7 个特征中的各一种类型。比如，在建筑中使用的一套典型的太阳能热水系统，可以同时是太阳能带辅助能源系统、间接系统、封闭系统、充满系统、强制循环系统和分体式系统。

当然，除了按系统的特征进行分类之外，还有其他一些常用的分类方法，现列出其中两种。

（1）按太阳能集热器的类型进行分类

① 平板型太阳能热水系统：采用平板型集热器的太阳能热水系统。

② 真空管太阳能热水系统：采用真空管集热器的太阳能热水系统。

（2）按贮水箱的容积进行分类

① 家用太阳能热水系统：贮水箱容积小于 $0.6m^3$ 的太阳能热水系统，通常亦称为家用太阳能热水器。

② 公用太阳能热水系统：贮水箱容积大于等于 $0.6m^3$ 的太阳能热水系统，通常简称为太阳能热水系统。

7.2　太阳能热水系统的性能分析

7.2.1　自然循环系统

7.2.1.1　工作原理

自然循环太阳能热水系统是依靠集热器和贮水箱中水的温差，形成系统的热虹吸压头，使水在系统中循环，如图7-1所示。

系统运行过程中，水在集热器中吸收太阳辐射能被加热，温度升高，密度降低，加热后的水在密度差产生的浮升力的推动下在集热器内逐步上升，从集热器的上循环管进入贮水箱的上部，与此同时，贮水箱底部的冷水由下循环管流入集热器的底部，经过不断的循环加热，贮水箱中的水最终达到某一平衡温度。

取用热水时，有两种方法，即顶水法和落水法。

顶水法系统中含有补水箱，用热水时，由补水箱向贮水箱底部补充冷水，将贮水箱上层热水顶出使用，其水位由补水箱内的浮球阀控制，如图7-1（a）所示。顶水法的优点是充分利用水箱上层水温高的特点，使用者一开始就可以取到热水；缺点是从贮水箱底部进入的冷水会与贮水箱内的热水掺混，减少可利用的热水。

落水法系统中无补水箱，热水依靠本身重力从贮水箱底部落下使用，如图7-1（b）所示。落水法的优点是没有冷热水的掺混；缺点是必须将贮水箱底部及管路中温度较低的热水放掉后才可取到热水。

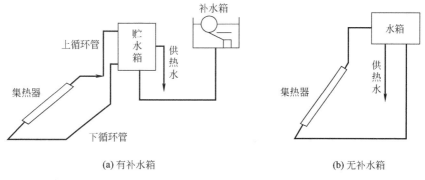

(a) 有补水箱　　　　　　　　　　　　(b) 无补水箱

图 7-1　自然循环系统（直接系统）示意图

自然循环系统的优点是结构简单，运行安全可靠，成本较低；缺点是为了维持系统的自循环动力，贮水箱必须置于集热器的上方，并保持一定的高度差。

自然循环系统主要适用于家用太阳能热水器和中小型太阳能热水系统。

7.2.1.2　系统分析

以直接系统为例，水在集热器和贮水箱之间的循环动力仅由水的密度变化引起。

系统的自然循环瞬时流量取决于各瞬间的热虹吸压头，而决定热虹吸压头的系统各部分温度都在随时间的变化而变化。为简化分析，作出以下基本假设：

① 集热器及贮水箱内的水温均为线性分布，其平均温度分别为 T_m 和 T_n。

② 集热器的热容很小，可以忽略不计。

③ 上下循环管的热容和热损失均很小，可以忽略不计。

④ 贮水箱中水的平均温度与贮水箱箱体的平均温度相等。

根据第 3 章的内容，集热器的能量平衡方程可写为

$$\dot{m}C_p(T_{f,o}-T_{f,i})=A_cF'[G(\tau\alpha)_e-U_1(T_m-T_a)] \tag{7-1}$$

贮水箱的能量平衡方程为

$$\dot{m}C_p(T_{f,o}-T_{f,i})=Q_{1,s}+(mC_p)_s\frac{dT_n}{d\tau} \tag{7-2}$$

式中，$Q_{1,s}=(UA)_s(T_n-T_a)$ 为贮水箱的热损失，W，$(UA)_s$ 为贮水箱的热损失系数和箱体表面积的乘积，W/K；$(mC_p)_s$ 为贮水箱热容，J/K。

由实际测量可知，一天中的大部分时间内，集热器中和贮水箱中水的平均温度非常接近，可假定 $T_m=T_n$，因此可用 T_m 代表系统中水的平均温度。

将式（7-1）代入式（7-2），整理后可得

$$(mC_p)_s\frac{dT_m}{d\tau}=F'A_cG(\tau\alpha)_e-[F'U_1A_c+(UA)_s](T_m-T_a) \tag{7-3}$$

式（7-3）中，太阳辐照度 G 和环境温度 T_a 均为时间的函数，其表达式分别为

$$G=G_{max}(\tau\alpha)_e\cos\omega \tag{7-4}$$

$$T_a=\frac{1}{2}\left[T_{a,max}+T_{a,min}+(T_{a,max}-T_{a,min})\sin\frac{2\pi(\tau-\tau_p)}{24}\right] \tag{7-5}$$

式中，G_{max} 为一天中太阳辐照度的最大值；$T_{a,max}$、$T_{a,min}$ 分别为一天中的最高、最低环境温度；τ_p 为最高环境温度出现的时间。

将式（7-4）、式（7-5）代入式（7-3）中，即可以对 T_m 求解。由于在准稳态状况下，每一瞬时系统的热虹吸压头 h_T 与流动阻力损失压头 h_f 相平衡，即 $h_T=h_f$，解出 T_m 后，可进一步计算系统的流量。

热虹吸压头 h_T 可根据系统的温度分布来确定，如图 7-2 所示。h_T 即为图 7-2(b) 中 1、2、3、4、5 所围的面积，因此 h_T 有

$$h_T=\int h\,d\gamma=\frac{1}{2}(\gamma_1-\gamma_2)f(h) \tag{7-6}$$

式中，h 为系统中某处的高度，m；γ 为水的密度，kg/m^3；$f(h)$ 为位置函数。

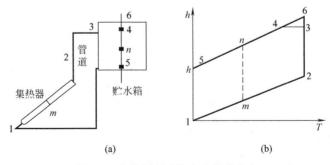

(a)   (b)

图 7-2   自然循环系统中的温度分布

位置函数可写为

$$f(h)=2(h_4-h_1)-(h_2-h_1)-\frac{(h_4-h_5)^2}{(h_6-h_5)} \tag{7-7}$$

式中，h_1、h_2、h_3、h_4、h_5 和 h_6 分别为系统中各点相对于基准面的高度，$h_3=h_4$。

假定在集热器的运行温度范围内，水的密度 γ 与温度 T 的关系可用二次曲线来表示，即 $\gamma=AT^2+BT+C$，其中 A、B、C 均为已知常数，则式（7-6）可写为

$$h_T=\frac{T_{f,i}-T_{f,o}}{2}(2AT_m+B)f(h) \tag{7-8}$$

实验表明，在一天之中大部分时间内，自然循环系统中各部分的水流处于层流流动状态。因此，管路的水压头损失可以采用水力学中计算管路阻力的方法进行计算。

系统的总水压头损失等于管路沿程阻力和局部阻力之总和，有

$$h_f=\gamma\zeta\frac{L}{D}\times\frac{v^2}{2g}+\gamma K\frac{v^2}{2g} \tag{7-9}$$

式中，ζ 为管路沿程阻力系数，$\zeta=64/Re=64v/(\nu D)$，ν 为水的运动黏度系数，m^2/s；v 为水的流速，对圆管而言，$v=\dot{m}/(\gamma\pi D^2/4)$，$m/s$；$K$ 为局部阻力系数，可由有关手册查得。

因此

$$h_f=\frac{128\nu L\dot{m}}{\pi g D^2}+\frac{8K\dot{m}^2}{\gamma g\pi^2 D^4} \tag{7-10}$$

根据 $h_T=h_f$，综合式（7-10）、式（7-8）和式（7-1）可得

$$\dot{m}^3+\frac{16\nu L\gamma\pi}{K}\dot{m}^2+\frac{\gamma g\pi^2 D^4}{16KC_p}A_cF'[G(\tau\alpha)_e-U_1(T_m-T_a)](2AT_m+B)f(h)=0 \tag{7-11}$$

式中，D 为管道直径，m；L 为管路的长度，m。

式（7-11）为 $\dot{m}$ 的三次方代数方程，当各系数确定后，即可对流量 $\dot{m}$ 进行求解。在解得系统的流量 $\dot{m}$ 值，以及假定的水温的线性分布即（$T_{f,i}+T_{f,o}$）$=2T_m$ 之后，可求得集热器的进口和出口水温，最后求得集热器的有用能量收益和瞬时效率随时间的变化关系。

7.2.1.3 系统参数

在自然循环太阳能热水系统中，集热器的出口水温取决于集热器的进口水温及系统的水流量，而集热器的进口水温又与系统的水流量有关，系统的水流量又与系统的温度分布有关。因此，系统的水流量与系统的温度分布相互关联、相互影响，并且是直接受太阳辐照作用的随机过程。所以，自然循环太阳能热水系统的设计，必须结合一天中太阳辐照量的变化以及系统运行的动态过程，寻求系统各主要部件之间的合理配置，使系统运行在良好的工作状态。

（1）贮水箱和集热器之间的高度差

在设计自然循环系统时，首先要考虑的参数就是贮水箱和集热器之间合理的高度差，保证系统具有一定的热虹吸压头。增加贮水箱和集热器之间的高度差，实际上就是增大系统的热虹吸压头，从而增大系统的水循环流量。

对不同高差的自然循环系统的计算机模拟结果表明，在系统开始运行后约 1～2h 内，高差大的系统平均效率比高差小的系统平均效率高些。因为在系统刚开始运行的这段时间内，集热器的进口水温较低，高差大的系统流量较大，集热器工作温度较低，集热器的热迁移因子 F_R 增大，系统平均效率较高。但与此同时，大流量将加剧贮水箱内层与层之间的对流，扰

乱了温度分层，致使贮水箱底部的水温升高较快，集热器效率随之降低。此外，加大高差，上循环管路的长度增加，散热面积增加，随着时间的推移，其不利因素将占主导地位，高差大的系统平均效率将逐渐降低。所以当一天运行结束时，高差最大的系统平均效率最低。

另一方面，为了防止系统夜间产生倒流逆循环，又必须保证一定的高差。这是因为在晴朗的夜空，天空温度明显低于环境温度，夜间集热器将与天空产生辐射换热。对于平板型集热器，由于热损失系数比较大，这种辐射换热的结果可使集热器内部的流体冷却，直至其温度低于环境温度，这个微弱的温差是形成系统内流体倒流逆循环的动力。当集热器中被冷却后的流体因热虹吸压头倒流入下循环管时，环境对它加热，促成了这种倒流逆循环进行下去，从而引起散热损失。

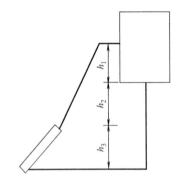

图 7-3　自然循环系统中的几个高差

研究表明，贮水箱底面到集热器出口处的高差 h_2（如图 7-3 所示）以及上循环管进贮水箱的入口处至贮水箱底面之间的距离 h_1 的数值，均影响系统夜间倒流逆循环流量和热损失量。增大 h_1 和降低 h_2 均会使逆循环流量增大，所以若采用小的高差 h_2，则必须降低 h_1 的值。

从总体上讲，高差的变化对系统的日效率无明显影响。因此，在进行系统设计时，应在合理布置的前提下，尽可能降低高差，以便于施工并合乎经济和安全的原则。但同时又必须考虑尽可能减少系统在夜间因高差不够导致逆循环倒流所产生的热损失，进行综合的比较选择。

（2）系统管路的配置

在进行自然循环系统的布置设计时，应尽可能使贮水箱与集热器之间布局紧凑，甚至尽可能连成一个整体。这样不仅可以减少管路长度，减少管路热损失和热容，而且可以降低系统的造价。

为了保证系统的循环流量，需要根据系统的实际布置，选择合适的管路直径。通常根据高温差、小流量、"一次"循环的原则，也就是维持在一天内贮水箱中的水只通过集热器一次或一次多一点的原则来选择系统循环管路的管径。此时，系统的日效率和每天循环多次的低温差、大流量系统的日效率大致相等。

（3）系统的连接口布置

正确的连接口位置是保证系统效率的必要条件。一般应遵循以下原则：

① 上循环管入口应与下循环管出口呈对角线布置。

② 下循环管出口应在贮水箱最低位置。

③ 上循环管入口应视贮水箱的容积而定，宜设置在离贮水箱顶 5～20cm 处不等，但必须在水面以下。

④ 补给水入口开在贮水箱侧壁比开在箱底有利。

⑤ 贮水箱顶部应有排气管，与大气相连通。

⑥ 取热水管出口与上循环管入口的开口对称但位置应稍低，若取热水管出口太低，则出口以上部分热水由于顶不出而不能加以利用。

（4）换热器与贮水箱

在双回路的自然循环系统中，换热器通常是蛇形盘管或带联箱的管簇，浸没在贮水箱的下部；换热器也可以做成同心套筒，套在贮水箱的外部。设计系统的换热器时，必须综合考虑自然循环回路中的流动压头及该流动状态下的传热效果，且不能忽略换热器本身的热容。根据经验，换热器的最佳换热面积与集热器采光面积的比值约为 0.4～0.6。

　　已有的计算结果表明，容积相同而高径比不同的贮水箱，当系统作无负荷运行时，对系统的日效率几乎没有影响。若贮水箱中设置电加热器，则细高竖直放置的贮水箱要比水平放置的贮水箱有更好的热性能，这是因为对于细高竖直的贮水箱，可将电加热器置于贮水箱的上部，对底部导热量小，不致影响贮水箱底部的温度。而水平放置的贮水箱，电加热器离贮水箱底部较近，电加热器会使贮水箱底部温度增高，导致系统效率降低。

7.2.2　强制循环系统

7.2.2.1　工作原理

　　强制循环太阳能热水系统是在集热器和贮水箱之间的管路上设置水泵，作为系统中水的循环动力，水在流经集热器时，不断地带走集热器收集的太阳辐射能，并储存在贮水箱内。其原理如图 7-4 所示。

　　用热水时，同样有两种取热水的方法：顶水法和落水法。在强制循环条件下，因为贮水箱内的水得到充分的混合，没有明显的温度分层，所以顶水法和落水法一开始都可以取到热水。顶水法与落水法相比，其优点是热水在压力下的喷淋可提高使用者的舒适度，而且不必考虑向贮水箱补水的问题；缺点也是从贮水箱底部进入的冷水会与贮水箱内的热水掺混。落水法的优点是没有冷热水的掺混，但缺点是热水靠重力落下而影响使用者的舒适度，而且必须每天考虑向贮水箱补水的问题。

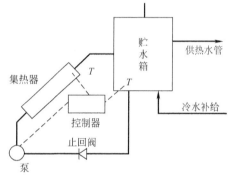

图 7-4　强制循环系统（直接系统）示意图

　　强制循环系统可适用于大、中、小型各种规模的太阳能热水系统。

7.2.2.2　系统分析

　　强制循环太阳能热水系统又分直接系统和间接系统两种。

（1）直接系统

　　直接系统管路中不设置换热器，水在水泵驱动下经过集热器直接进入贮水箱，因此贮水箱内的水得到充分的混合，可以假设贮水箱内的水温为某一个均匀温度 T_s。当系统作无负荷循环集热时，贮水箱的能量平衡方程为

$$(mC_p)_s \frac{dT_s}{d\tau} = (Q_u)_s - (UA)_s(T_s - T_a) \tag{7-12}$$

　　集热器的能量平衡方程为

$$(Q_u)_c = F_R A_c G(\tau\alpha)_e - F_R A_c U_l(T_s - T_a) \tag{7-13}$$

　　系统控制器的工作可以用一个控制函数来表示

$$(Q_u)_c = F(\dot{m}C_p)_c(T_{f,o} - T_s) \tag{7-14}$$

　　式中，F 为控制函数。

　　在强制循环系统中，通常系统流量 $\dot{m}$ 为恒定值。假定 Δ 为设定温差。当 $(T_{f,o} - T_s) \geqslant \Delta$

时，$F=1$，表示控制器闭合，水泵工作；当 $(T_{f,o}-T_s)<\Delta$ 时，$F=0$，表示控制器断开，水泵停运。

假设管路的热损失很小，可以忽略不计，则有 $(Q_u)_s=(Q_u)_c$。将式（7-13）代入式（7-12），有

$F=1$ 时，

$$(mC_p)_s\frac{dT_s}{d\tau}=F_R A_c G(\tau\alpha)_e-[(UA)_s+F_R A_c U_l](T_s-T_a) \tag{7-15}$$

$F=0$ 时，

$$(mC_p)_s\frac{dT_s}{d\tau}=-(UA)_s(T_s-T_a) \tag{7-16}$$

式（7-15）和式（7-16）分别表示系统中水泵工作和不工作两种情况下，贮水箱内温度 T_s 随时间的变化关系。若已知太阳辐照度 G 和环境温度 T_a 随时间变化的关系式，即可采用数值积分的方法求得一天中贮水箱内水的温度 T_s 的变化情况。计算结果表明，由于强制循环太阳能热水系统中破坏了贮水箱内的温度分层，系统的年平均效率比自然循环太阳能热水系统低 3%～5%。

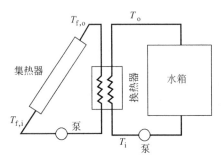

图 7-5　强制循环系统（间接系统）示意图

（2）间接系统

间接系统循环管路中设置换热器，如图 7-5 所示。常用的分析方法是将集热器和换热器合并，视为一个新的集热器。

换热器的能量平衡方程是

$$(Q_u)_c=Q_{HX}=(\dot{m}C_p)_{min}\varepsilon(T_o-T_i) \tag{7-17}$$

式中，$(\dot{m}C_p)_{min}$ 为换热器两侧换热流体中热容流率较小者的值；T_o 为换热器的热流体出口温度，即贮水箱的流体进口温度；T_i 为换热器的冷流体进口温度，即贮水箱的流体出口温度；ε 为换热器的有效度，对逆流式换热器而言，有

$$\varepsilon=\frac{1-e^{-NTU(1-C^*)}}{1-C^* e^{-NTU(1-C^*)}} \tag{7-18}$$

$$NTU=\frac{(UA)_{HX}}{(\dot{m}C_p)_{min}} \tag{7-19}$$

$$C^*=\frac{(\dot{m}C_p)_{min}}{(\dot{m}C_p)_{max}} \tag{7-20}$$

式中，NTU 为传热单元数；$(UA)_{HX}$ 为换热器的传热系数和换热表面积的乘积；C^* 为换热器两侧换热流体中热容流率较小值与较大值之比。

由集热器和换热器合并后的新集热器的能量平衡方程为

$$(Q_u)_c'=A_c F_R'[G(\tau\alpha)_e-U_l(T_i-T_a)] \tag{7-21}$$

式中，F_R' 为集热器和换热器组合而成的新集热器的热迁移因子。

由于间接系统中增加了换热器，因传热温差的存在使系统效率有所降低，为描述换热器对集热器性能的削弱程度，引入换热器因子 F_{HX}，定义为有换热器时集热器的有用能量收益与没有换热器且集热器的流体进口温度等于贮水箱温度时的有用能量收益之比。

换热器因子 F_{HX} 的数学表示式为

$$F_{HX}=\frac{(Q_u)'_c}{(Q_u)_c}=\frac{F'_R}{F_R}=\cfrac{1}{1+\left[\cfrac{F_RU_1A_c}{(\dot mC_p)_c}\right]\left[\cfrac{(\dot mC_p)_c}{\varepsilon(\dot mC_p)_{min}}-1\right]} \tag{7-22}$$

由于系统中换热器的存在，降低了系统的有用能量收益，为使系统保持原有的有用能量收益，需额外补偿的能量为

$$\Delta Q_u=(1-F_{HX})Q_u \tag{7-23}$$

或需要增加的集热面积为

$$\Delta A_c=\left(\frac{1}{F_{HX}}-1\right)A_c \tag{7-24}$$

根据技术经济分析，求得换热器的最佳换热面积为

$$(A_{HX})_{opt}=A_c\frac{ZF_RU_1}{U_{HX}}\ln\left[1+B+\sqrt{B(2+B)}\right] \tag{7-25}$$

$$Z=\frac{(\dot mC_p)_c}{(1-C^*)F_RU_1A_c}$$

$$B=\frac{C_cU_{HX}}{2F_RC_{HX}U_1Z^2}$$

式中，U_{HX} 为换热器换热损失系数；C_c 为单位面积集热器的费用；C_{HX} 为单位换热面积换热器和相应管路的费用。

设计时，将 $(A_{HX})_{opt}$ 代入式（7-19），并利用式（7-22）计算出集热器和换热器组合而成的新集热器的热迁移因子 F'_R，然后再利用式（7-15）和式（7-16）计算有换热器的强制循环太阳能热水系统的性能。

为计算方便，将 F_{HX} 与 $\varepsilon(\dot mC_p)_{min}/(\dot mC_p)_c$ 和 $(\dot mC_p)_c/(F_RU_1A_c)$ 的关系用图 7-6 表示。

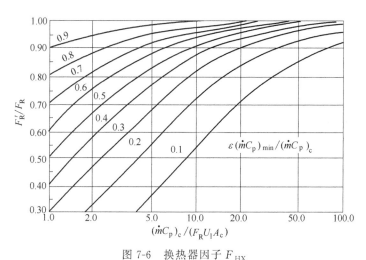

图 7-6　换热器因子 F_{HX}

7.2.2.3　集热器组的流量分配

大、中型太阳能热水系统往往是由多个集热器或集热模块以一定的连接方式组合在一起

的，系统的设计与性能计算，都是假设单个集热器或者集热模块中流体流量均匀，否则，流量小的集热器因其工作温度较高而使热损失增大，从而导致整个系统的日效率降低。因此，为确保系统的热性能，要求流经每个集热器或集热模块的流量应尽量均匀，这对大型强制循环太阳能热水系统尤为重要。

图 7-7 为强制循环运行条件下，12 台平板型集热器并联组成的太阳能热水系统集热器集热板上的温度分布曲线，可以看出，在大流量条件下，从中心集热器到边缘集热器之间的最大温度差高达 22℃。如果将集热器的连接方式改为并串联组合，则可以得到较为均匀的流量分配及温度分布，如图 7-8 所示。因此，在设计大型强制循环太阳能热水系统时，必须从流量分配的角度考虑系统中集热器阵列的连接方式。

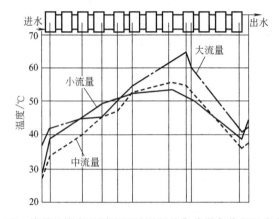

图 7-7 并联系统在不同流量时测得的集热器集热板温度分布

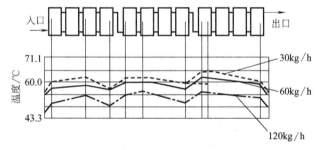

图 7-8 并串联组合系统的集热器集热板温度分布

7.2.3 直流式太阳能热水系统

7.2.3.1 工作原理

直流式太阳能热水系统是使水一次通过集热器加热后便进入贮水箱或用水点的非循环热水系统。直流式系统通常有热虹吸型及定温放水型两种。

(1) 热虹吸型

热虹吸型直流系统由集热器、贮水箱、补给水箱和连接管路组成，如图 7-9(a) 所示。其工作原理是，当有太阳照射时，集热器中的水温度升高，回路中产生热虹吸压头，热水不断从上升管流入贮水箱，补水箱中的冷水经下降管补入集热器，形成自然循环。当无太阳照射时，集热器、上升管和下降管中均充满水且温度一致，故不流动。这种热虹吸型直流热水系统的流量具有自调节功能，但热水温度不能调节，并且要求补水箱中的水位与集热器热水出口管最高位置一致。

（2）定温放水型

为了得到温度符合用户要求的热水，通常采用定温放水型直流式太阳能热水系统，如图7-9(b) 所示。集热器进口管与自来水管连接。集热器内的水受太阳辐射能加热后，温度逐步升高。在集热器出口处安装测温元件，通过温度控制器，控制安装在集热器进口管路上电磁阀的开度，根据集热器出口温度来调节集热器进口水流量，使出口水温始终保持恒定。这种系统运行的可靠性取决于变流量电磁阀和控制器的工作质量。

也可以将电磁阀安装在集热器出口处，而且电磁阀只有开启和关闭两种状态。当集热器出口温度达到某一设定值时，通过温度控制器开启电磁阀，热水从集热器出口流入贮水箱，与此同时自来水补充进入集热器，直至集热器出口温度低于设定值时，关闭电磁阀。

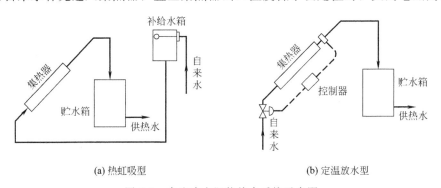

(a) 热虹吸型　　　　　　　(b) 定温放水型

图 7-9　直流式太阳能热水系统示意图

直流式太阳能热水系统有许多优点：

① 不需要设置水泵。

② 贮水箱可以放置在室内。

③ 每天只要有见晴的时间，就可以得到可用热水，且与循环系统相比可以较早地得到可用热水。

④ 集热器容易实现冬季排空防冻设计。

⑤ 避免了冷热水在贮水箱中的掺混。

直流式系统的主要缺点是系统运行的可靠性依赖于温度控制器和电磁阀的质量。

7.2.3.2　系统分析

直流式太阳能热水系统中的贮水箱仅具有盛积从集热器排放出来的热水的功能。若贮水箱保温良好，其热损失可以忽略不计，则系统的日平均效率仅取决于集热器的瞬时效率。

集热器的瞬时有用能量收益方程为

$$Q_u = A_c F_R [G(\tau\alpha)_e - U_l(T_{f,i} - T_a)] = \dot{m} C_p (T_{f,o} - T_{f,i}) \tag{7-26}$$

在定温放水直流系统中，集热器的进出口温度 $T_{f,i}$、$T_{f,o}$ 均为定值，$\dot{m}$ 的大小取决于集热器的热性能以及集热器的进出口水温差，并随一天中太阳辐照度和环境温度的变化而有不同的数值。

由式 (7-26) 可以得出系统的瞬时流量为

$$\dot{m} = \frac{A_c F_R [G(\tau\alpha)_e - U_l(T_{f,i} - T_a)]}{C_p (T_{f,o} - T_{f,i})} \tag{7-27}$$

将第 3 章中的式（3-73）代入式（7-27），整理后可得

$$\dot{m} = \frac{F'U_1 A_c}{C_p \ln \left[1 - \dfrac{U_1 (T_{f,o} - T_{f,i})}{G(\tau\alpha)_e - U_1 (T_{f,i} - T_a)} \right]} \qquad (7\text{-}28)$$

这样，不同时刻集热器的瞬时效率为

$$\eta = \frac{\dot{m} C_p \Delta T_c}{A_c G} \qquad (7\text{-}29)$$

式中，ΔT_c 为在相应的 $\Delta\tau$ 时间间隔内，集热器的进出口水温差。

从开始至某时刻 τ 的系统平均效率为

$$\eta_{ST} = \frac{(\sum \dot{m} \Delta\tau) C_p \Delta T_c}{A_c (\sum G \Delta\tau)} \qquad (7\text{-}30)$$

理论计算和实验结果表明，直流式太阳能热水系统和自然循环太阳能热水系统相比，当采用相同的集热器和相同的系统保温设计，且直流式系统的设定供水温度等于同类集热器组成的自然循环系统一天运行的终止温度时，两者的日平均效率几乎相等。实际上，直流式系统是一种贮水箱与集热器进口冷水管分开的系统，其工作过程类似于贮水箱中温度分层良好的自然循环系统一天内流体一次循环的过程。

7.3 太阳能热水系统的技术要求

太阳能热水系统及其选用的部件产品必须符合国家相关产品标准的规定，必须有产品合格证和安装使用说明书；应有国家授权质量检验机构出具的性能参数检测报告和证书。在设计时，宜优先采用通过产品认证的太阳能热水系统及部件产品。

太阳能热水系统应满足安全、适用、经济、美观的原则，并应便于安装、清洁、维护和局部更换。

7.3.1 系统形式

完整的太阳能热水系统包括两部分，一部分是太阳能集热系统，相当于常规生活热水系统的热源部分；另一部分是热水配水系统，将热水送到各用水点，形式与常规生活热水系统基本相同。贮水箱是这两部分的结合点。

7.3.1.1 太阳能集热系统

（1）集中系统

同时为多栋建筑物或单栋多、高层建筑物集中供应热水的系统。适宜用在公共建筑或多层公寓住宅中，如旅馆、医院、学校等民用建筑。

集中系统中太阳能集热系统的太阳能集热器面积由系统所供应的全部用户共享。贮水方式可以是集中贮水，也可以是分户贮水。可以是集中辅助热源，也可以是分户辅助热源。

集中系统中的太阳能集热系统宜采用贮水箱和太阳能集热器分离的形式，宜优先选用间接系统，系统循环宜选用机械循环方式。

集中集热太阳能热水系统在设计时需注意以下问题：

① 太阳能集热器的设置。对于集中集热的太阳能热水系统，由于所需设置的太阳能集热器面积较大，设计时将其合理的布局并与建筑有机结合最为重要。太阳能集热器面积应根

据热水用量、建筑物可能允许安装的面积以及场地可安置面积、当地的气候条件、供水水温等因素综合考虑。集热器应满足其每日日照时数不少于 4h 的要求。

②　贮水箱的设置。采用集中集热、集中贮水的太阳能热水系统，贮水箱的容积相对较大，设计时应根据建筑的性质、功能以及建筑规划、建筑平面布局条件合理地确定贮水箱的位置。

贮水箱的容量一般等于每日的热水用量。集中贮水的贮水箱可设置在屋顶顶层、阁楼间、地下室、车库、设备间或为贮水箱特别设计的设备间内，需按要求做保温处理。有条件时，贮水箱宜靠近太阳能集热器，以减少其连接管线中的热损耗。贮水箱所在的位置应具有相应的排水、防水措施，其周围应留有足够的安装、检修空间，净空不宜小于 600mm。

③　合理、有序地安排各种管道、管线在建筑中的空间位置，既要做到有组织布局、安全隐蔽，又要便于维护、检修。

④　辅助热源的选用及安置的位置。根据建设地点的实际条件以及太阳能热水系统的具体需求、经济性等因素确定辅助热源的种类及供给方式。辅助热源宜靠近贮水箱。

⑤　供热水终端需装有计量装置。

（2）分散系统

分散集热太阳能热水系统是目前较为常见的太阳能热水系统，适宜用在独立住宅、低层联排住宅中，也可用在多层公寓住宅中。该系统的特点是太阳能集热器分散分户设置，贮水箱、管道、辅助热源等辅助设施都按需要分户设置。

分散集热太阳能热水系统中太阳能集热器分散布置、分户使用，由于每户所需的太阳能集热器面积不大，在建筑中布置的可能位置较多，也较灵活。在设计时需注意以下问题：

①　太阳能集热器的放置位置应与整体建筑风格相协调，使其成为建筑物的有机组成部分。

②　满足集热器有不少于 4h 的日照时数，避免周围环境景观及建筑自身对集热器的遮挡。

③　集热器的锚固应牢固可靠。

④　贮水箱可灵活设置，但贮水箱的位置宜与太阳能集热器位置靠近，以减少管道中的热损耗。

⑤　有组织、有秩序地安排众多管道、管线在建筑中的空间位置，做到布置有序、安全隐蔽又便于维护、检修。

7.3.1.2　热水配水系统

热水配水系统的供热水方式、供热水量、水温等应符合《建筑给水排水设计标准》（GB 50015—2019）的要求。供应生活热水的水质卫生标准，应符合国家现行标准《生活饮用水卫生标准》（GB 5749—2006）的要求。

（1）集中系统

集中系统的热水配水系统形式应按《建筑给水排水设计标准》（GB 50015—2019）的相关规定和用户的具体要求选择确定，设计时应注意以下几个问题：

①　系统循环管道宜采用同程布置方式，并设循环泵，采用机械循环。

②　当给水管道的水压变化较大且用水点要求水压稳定时，宜采用开式系统或采取稳压措施；对水质要求较高和不宜设置高位水箱的建筑，宜采用闭式系统。

③　热水配水系统应保证干管和立管中的热水循环；对要求随时取得不低于规定温度的热水的建筑物，应保证支管中的热水循环，或有保证支管中热水温度的措施。

④ 当卫生设备设有冷热水混合器或混合龙头时，冷、热水供应系统在配水点处应有相近的水压。

⑤ 热水配水系统应具有计量供水功能，应在入户供热水管路上装设热水表。

（2）分散系统

分散系统的热水配水系统形式应按《建筑给水排水设计标准》（GB 50015—2019）的相关规定和用户的具体要求选择确定，设计时应注意以下几个问题：

① 系统循环可根据具体条件选用机械循环或自然循环，宜优先选用机械循环。

② 当给水管道的水压变化较大且用水点要求水压稳定时，宜采用开式系统或采取稳压措施；对水质要求较高和设置高位水箱有困难的建筑，宜采用闭式系统。

③ 对要求随时取得不低于规定温度的热水的建筑物，应有保证支管中热水温度的措施。

④ 当卫生设备设有冷热水混合器或混合龙头时，冷、热水供应系统在配水点处应有相近的水压。

⑤ 热水配水系统可根据具体情况确定是否需要设置热水计量装置。

7.3.2   系统性能

太阳能热水系统的性能包括热性能、安全性能和耐久性能。

7.3.2.1   热性能

（1）系统的供水温度

太阳能热水系统的供水水温应按《建筑给水排水设计标准》（GB 50015—2019）中的相关规定执行。

在日太阳辐照量为 $17MJ/m^2$、日平均环境温度在 $15\sim30℃$ 范围内、环境风速 $\leq4m/s$、集热开始时贮水箱内水温 $20℃$ 条件下，集热结束时，太阳能热水系统贮水箱内水的温度应 $\geq45℃$。

应保证安全的供水水温，设置恒温混合阀等装置限制供水温度不致超过规范的要求。

（2）系统的热性能

在日太阳辐照量为 $17MJ/m^2$、日平均环境温度在 $15\sim30℃$ 范围内、环境风速 $\leq4m/s$、集热开始时贮水箱内水温 $20℃$ 条件下，集热结束时，太阳能热水系统的日有用得热量应 $\geq7.8MJ/m^2$；平均热损失系数应 $<3W/(m^2\cdot℃)$。

7.3.2.2   安全性能

太阳能热水系统的安全性能是系统最重要的技术指标，在《民用建筑太阳能热水系统应用技术标准》（GB 50364—2018）中，涉及系统安全性的条文全部是强制性条款。

（1）水压

太阳能热水系统的供水压力，应符合《建筑给水排水设计标准》（GB 50015—2019）的相关要求。应能满足卫生器具要求的最低工作压力。

（2）耐压

太阳能热水系统应具备一定的承压能力，应能承受系统设计所规定的工作压力，并通过水压试验的检验。试验压力应为工作压力的 1.5 倍。设计未注明时，开式太阳能集热系统应以系统顶点工作压力加 0.1MPa 进行水压试验，闭式太阳能集热系统和供热水系统应按现行国家标准《建筑给水排水及采暖工程施工质量验收规范》（GB 50242—2002）的规定执行。

（3）过热保护

太阳能热水系统应设置过热保护措施，能在高太阳辐照而且有用热量消耗较少的条件下正常运行。

太阳能热水系统在通过某一部件排放一定量蒸汽或热水作为过热保护时，不应由于排放蒸汽或热水而对用户构成危险。在按照国家标准进行过热保护试验时，应无蒸汽从任何阀门及连接处排放出来。

太阳能热水系统的过热保护依赖于电控或冷水等措施时，其产品使用说明书中应有清楚的标注说明。对于因特殊要求向用户提供温度超过 60℃ 的太阳能热水系统，其产品使用说明书中应有提示用户防止烫伤的说明。

（4）电气安全

太阳能热水系统中配置的电器设备，其电气安全性应符合相关国家标准的规定。太阳能热水系统中所使用的电器设备应有剩余电流保护、接地和断电等安全措施。

（5）其他安全装置

太阳能热水系统中应设置安全泄压阀和膨胀罐/箱等安全装置。太阳能集热器组中每个可以关闭的回路应至少安装一个安全阀。

7.3.2.3　耐久性能

（1）使用寿命

太阳能热水系统的正常使用寿命应在 10 年以上。

（2）耐冻

太阳能热水系统应具有防冻功能。

当太阳能集热器不能满足系统安装地点的抗冻要求时，对于直接系统，应能在需要时将系统中的水或系统室外部分水排回专用的贮水箱，但用于排水的自动温控系统本身应具有防冻功能。对于机械循环系统，也可采用定温循环防冻的措施。

当太阳能集热器可以满足系统安装地点的抗冻要求时，可采用使循环管路中的水回流，或设置自控温电热带等方式防冻。

对于间接系统，在系统中使用防冻集热介质进行防冻时，集热介质的凝固点应低于系统使用期内的最低环境温度。

（3）抗风

太阳能热水系统安装在室外的部分应有可靠的防风措施，应能经受不低于当地历史最大风力的负载，按该风荷载的标准值，根据规范计算抗风负载和设计抗风措施。

（4）抗冰雹

太阳能热水系统应能抗击冰雹和其他与冰雹质量相同的下落重物的撞击，应能通过国家标准规定的耐撞击试验而无破损现象。

（5）雷电保护

新建建筑太阳能热水系统的设计应符合国家标准《建筑物防雷设计规范》（GB 50057—2010）中的有关规定。如太阳能热水系统不处于建筑物上避雷系统的保护中，应按《建筑物防雷设计规范》（GB 50057—2010）的有关规定增设避雷措施。

既有建筑上安装太阳能热水系统，应按《建筑物防雷设计规范》（GB 50057—2010）的有关规定增设避雷措施。

（6）淋雨

太阳能热水系统应有抵抗雨水冲刷而不被浸入的能力，按国家标准的规定完成淋雨试验后，不允许有雨水浸入太阳能热水系统的集热器、水箱、通气口和排水口等。

（7）防热冲击

太阳能热水系统应能耐受系统内部突然的冷热水交换，以及外部环境导致的突然热冲击。在按国家标准规定完成内、外热冲击试验后，应无裂纹、变形、毁坏、水凝结或浸水现象发生。

（8）防过热

太阳能热水系统应设置过热保护装置，以保证系统在过热状态下的安全性，防止系统被损坏。封闭式系统应安装安全阀或其他过热保护措施，系统部件和安全阀之间不允许安装任何阀门；间接系统使用防冻液时，防冻液的沸点应高于太阳能集热器的最高闷晒温度，防冻液不应因高温条件而变质。

（9）防倒流

太阳能热水系统的集热部分应有防倒流措施。如集热部分是采用自然循环，贮水箱底部应高于集热器顶部；如集热部分是机械循环，应设置止回阀或其他防倒流装置。

（10）抗震

太阳能热水系统安装在室外的部分应考虑抗震设计要求。

7.4   太阳能热水系统的节能效益分析

太阳能热水系统的节能效益分析，按评估依据和评估时期分为两类：太阳能热水系统节能效益的预评估和太阳能热水系统节能效益的长期监测。

太阳能热水系统节能效益预评估是在系统设计完成后，根据太阳能热水系统形式、太阳能集热器面积和太阳能集热器性能参数、设计的集热器倾角及当地的气象条件，在系统寿命期内的节能效益分析。

太阳能热水系统节能效益的长期监测是指太阳能热水系统建成投入运行后，对于系统的运行进行监测，通过对监测数据的分析，得到实际的节能效益。

太阳能热水系统节能效益的分析评定指标包括：

① 太阳能热水系统的年节能量。

② 太阳能热水系统的节能费用。包括简单年节能费用和在寿命期内的总节省费用。

③ 太阳能热水系统增加的初投资回收年限（增投资回收期）。包括静态回收期和动态回收期。

④ 太阳能热水系统的环保效益。包括二氧化碳减排量、二氧化硫减排量等。

7.4.1   太阳能热水系统节能效益预评估

7.4.1.1   太阳能热水系统的年节能量预评估

系统设计完成后，根据相关设计参数，可计算出系统提供的有用能量，即

$$\Delta Q_{\text{save}} = A_c J_T (1 - \eta_c) \eta_{cd} \qquad (7\text{-}31)$$

式中，ΔQ_{save} 为太阳能热水系统提供的有用能量，MJ；J_T 为太阳能集热器采光表面上的年总太阳能辐照量，MJ/m^2；η_{cd} 为太阳能集热器的年平均集热效率；η_c 为管路和水箱的热损失率。

太阳能热水系统的节能量是相对于常规能源加热系统的节能量，因此，系统的节能量应折算成一次能源。系统的节能量计算与辅助热源系统所使用的常规能源形式和设备的工作效率有关，应在考虑辅助热源系统工作效率的影响因素后，将太阳能集热系统提供的有用得热量折算成系统的节能量。

(1) 以电为辅助热源

应将节能量先换算为 kWh 的单位，再按系统建设当年我国的单位供电煤耗直接折算成标准煤后，即为太阳能热水系统的节能量，即

$$\Delta Q_s = \frac{29.308 Ce \Delta Q_{\text{save}}}{3600 \eta_s} \tag{7-32}$$

式中，ΔQ_s 为太阳能热水系统的年节能量，MJ；η_s 为辅助热源系统的效率；Ce 为系统建设当年我国单位供电煤耗，g/kWh。

(2) 以其他一次能源为辅助热源

以天然气等其他形式的一次能源为辅助热源的，太阳能热水系统年节能量可按下式计算

$$\Delta Q_s = \frac{\Delta Q_{\text{save}}}{\eta_s} \tag{7-33}$$

需要说明的是，由于我国目前的电费计价体系已包括全部发电成本，在进行节能费用预评估时，无论是以电还是以其他一次能源作为辅助热源，年节能费用均应按式 (7-33) 计算。

7.4.1.2 太阳能热水系统的节能费用预评估

太阳能热水系统的节能费用预评估指标包括：用于静态回收期计算的简单年节能费用、用于动态回收期计算的寿命期内的总节省费用。

(1) 简单年节能费用

估算简单年节能费用的目的是让系统的使用者了解太阳能热水系统投入运行后所能节省的常规能源消耗费用；在建设项目运作初期，让投资者了解太阳能热水系统的静态回收期，确定投资规模。

简单年节能费用的计算公式为

$$W_j = C_c \Delta Q_s \tag{7-34}$$

式中，W_j 为太阳能热水系统的简单年节能费用，元；C_c 为系统设计当年的常规能源热价，元/MJ。

(2) 寿命期内太阳能热水系统的总节省费用

寿命期内太阳能热水系统的总节省费用是考虑系统的维修费用、年燃料价格上涨等影响因素，系统在寿命期内能够节省的资金总额，可用于系统动态回收期的计算，从而让系统的投资者更为准确地了解系统的增初投资可以在多少年后被补偿回收。

寿命期内总节省费用的计算公式为

$$SAV = PI(\Delta Q_s C_c - A_d C_m) - A_d \tag{7-35}$$

式中，SAV 为系统寿命期内总节省费用，元；PI 为折现系数；A_d 为太阳能热水系统

总增投资，元；C_m 为每年用于与太阳能热水系统有关的维修费用（包括太阳能集热器维护、集热系统管道维护和保温等费用）占总增投资的比例，一般取 1%。

折现系数 PI 按下式计算

$$PI = \frac{1}{d-e}\left[1-\left(\frac{1+e}{1+d}\right)^n\right] \quad (d \neq e) \tag{7-36}$$

$$PI = \frac{n}{1+d} \quad (d=e) \tag{7-37}$$

式中，d 为年市场折现率，可取银行贷款利率；e 为年燃料价格上涨率；n 为经济分析年限，从系统开始运行算起，集热系统寿命一般为 10~15 年。

7.4.1.3　太阳能热水系统增投资回收期的预评估

太阳能热水系统中一般都需设置常规能源水加热装置，因此，太阳能热水系统的初投资要高于常规热水系统，其投资组成如图 7-10 所示。图 7-10 中的虚线部分是太阳能热水系统的增投资，即太阳集热系统的投资部分。一个设计合理的太阳能热水系统，应能在寿命期内用节省的总费用补偿增加的初投资，完成补偿的总累积年份即为增投资的回收年限或增投资回收期。

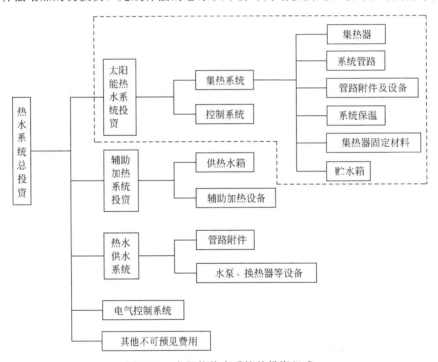

图 7-10　太阳能热水系统的投资组成

增投资回收期有两种算法，即静态回收期计算法和动态回收期计算法。两种算法的差别在于静态回收期没有考虑资金折现系数的影响，但计算简便；而动态回收年限考虑了折现系数的影响，更加准确。

(1) 静态回收期计算法

静态回收期常用于概念设计阶段，计算时不考虑银行贷款利率、常规能源上涨率等因素的影响。

$$Y_t = W_z/W_j \tag{7-38}$$

式中，Y_t 为太阳能热水系统的静态回收期；W_z 为太阳能热水系统与常规热水系统相比增加的初投资；W_j 为太阳能热水系统的简单年节能费用。

（2）动态回收期计算法

当太阳能热水系统运行 m 年后节省的总资金与系统的增加初投资相等时，$SAV=0$，即

$$PI(\Delta Q_s C_c - A_d C_m) = A_d \tag{7-39}$$

此时的总累计年份 m 即为系统的动态回收期 N_e。

$$N_e = \frac{\ln[1-PI(d-e)]}{\ln\left(\frac{1+e}{1+d}\right)} \quad (d \neq e) \tag{7-40}$$

$$N_e = PI(1+d) \quad (d=e) \tag{7-41}$$

7.4.1.4　太阳能热水系统费效比

太阳能热水系统费效比是指太阳能热水系统在寿命期内的节能量与系统增投资的比值。该值反映了太阳能热水系统每节省 1kWh 热水终端用能所需要的投资成本。

$$RCE = \frac{3.6 A_d}{n \Delta Q_s} \tag{7-42}$$

式中，RCE 为太阳能热水系统费效比，元/kWh；n 为系统寿命期，a。

7.4.1.5　太阳能热水系统环保效益的评估

太阳能热水系统的环保效益体现在因节省常规能源而减少了污染物的排放，主要指标为 CO_2、SO_2 及烟尘的减排量。

（1）CO_2 减排量评估

由于不同能源的单位质量含碳量不相同，燃烧时生成的 CO_2 数量也各不相同。所以，常用的 CO_2 减排量计算方法是先将系统寿命期内的节能量折算成标准煤的质量，然后根据系统所使用的辅助能源，乘以该种能源所对应的碳排放因子，将标准煤中碳的含量折算成该种能源的含碳量后，再计算该太阳能热水系统的二氧化碳减排量。即

$$Coal = \frac{n \Delta Q_s}{29.308} \tag{7-43}$$

$$Q_{CO_2} = \frac{Coal \times F_{CO_2} \times 44}{12} \tag{7-44}$$

式中，$Coal$ 为寿命期内系统节约标准煤的质量，kg；Q_{CO_2} 为系统寿命期内二氧化碳减排量，kg；F_{CO_2} 为碳排放因子，取值见表 7-2。

表 7-2 碳排放因子

辅助能源	煤	石油	天然气	电
碳排放因子/(kg 碳/kg 标准煤)	0.726	0.543	0.404	0.866

（2）SO_2 减排量评估

SO_2 减排量的评估计算参照环保部门的计算方法进行，即

$$\text{生活源 } SO_2 \text{ 排放量} = \text{生活及其他煤炭消费量} \times \text{含硫率} \times 0.8 \times 2 \tag{7-45}$$

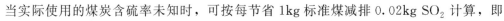

当实际使用的煤炭含硫率未知时，可按每节省 1kg 标准煤减排 0.02kg SO_2 计算，即

$$Q_{SO_2}=0.02Coal \tag{7-46}$$

式中，Q_{SO_2} 为系统寿命期内 SO_2 减排量，kg。

(3) 烟尘减排量评估

烟尘减排量与烟尘的产生量、除尘设备的去除率有关，而烟尘的产生量又与燃烧方式、燃料的种类等有关。烟尘排放量用下式计算

$$Q_{ycp}=E_{fs}(1-\eta) \tag{7-47}$$

式中，Q_{ycp} 为烟尘排放量，kg；E_{fs} 为烟尘产生量，kg；η 为除尘设备的去除率，与除尘方式有关，如不能确定除尘方式，可按 78% 计算。

当烟尘产生量未知时，可按每节省 1kg 标准煤减排 0.01kg 烟尘计算，即

$$Q_{ycp}=0.01Coal \tag{7-48}$$

7.4.2　太阳能热水系统节能效益的长期监测

太阳能热水系统的长期监测是为了评估系统的运行是否达到了设计要求。通过对监测数据的分析，评估太阳能热水系统运行的实际效果。

(1) 太阳能热水系统节能效益的监测

太阳能热水系统监测评价指标包括太阳能保证率和太阳能集热系统效率。

① 太阳能保证率即太阳能热水系统中由太阳能部分提供的能量占系统总负荷的比例。

$$f=\frac{Q_s}{Q_R} \tag{7-49}$$

式中，f 为太阳能保证率，%；Q_s 为实测太阳能集热系统提供的热量，MJ；Q_R 为实测热水系统需要提供的热量，MJ。

② 太阳能集热系统效率为在一定的集热器面积条件下，集热器得到的有用太阳能量占可用太阳能量的比值。该值反映了集热器吸收太阳辐射能的性能、系统管道保温效果和贮水箱的保温效果等。

$$\eta=\frac{Q_s}{AH_t} \tag{7-50}$$

式中，η 为太阳能集热系统效率，%；A 为集热器面积，m^2；H_t 为集热器表面上的太阳辐照量，MJ/m^2。

(2) 太阳能热水系统的节能收益

将当年的节能量（ΔQ_s）乘以当年的常规能源价格（C_c），再减去当年的维护费用，即为当年的节能收益。

$$C_s=\Delta Q_s C_c - C_m \tag{7-51}$$

式中，C_s 为年节能收益，元；C_m 为年维护费用，元。

习题

1. 试述自然循环系统的工作原理及优缺点。
2. 试分析集热器和贮水箱的高度差对自然循环系统热性能的影响。

3.试分析平板型集热器倒流逆循环产生的原因。

4.简述自然循环系统中管路的配置原则。

5.简述自然循环系统中系统连接口的布置原则。

6.简述强制循环系统的工作原理及组成。

7.直流式太阳能热水系统有哪几种？分别简述其工作原理。

8.什么是太阳能热水系统的太阳能保证率？

9.太阳能热水系统的安全性能是系统最重要的技术指标，试简述太阳能热水系统的安全性能。

10.对于使用防冻液的太阳能热水系统，对防冻液的要求有哪些？

11.应从哪些方面分析太阳能热水系统的经济效益及环保效益？

第 **8** 章

太阳能热水系统设计

8.1 概述

太阳能热水系统主要由太阳能集热系统、换热蓄热装置、辅助能源系统、控制系统、泵、连接管道和热水供应系统构成。其中太阳能集热系统和辅助能源系统是系统能源供应部分；换热蓄热装置是能源的储存部分；热水供应系统是能源利用部分。

太阳能热水系统的设计包含以下内容：

① 确定系统运行方式。

② 太阳能集热器选型。

③ 太阳能集热器面积确定。

④ 贮水箱设计。

⑤ 辅助热源选择与系统设计。

⑥ 系统布局、太阳能集热器倾角与前后排间距确定。

⑦ 泵、阀及管路选型与管路系统设计。

⑧ 电气控制系统设计。

⑨ 管路与设备的保温与防冻。

⑩ 系统安全防护（防雷、防雨、防漏电、防腐蚀、抗风雪等）。

为使设计出的太阳能热水系统能更好地满足用户需求，在进行太阳能热水系统设计前，应调查用户的基本情况，包括：

① 环境条件。月均日辐照量、地处纬度、日照时间、环境温度、风速、是否安装在风口、雷击状况等。

② 用水条件。热水用途、用水量（每天总用水量）、用水方式（用水时间、用水次数）、用水温度、用水位置（水位落差）、用水流量等。

③ 场地情况。场地面积、场地形状、建筑物承载能力、遮挡情况等。

④ 水电情况。水压、电压、供应情况、冷水温度等。

⑤ 辅助能源情况。是否要求配置辅助能源、配置辅助能源的种类（电、燃油、燃气、蒸汽、热泵等），如果使用原有的辅助能源设备，应了解设备的型号、类别、供热方式等。

⑥ 管理方式。是否专人管理、是否要求全自动控制、是否要求自动计量计费等。

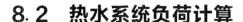
8.2 热水系统负荷计算

组成太阳能热水系统的两个子系统为太阳能集热系统和热水供应系统，两者在选型时所依据的系统负荷是不一样的。太阳能集热系统是根据月平均日用热水量来选取太阳能集热器的面积，而热水供应系统则是根据最高日用水量来确定系统设备和管路。本节主要介绍与热水供应系统有关的负荷，与太阳能集热系统相关的负荷和参数计算在下节中介绍。

8.2.1 热水量

住宅和公共建筑内生活热水用水定额应根据水温、卫生设备完善程度、热水供应时间、当地气候条件、生活习惯和水资源情况等确定。不同类别建筑物的用水要求在《建筑给水排水设计标准》（GB 50015—2019）中有明确规定。

设计日热水量按下式计算

$$q_{rd} = q_r m \tag{8-1}$$

式中，q_{rd} 为设计日热水量，L/d；m 为用水计算单位（人数或床位数）；q_r 为热水用水定额，L/（人·d）或 L/（床·d），按附表 9 中最高日用水定额选用。

设计小时热水量可按下式计算

$$q_{rh} = K_h \frac{q_r m}{t} \tag{8-2}$$

式中，q_{rh} 为设计小时热水量，L/h；K_h 为小时变化数，按附表 11 选用；t 为每日使用时间，h，按附表 9 选用，全日供应热水时，$t = 24$h。

8.2.2 设计小时耗热量和设计小时热水量

(1) 设计小时耗热量

① 设有集中热水供应系统的居住小区的设计小时耗热量，应按下列规定计算：a. 当居住小区内配套公共设施的最大用水时段与住宅的最大用水时段一致时，应按两者的设计小时耗热量叠加计算。b. 当居住小区内配套公共设施的最大用水时段与住宅的最大用水时段不一致时，应按住宅的设计小时耗热量与配套公共设施的平均小时耗热量叠加计算。

② 宿舍（居室内设卫生间）、住宅、别墅、酒店式公寓、招待所、培训中心、普通旅馆、宾馆的客房（不含员工）、医院住院部、养老院、幼儿园、托儿所（有住宿）、办公楼等建筑的全日热水供应系统的设计小时耗热量应按式（8-3）计算。

$$Q_h = K_h \frac{m q_r C \rho (T_r - T_l)}{t} C_r \tag{8-3}$$

式中，Q_h 为设计小时耗热量，kJ/h；C 为水的比热容，$C = 4.187$kJ/（kg·℃）；ρ 为热水密度，kg/L；T_r 为热水温度，$T_r = 60$℃；T_l 为冷水温度，℃，按附表 8 选用；C_r 为热水供应系统的热损失系数，$C_r = 1.10 \sim 1.15$；t 为每日使用时间，h，按附表 9 选用。

③ 定时集中热水供应系统，工业企业生活间、公共浴室、宿舍（设公用盥洗卫生间）、剧院化妆间、体育场（馆）运动员休息室等建筑的全日集中热水供应系统及局部热水供应系

统的设计小时耗热量应按式（8-4）计算。

$$Q_h = \sum q_h (T_{r1} - T_1) n_0 b_g \rho C C_r \tag{8-4}$$

式中，q_h 为卫生器具热水的小时用水定额，L/h，按附表 10 取用；T_{r1} 为热水温度，℃，按附表 10 中的使用水温取用；n_0 为同类型卫生器具数；b_g 为同类型卫生器具的同时使用比例，住宅、旅馆、医院、疗养院、卫生间内浴盆或淋浴器可按 70%～100% 计，其他器具不计，但定时连续供水时间应大于等于 2h；工业企业生活间、公共浴室、宿舍（设公共盥洗卫生间）、剧院、体育场（馆）等的浴室内的淋浴器和洗脸盆均按 100% 计，住宅一户带多个卫生间时，可只按一个卫生间计算。

④ 具有多个不同使用热水部门的单一建筑或具有多种使用功能的综合性建筑，当其热水由同一全日热水供应系统供应时，设计小时耗热量可按同一时间内出现用水高峰的主要用水部门的设计小时耗热量加其他用水部门的平均小时耗热量计算。

(2) 设计小时热水量

设计小时热水量可按式（8-5）计算。

$$q_{rh} = \frac{Q_h}{\rho C (T_{r2} - T_1) C_r} \tag{8-5}$$

式中，q_{rh} 为设计小时热水量，L/h；T_{r2} 为设计热水温度，℃。

8.3 太阳能集热系统设计

太阳能集热系统主要包含太阳能集热器、贮水箱、管路及管路附件、泵和控制系统等。太阳能集热器是太阳能热水系统中的核心部件，其性能优劣直接影响到太阳能热水系统的性能。

8.3.1 系统选型

太阳能集热系统选型主要考虑以下因素：

① 太阳能集热器类型。

② 系统运行方式：自然循环或强制循环，闭式系统或开式系统。

③ 换热方式：直接系统或间接系统。

④ 备份热源：电加热器、燃油锅炉、燃气锅炉、燃煤锅炉、生物质锅炉、热泵等。

⑤ 管材和水箱材质。

8.3.1.1 太阳能集热器的选择

以目前的技术而言，平板型集热器和真空管集热器均可以在全国范围内的各类工程中使用，但应综合考虑当地的太阳能资源条件、环境温度、水质条件、经济条件、维护管理、使用寿命、建筑一体化的要求等多方面因素，选用适宜的集热器。一般而言：

① 在不结冰地区全年使用，或虽是结冰地区，但仅是春、夏、秋季不结冰的时候使用时，可选择平板型集热器。

② 结冰地区全年使用，不需要承压运行的，除高寒地区外，均可选用全玻璃真空管集热器。

③ 高寒地区全年使用的，可选择热管集热器，也可选择各种金属流道式真空管集热器，

做成双回路系统。

太阳能集热器选型可按表 8-1 进行。

表 8-1 太阳能集热器选型

相关要素		集热器类型		
		平板型	全玻璃真空管	热管真空管
建筑气候分区	严寒地区	○	—	●
	寒冷地区	○	●	●
	夏热地区	○	●	●
	温和地区	●	●	●
承压能力	开式系统	●	●	●
	闭式系统	●	●	—
换热方式	直接系统	●	●	●
	间接系统	●	—	●
与建筑结合		●	○	●
系统可靠性		高	低	高
系统投资		中	中	高

注：表中"●"为可选用；"○"为有条件选用；"—"为不宜选用。

8.3.1.2 系统类型的选择

太阳能热水系统类型在选择上应根据用户基本条件、用户使用需求及集热器与贮水箱的相对安装位置、与建筑的适配性等因素综合考虑。《建筑给水排水设计标准》（GB 50015—2019）规定太阳能热水系统的选择应遵循以下原则：

① 公共建筑宜采用集中集热、集中供热太阳能热水系统。

② 住宅类建筑宜采用集中集热、分散供热太阳能热水系统或分散集热、分散供热太阳能热水系统。

③ 小区集中热水供应应根据建筑物的分布情况等采用小区共用系统、多栋建筑共用系统或每幢建筑单设系统，共用系统贮水箱的服务半径不应大于 500m。

④ 太阳能集热系统宜按分栋建筑设置，当需合建系统时，宜控制集热器阵列总出口至集热水箱的距离不大于 300m。

⑤ 太阳能热水系统应根据集热器构造、冷水水质硬度及冷热水压力平衡要求等，经比较确定采用直接太阳能热水系统或间接太阳能热水系统。

⑥ 太阳能热水系统应根据集热器类型及其承受压力、集热系统布置方式、运行管理条件等，经比较确定采用闭式太阳能集热系统或开式太阳能集热系统。开式太阳能集热系统宜采用集热、贮热、换热一体间接预热承压冷水供应热水的组合系统。

⑦ 集中集热、分散供热太阳能热水系统采用由集热水箱或由集热、贮热、换热一体间接预热承压冷水供应热水的组合系统直接向分散带温控的热水器供水，且至最远热水器热水管总长不大于 20m 时，热水供水系统可不设循环管道。

系统类型的选择也可参考表 8-2 进行。

表 8-2   太阳能热水系统选型

建筑物类型		居住建筑			公共建筑		
		低层	多层	高层	宾馆	医院	公共浴室
集热与供热水范围	集中集热-集中供热	●	●	●	●	●	●
	集中集热-分散供热	●	●	○	—	—	—
	分散集热-集中供热	●	○	○	—	—	—
系统循环方式	自然循环	●	●	—	●	●	●
	强制循环	●	●	●	●	●	●
	直流系统	—	●	●	●	●	●
换热方式	直接系统	●	●	●	●	—	●
	间接系统	●	●	●	●	●	●
辅助能源安装位置	内置加热系统	●	●	—	—	—	—
	外置加热系统	●	●	●	●	●	●
辅助能源控制方式	全日自动启动系统	●	●	●	●	—	—
	定时自动启动系统	●	●	●	●	●	●
	按需手动启动系统	●	—	—	—	●	●

注：表中"●"为可选用；"○"为有条件选用；"—"为不宜选用。

8.3.1.3   系统循环方式的选择

以加热介质的循环方式可将太阳能热水系统分为三类，即自然循环太阳能热水系统、强制循环太阳能热水系统和直流式太阳能热水系统，这三种介质循环方式几乎涵盖了所有类型的太阳能热水系统。由于现场情况、用户要求等的不同，实际应用中，太阳能热水系统可以是以上三种方式中的一种，也可以是以某一种基本循环方式为主的多种运行方式的组合。

(1) 自然循环太阳能热水系统

自然循环太阳能热水系统无外加循环驱动力，因此该类系统主要适用于家用太阳能热水器和中小型太阳能热水系统。实际使用中主要有两种形式，一种是以多台家用太阳能热水器连接组成的系统，如图 8-1 所示。这种系统的优点是安装简单，施工方便，一般不需要贮水箱，工程成本相对较低，缺点是多个单体贮水箱单位体积散热面积远大于大水箱，且辅助加热难以与整个系统匹配。另一种是由多个集热器、一个贮水箱和管路连接组成较大的自然循环太阳能热水系统，如图 8-2 所示。

自然循环太阳能热水系统要求循环水箱必须高于集热器安装，同时由于流体自身的密度差形成的动力很小，必须采取措施以减小系统的循环阻力。如：选用较大的管径，管路尽量短，尽量少拐弯，防止出现反坡造成气堵，等。自然循环太阳能热水系统的规模一般较小，较大规模的自然循环太阳能热水系统常常分解成多个并联的小系统。

(2) 强制循环太阳能热水系统

强制循环太阳能热水系统是目前应用最为广泛的一种系统，这种系统在集热器和贮水箱之间的管路上设置水泵，作为集热介质的循环动力，系统通常采用定温控制、温差控制、光电控制或定时控制等方式控制水泵的启停，它适用于大、中、小各种规模的太阳能热水系统。几种常见的强制循环太阳能热水系统如图 8-3 所示。

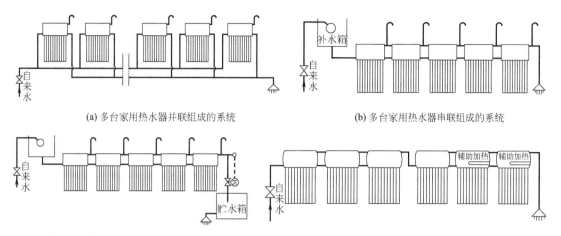

(a) 多台家用热水器并联组成的系统　　　　(b) 多台家用热水器串联组成的系统

(c) 多台家用热水器串、并联组成的定温放水系统　　(d) 多台承压家用热水器串、并联组成的系统

图 8-1　以多台家用太阳能热水器连接组成的系统

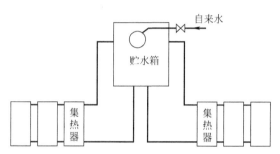

图 8-2　共用一个贮水箱的自然循环太阳能热水系统

图 8-3(a) 为定温循环系统，定温控制是以集热器出口温度作为控制信号，控制系统水泵实现系统自动运行。系统的运行原理是，当太阳能集热器的出口温度达到设定值时，水泵启动，贮水箱下部的冷水把集热器中达到设定温度的热水顶入贮水箱；当集热器内水温低于设定值时，水泵关闭。但该系统存在当贮水箱内的水温全部达到设定值时，循环水泵将一直循环的问题。

图 8-3(b) 为温差循环系统，温差控制是利用集热器出口温度和贮水箱底部水温之间的温度差来控制循环水泵实现系统自动运行。系统的运行原理是，当温差大于设定温度时，循环泵启动，将集热器中的热水导入贮水箱；当温差小于设定值时，循环泵停止运行。该系统可根据贮水箱温度调整集热器运行温度，即使在太阳辐照低的情况下也可以将太阳能转换成热能，系统热效率较高。

图 8-3(c) 为太阳能常压/水箱承压系统，集热介质在集热器和换热器之间进行开路循环，系统中设置的回流水箱可以方便地添加循环介质，解决开路循环回流介质易于蒸发的问题。这种连接方式解决了不能承压的集热器在承压热水供应系统上的应用问题。

图 8-3(d)、图 8-3(e) 两种系统中的集热回路都是承压系统，系统可以采用防冻液作为集热介质，解决了集热循环回路防冻和防垢的问题。这类系统适用于高寒地区全年使用的大规模平板型太阳能热水系统。

强制循环太阳能热水系统是在管路中设置水泵作为循环的驱动力，因此，单个系统的采光面积可以做到数百甚至上千平方米，贮水箱也可以根据现场实际情况摆放在任一安全位

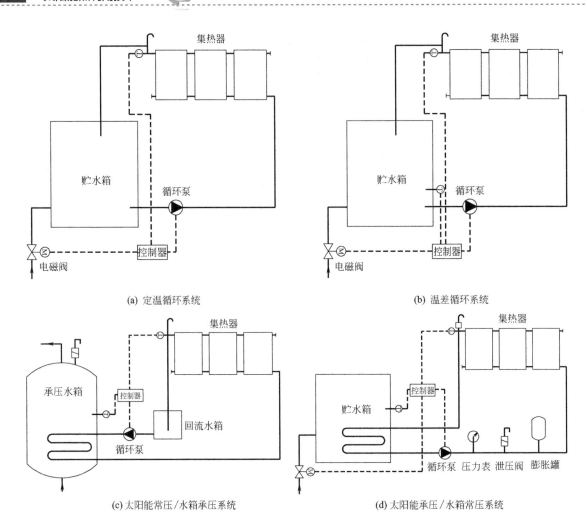

(a) 定温循环系统

(b) 温差循环系统

(c) 太阳能常压/水箱承压系统

(d) 太阳能承压/水箱常压系统

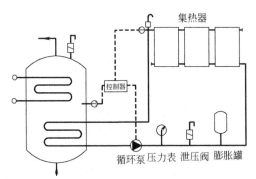

(e) 太阳能承压/水箱承压系统

图 8-3　强制循环太阳能热水系统

置。但强制循环太阳能热水系统需要配置水泵、控制系统等，为保证系统运行的可靠性，需要选用高质量的控制系统，这将导致系统工程成本增加，系统的运营维护费用也相应提高。

(3) 直流式太阳能热水系统

直流式太阳能热水系统是利用控制器使集热介质在自来水压力或其他附加动力的作用

下，直接流过集热器加热的系统，亦称为定温放水系统。工程应用中，这类系统常和温差循环系统结合用于中、大型太阳能热水系统。该系统的优点是可随时将达到设定温度的热水顶入贮水箱中储存，水箱内储存的是达到设定温度的热水，可以实现随时使用热水；缺点是需要解决贮水箱水满溢流的问题。常见的直流式太阳能热水系统如图8-4所示。

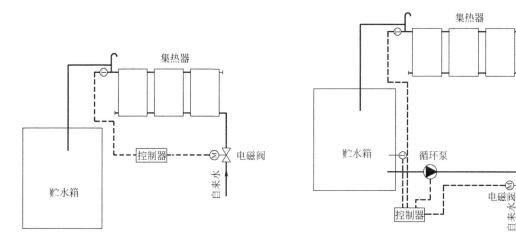

(a) 单一直流式太阳能热水系统　　　　　　(b) 定温/温差循环太阳能热水系统

图 8-4　直流式太阳能热水系统

图 8-4(a) 为单一直流式太阳能热水系统，当集热器内的水温达到设定温度时，电磁阀打开，冷水进入集热器，将达到设定温度的热水顶入贮水箱。该系统存在贮水箱水满溢流问题，可在贮水箱中设置水位传感器控制电磁阀，以防止贮水箱溢流。

图 8-4(b) 为定温/温差循环太阳能热水系统，系统可根据贮水箱的水量和温度分阶段执行定温放水和温差循环。该系统的运行原理是，采用定温放水，使进入贮水箱内的水保持在设定温度值，当水箱内的水温低于供水温度时，采用温差循环控制系统，关闭电磁阀，开启水泵，贮水箱和集热器构成循环进行加热，从而保持贮水箱内的水温满足供水温度要求。当贮水箱达到最大水位时，关闭电磁阀，开启水泵，贮水箱和集热器构成循环继续给贮水箱中的水加热。该系统可以完全智能化，最大限度地提高太阳能系统的利用率，减少辅助能源使用，并保证全天候热水供应。

8.3.2　太阳能集热面积的确定

太阳能集热器的面积是太阳能热水系统中的一个重要参数，它与系统的太阳能保证率和系统的经济性紧密相关。太阳能集热器面积有总面积和采光面积两种定义，总面积参与计算确定需要使用的太阳能集热器数量、太阳能集热系统的总占地面积和定位；采光面积则用于判断某一太阳能集热器产品的热性能是否合格。国家标准规定的太阳能集热器产品热性能的合格指标是基于采光面积提出的，但在贮水箱大于等于600L的太阳能集热系统中，必须注意要采用基于集热器总面积的集热器效率方程。

(1) 直接式太阳能热水系统集热器总面积的确定

直接式太阳能热水系统的集热器总面积 A_{jz} 可根据系统的日平均用水量和用水温度按下式计算

$$A_{jz} = \frac{Q_{md}f}{b_j J_T \eta_j (1 - \eta_L)} \tag{8-6}$$

式（8-6）中相关参数按以下方法确定：

① Q_{md} 为平均日耗热量，kJ/d。该值的大小与生活水平、生活习惯和气候条件等因素紧密相关。平均日耗热量应按下式计算

$$Q_{md} = q_{mr} m b_1 C\rho (T_r - T_1^m) \qquad (8-7)$$

式中，q_{mr} 为平均日热水用水定额，按《建筑给水排水设计标准》（GB 50015—2019）的规定或按附表9选取；b_1 为同日使用率（住宅建筑为入住率）的平均值，应按实际使用工况确定，无条件时可按表8-3取值，对分散供热、分散集热太阳能热水系统，$b_1 = 1$；T_1^m 为年平均冷水温度，可参照城市当地自来水厂年平均水温值计算。

表8-3   不同类型建筑的 b_1 值

建筑物名称	b_1
住宅	0.5～0.9
宾馆、旅馆	0.3～0.7
宿舍	0.7～1.0
医院、疗养院	0.8～1.0
幼儿园、托儿所、养老院	0.8～1.0

② f 为系统的太阳能保证率。太阳能保证率 f 是确定系统所需太阳能集热器总面积的一个关键因素，也是影响太阳能热水系统经济性能的重要参数。实际选用的太阳能保证率 f 与系统使用期内的太阳辐照、气候条件、系统热性能、用户使用热水的规律和特点、热水负荷、系统成本和投资者的预期投资规模等因素有关。

在进行系统设计时，f 值的确定需通过效益分析来选取，其确定方法可分为以下三种。

a.经验法。通常用于工程的方案设计阶段，结合当地的太阳辐射情况，确定使用季节内太阳能热水系统的太阳能保证率。表8-4为按我国太阳辐照资源区划给出的不同地区太阳能保证率的选值范围，可供设计时参考使用。参照该表选取 f 值时，对于全年使用的太阳能热水系统可取中间值；对预期投资规模较小，偏重于在春、夏、秋季使用，并且不希望在夏季产生的热水有太多过剩的系统，可以取偏小值；对预期投资规模较大，偏重于在冬季使用，希望在冬季能得到充足的太阳能热水，而在夏季又能做到综合利用，不致造成太阳能热水有过多浪费的系统，可取偏大值。

表8-4   不同地区太阳能保证率的选值范围

资源区划	年太阳辐照量/[MJ/(m²·a)]	太阳能保证率/%
资源极富区	≥6700	60～80
资源丰富区	5400～<6700	50～60
资源较富区	4200～<5400	40～50
资源一般区	<4200	30～40

b.半经验法。半经验法是在对大量系统进行计算机模拟的基础上得出的一些通用的图表或半经验公式。贝克曼的 f-图法是其中具有代表性的一种，它是一种建立在月平均气象资料上的方法，有相关的计算程序可供利用。

c.计算机模拟法。计算机模拟法是最详细也是最准确的方法。通过对太阳能热水系统的全年逐时模拟，可以对太阳能集热系统和其他设备进行优化设计。这种方法需要逐时的气象

数据，目前最具有代表性的程序为美国威斯康星大学麦迪逊分校开发的 TRNSYS 软件以及瑞士太阳能研究所开发的 Polysun 软件。

③ J_T 为当地集热器总面积上的年平均日或月平均日太阳辐照量。J_T 的大小不但与当地的气象参数有关，而且还与集热器的安装方位与安装倾角有关。就气象参数而言，全年使用的太阳能热水系统在计算时采用全年平均气象参数；侧重于春、夏、秋季使用的太阳能热水系统，在计算时采用春分或秋分所在月的月平均气象参数；侧重于冬季使用的太阳能热水系统在计算时采用 12 月的月平均气象参数。

④ b_j 为集热器总面积补偿系数，b_j 应根据集热器的布置方位及安装倾角确定。当集热器朝南布置的偏离角小于或等于 15°，安装倾角为当地纬度 $\varphi \pm 10°$ 时，b_j 取 1；当集热器布置不符合上述规定时，应按照《民用建筑太阳能热水系统应用技术标准》（GB 50364—2018）的规定进行集热器面积的补偿计算。

⑤ η_j 为基于集热器总面积的平均集热效率。η_j 应根据经过测定的基于集热器总面积的瞬时效率方程在归一化温差为 0.03 时的效率值确定。

在利用集热器集热效率曲线确定集热器效率时，横坐标归一化温差计算式 $T_i^* = (T_{f,i} - T_a)/G$ 中，T_a 取当地的年平均环境空气温度；$G = J_T/(3600 \times S_y)$ 为总日射辐照度，S_y 为当地年平均日照小时数；系统不同，集热器工质进口温度 $T_{f,i}$ 的计算方法不同，当系统为单水箱系统时

$$T_{f,i} = \frac{T_1}{3} + \frac{2T_{end}}{3} - 5 \qquad (8-8)$$

当系统为双水箱或多水箱系统时

$$T_{f,i} = \frac{T_1}{3} + \frac{2f(T_{end} - T_1)}{3} - 5 \qquad (8-9)$$

式中，T_{end} 为集热终了的温度。

当缺乏以上相关测试数据时，分散集热、分散供热系统的 η_j 可以在经验值 0.40~0.70 之间选取；集中集热系统的 η_j 应考虑系统类型、集热器类型等因素的影响，经验值为 0.3~0.45。环境温度较高时，集热器热水进出口平均温度或系统热水设计用水温度较低时取上限；反之取下限。

⑥ η_L 为集热系统的热损失率。η_L 应根据集热器类型、集热管路长短、贮水箱大小及当地气候条件、集热系统保温性能等因素综合确定。管路单位表面积的热损失可以按下式计算

$$q_1 = \frac{\pi(T - T_a)}{\frac{1}{2\pi} \ln \frac{D_0}{D_i} + \frac{1}{aD_0}} \qquad (8-10)$$

式中，D_i、D_0 分别为管道保温层内、外径，m；T 为设备及管道外壁温度，对于金属设备及管道，可取介质温度，℃；a 为表面散热系数，W/(m²·℃)。

贮水箱的单位表面积的热损失可按下式计算

$$q = \frac{T - T_a}{\frac{\delta}{\lambda} + \frac{1}{a}} \qquad (8-11)$$

式中，λ 为保温材料的热导率，W/(m·℃)；δ 为保温层厚度，m。

根据式（8-10）、式（8-11）计算得到的热损失加和后与太阳能热水系统的得热量

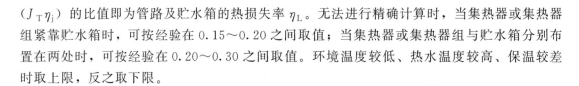

$(J_T\eta_j)$ 的比值即为管路及贮水箱的热损失率 η_L。无法进行精确计算时，当集热器或集热器组紧靠贮水箱时，可按经验在 0.15~0.20 之间取值；当集热器或集热器组与贮水箱分别布置在两处时，可按经验在 0.20~0.30 之间取值。环境温度较低、热水温度较高、保温较差时取上限，反之取下限。

(2) 间接式系统太阳能集热器总面积的确定

在用水量及热水设计温度相同的条件下，间接系统比直接系统的集热器运行温度高，造成集热器效率降低，因此对于间接系统，需通过增加集热面积的方法进行补偿。

间接系统的集热器总面积可按下式计算

$$A_{jj} = A_{jz}(1 + \frac{U_l A_{jz}}{U_{hx} A_{hx}}) \tag{8-12}$$

式中，A_{jj} 为间接系统集热器总面积，m^2；U_l 为集热器热损失系数，$kJ/(m^2 \cdot \mathbb{C} \cdot h)$，根据集热器产品的实际测试结果而定，也可按经验取值，平板型集热器取 14.4~21.6kJ/$(m^2 \cdot \mathbb{C} \cdot h)$，真空管集热器取 3.6~7.2kJ/$(m^2 \cdot \mathbb{C} \cdot h)$；$U_{hx}$ 为换热器传热系数，$kJ/(m^2 \cdot \mathbb{C} \cdot h)$；$A_{hx}$ 为间接系统换热器换热面积，m^2。

8.3.3 太阳能集热器的定位

集热器所接收到的太阳辐射能除与安装地点的太阳能资源有关外，还与集热器的定位密切相关。太阳能集热器的定位包括集热器的安装方位角、倾角以及前后排间距。

8.3.3.1 集热器的安装方位角

太阳能集热器安装位置的选择，应根据建筑物类型、使用要求、安装条件等因素综合确定。

(1) 太阳能集热器设置在平屋面上

该情况应符合下列规定：

① 对朝向为正南、南偏东或南偏西不大于 30°的建筑，集热器可朝南设置，或与建筑同向设置。

② 对朝向南偏东或南偏西大于 30°的建筑，集热器宜朝南设置或南偏东、南偏西小于30°设置。

③ 对受条件限制，集热器不能朝南设置的建筑，集热器可朝南偏东、南偏西或朝东、朝西设置。

④ 水平安装的集热器可不受朝向的限制，但当真空管集热器水平安装时，真空管应东西向设置。

(2) 太阳能集热器设置在坡屋面上

该情况应符合下列规定：

① 集热器可设置在南向、南偏东、南偏西或朝东、朝西建筑坡屋面上。

② 坡屋面上集热器应采用顺坡嵌入设置或顺坡架空设置。

③ 作为屋面板的集热器应安装在建筑承重结构上。

④ 作为屋面板的集热器所构成的建筑坡屋面在刚度、强度、热工、锚固、防护功能上应按建筑围护结构设计。

（3）太阳能集热器设置在阳台上

该情况应符合下列规定：

① 对朝南、南偏东、南偏西或朝东、朝西的阳台，集热器可设置在阳台栏板上或直接构成阳台栏板。

② 北纬30°以南地区设置在阳台栏板上的集热器及构成阳台栏板的集热器应有适当的倾角。

③ 构成阳台栏板的集热器，在刚度、强度、高度、锚固、防护功能上应满足建筑设计要求。

（4）太阳能集热器设置在墙面上

该情况应符合下列规定：

① 在高纬度地区，集热器可设置在建筑的朝南、南偏东、南偏西或朝东、朝西的墙面上，或直接构成建筑墙面。

② 在低纬度地区，集热器可设置在建筑南偏东、南偏西或朝东、朝西墙面上，或直接构成建筑墙面。

③ 构成建筑墙面的集热器，其刚度、强度、热工、锚固、防护功能上应满足建筑围护结构设计要求。

安装位置确定后，还应考虑集热器安装方位角对太阳辐射能量收集的影响。

① 为了使太阳能集热器得到最大的太阳辐照量，在北半球地区，太阳能集热器宜朝向正南，并使当地正午的太阳光线与集热器的采光面垂直。条件受限时，可根据建筑物的实际情况进行调整，但不应超出南偏东30°或南偏西30°的范围。

② 考虑到早晨气温低，易有雾，光照不好，而下午气温高，一般光照较好，因此也可将集热器正南偏西5°放置，使集热器在下午能得到更多的太阳辐射能。

8.3.3.2　集热器的安装倾角

太阳能集热器的安装倾角 β 的大小和安装地的纬度角 φ 及太阳赤纬角 δ 有关，如图8-5所示。

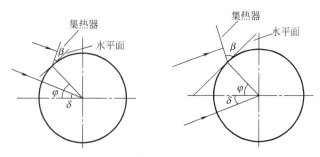

图 8-5　集热器的安装倾角

从图8-5中可以得出：当太阳光线与集热器的采光面垂直时，集热器倾角 β 与当地纬度角 φ 以及太阳赤纬角 δ 有如下关系

$$\beta = \varphi - \delta \tag{8-13}$$

① 全年使用时，可认为全年的平均赤纬角 δ 为 $0°$，$\beta = \varphi - \delta = \varphi$。

② 当侧重于夏季使用时，可认为该期间的平均赤纬角为 $10°$，$\beta = \varphi - \delta = \varphi - 10°$。

③ 当侧重于冬季使用时，可认为该期间的平均赤纬角为 $-10°$，$\beta = \varphi - \delta = \varphi + 10°$。

8.3.3.3　集热器的前后排间距

太阳能集热器的遮挡分两种：一种是集热器周围的建筑物、树木等环境因素造成的遮挡；另一种是平行安装的集热器阵列前排对后排的遮挡。对环境因素造成的集热器遮挡，应在集热器设计时予以考虑，这里不对其进行分析。

通常判别相互不遮挡的原则为：

① 全年运行的太阳能系统，要求在春分/秋分日（$\delta = 0°$）中午前后 6h 不遮挡。

② 主要在春、夏、秋三季运行的系统，要求在春分/秋分日（$\delta = 0°$）中午前后 8h 不遮挡。

③ 主要在冬季运行的系统，要求在冬至日（$\delta = 23.45°$）的中午前后 4h 不遮挡。

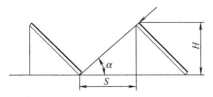

图 8-6　集热器前后排遮挡示意图

当集热器安装方位角 $\gamma = 0°$ 时，从图 8-6 可以看出，符合不遮挡要求的集热器安装最小间距为

$$S = \frac{H}{\tan\alpha} \qquad (8\text{-}14)$$

式中，S 为集热器满足不遮挡条件的最小安装距离，m；H 为前排集热器最高点与后排集热器最低点的垂直高差，m。

当集热器安装方位角 $\gamma \neq 0°$ 时，集热器安装最小间距按式(8-15)计算。

$$S = H\cot\alpha\cos\gamma \qquad (8\text{-}15)$$

式中，α 为太阳高度角，对季节性使用的系统，宜取当地春秋分正午 12 时的太阳高度角，对全年使用的系统，宜取当地冬至日正午 12 时的太阳高度角；γ 为集热器安装方位角。

8.3.4　集热器的布局与连接

8.3.4.1　集热器的布局

太阳能集热器的集热面积及集热器在建筑物上的安装位置确定后，集热器与贮水箱在建筑物上的布局是首先要考虑的问题。布局形式的选择，主要应根据现场地形确定，并考虑以下几点：

① 贮水箱承重。在系统布局中，首先需要考虑贮水箱的位置。因为贮水箱是太阳能热水系统最重的负载，贮水箱的放置位置应考虑该位置的承载能力能否满足贮水箱装满水后的承重需求。

② 集热器摆放。应尽量使集热器集中在一片位置摆放，这样便于布局，系统比较整齐、紧凑，管路距离也比较短。

③ 系统各部分的距离。系统布局应尽量使集热器距贮水箱的距离、贮水箱距用热水点的距离、冷水供水点距集热器和贮水箱的距离较近，以减少管路过长造成的热损失，并减少安装用料，降低工程成本。

④ 协调性与方便性。系统整体应协调、可靠、美观，施工和维护管理应方便。

按照集热器与贮水箱的位置关系，常见的布局方式如图 8-7 所示。

① 前后布局。一般情况下，集热器在前面，贮水箱在后面，以避免贮水箱遮光。但当前面有较高的遮光物时，可将贮水箱放在前面，集热器后置，加大集热器与前面高遮挡物的距离。

② 左右布局。贮水箱可以在左边，也可以在右边，主要根据承重、管路短近等因素确定。

③ 围绕布局。贮水箱在中间，集热器围绕贮水箱前后左右排列。这种布局可以很方便地共用一个贮水箱，做成几个并联的自然循环太阳能热水系统。

④ 上下布局。贮水箱和集热器上下放置。

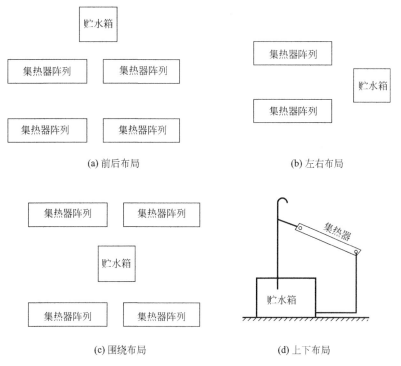

(a) 前后布局   (b) 左右布局

(c) 围绕布局   (d) 上下布局

图 8-7 集热器的布局

8.3.4.2 集热器的连接

太阳能热水系统一般是由多块集热器先连接成一个集热器组，集热器组之间再通过一定的方式连接构成一个太阳能集热器系统，集热器的连接方式对系统中各个集热器的流量分配和换热均有影响。

集热器的连接方式主要有串联、并联和混联三种，如图 8-8 所示。

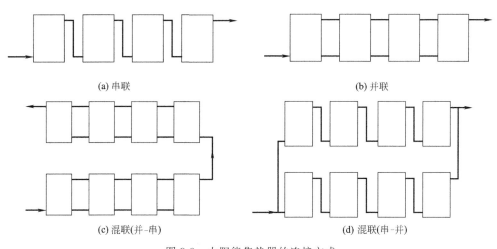

(a) 串联   (b) 并联

(c) 混联(并-串)   (d) 混联(串-并)

图 8-8 太阳能集热器的连接方式

(1) 串联

一台集热器的出口与另一台集热器的进口相连接。自然循环太阳能热水系统中应尽量少采用串联管路；在强制循环太阳能热水系统中，由于水流动力较大，采用串联管路，可保证各个集热器的流量相等。串联管路的缺点是流动阻力较大。

（2）并联

一台集热器的进、出口与另一台集热器的进、出口相连接。并联的集热器管路总水流等于各分路水流之和，其总阻力小于各个分阻力。并联连接方式的系统流动阻力较小，适宜用于自然循环太阳能热水系统，但并联的组数不宜过多，否则会造成集热器之间流量不平衡。并联管路的缺点是当各分支管线长度、管件的种类数量等不同时，会造成各分支管线阻力不等，使各分路的水流不同，从而影响系统的热性能。

（3）混联

若干个集热器并联构成集热器组，各并联集热器组之间再串联，这种混联方式称为并-串联；若干个集热器串联构成集热器组，各串联集热器组之间再并联，这种混联方式称为串-并联。在太阳能热水系统中，根据实际情况混合使用串联和并联，可取得最优化的循环效果。

根据《民用建筑太阳能热水系统应用技术标准》（GB 50364—2018），太阳能集热器之间可通过并联、串联、串-并联、并-串联等方式连接，系统设计应符合下列规定：

① 平板型集热器或横排真空管集热器之间的连接宜采用并联，但单排并联的集热器总面积不宜超过 $32m^2$；竖排真空管集热器之间的连接宜采用串联，但单排串联的集热器总面积不宜超过 $32m^2$。

② 对自然循环太阳能热水系统，每个系统的集热器总面积不宜超过 $50m^2$；对大型自然循环太阳能热水系统，可分成若干个子系统，每个子系统的集热器总面积不宜超过 $50m^2$。

③ 对强制循环太阳能热水系统，每个系统的集热器总面积不宜超过 $500m^2$；对大型强制循环太阳能热水系统，可分成若干个子系统，每个子系统的集热器总面积不宜超过 $500m^2$。

④ 当全玻璃真空管东西向放置的集热器在同一斜面上多层布置时，串联的集热器不宜超过 3 个，每个集热器联箱长度不大于 2m。

同时，混联系统在管路设计中还需要注意以下几条经验原则。

①"等程"原则。并联系统中各分路的集热器个数和管路长度要相等。

②"一短三大"原则。热水集管长度应该尽量短，热水集管要大半径转弯、大坡度爬升、大管径集热。

③"直缓"原则。集管应尽量走直线，转缓弯，无需追求形式上的整齐而转过多的90°弯。

除集热器连接对系统运行有影响外，管路的集管布置对太阳能热水系统效率也有较大影响。系统的集管布置有很多方式，常用的管路布置有同程管路系统和异程管路系统两种，如图8-9所示。

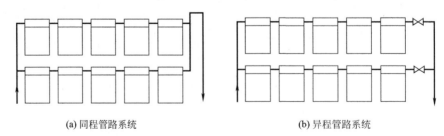

(a) 同程管路系统　　　　　　　　(b) 异程管路系统

图 8-9　集热器组的连接方式

同程管路系统有利于系统流量均匀分配，保证系统高效运行，因此各集热器之间的连接推荐采用同程管路系统。但同程管路系统会增加集管长度，增加系统阻力和投资。当不得不采用异程管路系统时，应在每个集热器的支路上安装平衡阀或其他调节阀门进行流量调节。

8.4　贮水箱的设计

　　贮水箱是影响太阳能集热系统性能的重要因素之一。贮水箱的容积与集热器规模、用户用水要求等因素有关。太阳能热水系统中的水箱除了与太阳能集热系统配套的贮水箱外，有时热水供应系统还配有供热水箱，构成双水箱系统。

8.4.1　贮水箱的分类

　　贮水箱按箱体分方形水箱、圆柱形水箱；按加工方式分现场制作水箱和工厂制作（成品）水箱；按结构分装配式水箱和焊接式水箱；按材质分碳钢水箱、不锈钢水箱和玻璃钢水箱等；按防腐层分热镀锌水箱、搪瓷水箱和内喷涂水箱等。

　　贮水箱的结构形状应根据其容量大小、结构的合理性、现场放置的位置、水箱制作的难易等因素来确定，应选择体面比最小的形状。这样既能减小散热面积，还可节省水箱制作的材料。

　　① 圆球形状的水箱体面比最小，但制作困难。因此贮水箱的形状一般都选择圆柱形或方形。

　　② 对于圆柱形水箱，当高度等于直径时，表面积最小。如果圆柱形水箱高度过高，一般将水箱卧放。要求水箱承压的系统，圆柱形水箱的两个端盖应采用球形端盖，材料厚度应加厚，制作完成后，应按要求作耐压试验。

　　③ 对于方形水箱，当长、宽、高相等时，体面比最小。方形水箱不承压，不易设计得太高。在高度相同的条件下，长度与宽度相等时，体面比最小。方形水箱可以现场制作，运输方便。但方形水箱的承压能力差，需要在水箱内部或外部加拉筋。方形水箱只能用于不承压的系统中。

8.4.2　贮水箱容量的确定

　　太阳能集热系统储热装置有效容积的计算应符合下列规定：

　　① 集中集热、集中供热太阳能热水系统的贮水箱宜与供热水箱分开设置，串联连接，贮水箱的有效容积可按下式计算

$$V_{rX} = q_{jd}A_j \tag{8-16}$$

　　式中，V_{rX} 为贮水箱的有效容积，L；A_j 为集热器的总面积，$A_j = A_{jz}$ 或 $A_j = A_{jj}$；q_{jd} 为集热器单位轮廓面积平均日产 60℃ 热水量，$L/(m^2 \cdot d)$。q_{jd} 应根据集热器产品参数确定，无条件时，可按表8-5选用。表8-5是按照系统全年每天提供温升30℃热水、集热系统年平均效率为35%、系统总热损失率为20%的工况估算的，当室外环境最低温度高于5℃时，可以根据实际工程情况采用日产热水量的最高值。

表8-5　单位集热器总面积日产热水量推荐取值范围　　　　单位：$L/(m^2 \cdot d)$

太阳能资源区划	直接系统	间接系统
Ⅰ资源极富区	70～80	50～55
Ⅱ资源丰富区	60～70	40～50
Ⅲ资源较富区	50～60	35～40
Ⅳ资源一般区	40～50	30～35

② 分散集热、分散供热太阳能热水系统采用集热、供热共用贮水箱时，其有效容积按式（8-16）计算。

③ 对集中集热、分散供热太阳能热水系统，当分散供热用户采用容积式热水器间接换热冷水时，其集热水箱的有效容积宜按下式计算

$$V_{rX1} = V_{rX} - b_1 m_1 V_{rX2} \qquad (8-17)$$

式中，V_{rX1} 为集热水箱的有效容积，L；m_1 为分散供热用户的个数（户数）；V_{rX2} 为分散供热用户设置的分户容积式热水器的有效容积，L，应按每户实际用水人数确定，一般取 $60 \sim 120$L。

④ 对集中集热、分散供热太阳能热水系统，当分散供热用户采用热水器辅热直接供水时，其集热水箱的有效容积按式（8-16）计算。

此外，当水温大于 4℃ 时，其体积会随水温度升高而膨胀，因此，还应考虑水的体积膨胀量对贮水箱容量的影响，一般在有效容积的 5% 以内。对于回流防冻以及超温排回的系统，当循环水泵停止后，集热器和管道内的水都要回流到水箱中，因此，还宜留有适当的调节容积，其最小调节容积不应小于 3min 热媒循环泵的设计流量且不宜小于 800L，以确保停泵后不发生贮水箱溢流的问题。

对于以下太阳能热水系统，供热水系统中宜设置供热水箱，即系统采用双水箱方式。

① 太阳能保证率较低的大型热水系统；

② 全天 24h 热水供应系统；

③ 以燃气、燃油和生物质锅炉为辅助热源的热水系统。

采用双水箱系统时，与太阳能集热器相连的贮水箱容积按式（8-16）计算，与供热末端相连的供热水箱可按《建筑给水排水设计标准》（GB 50015—2019）选用，对于工业企业或淋浴室，供热水箱储热量不低于 60min 设计小时耗热量；对于其他建筑物，不低于 90min 设计小时耗热量。

当采用双水箱时，贮水箱一般作为预热水箱，供热水箱一般作为辅助加热水箱，辅助热源设置在供热水箱中。

8.4.3　贮水箱的开孔

贮水箱同时连接太阳能集热系统和热水供应系统，贮水箱上各开口的位置直接影响着系统运行的可靠性和系统的效率。一般而言，贮水箱上应设置如下开口：

（1）检修人孔

大于 3m³ 的贮水箱应留检修人孔，以备检修时用。人孔的尺寸不应小于 400×400mm²，圆形人孔的直径不应小于 400mm。

（2）通气孔

常压水箱应留有通气孔，以避免形成负压使水箱受损，并使下水通畅。

（3）排污口

排污口应设在水箱最低的位置，以利于排污。排污口的尺寸不应小于 25mm。

（4）溢流口

开式常压系统的水箱应设有溢流口，应不小于进水口，且最小不应小于 25mm。

(5) 用热水口

① 对于承压水箱，用热水口应位于水箱的顶部。

② 对于顶水使用的开式水箱，用热水口应位于水箱的中上部，且不能低于上循环口。

③ 对于落水使用的开式水箱，用热水口应位于水箱的底部，但应不低于排污口。

④ 对于底部带有电加热管的水箱，用热水口应高于电加热管的位置，以确保电加热管始终浸没在水中，防止电加热管无水干烧。

用热水口的尺寸应根据热水流量大小来确定。一般承压系统不应大于 $1m/s$；常压系统不应大于 $0.5m/s$。

(6) 上、下循环口

① 下循环口位于水箱的底部，但应不低于排污口，不高于用热水口。

② 上循环口位于水箱的中上部，不高于用热水口。对于顶水使用的承压水箱，上循环口应在水箱的中下部，但无论何种系统，上循环口都应高于下循环口。

上、下循环口宜采用对角布置，其开口尺寸也应根据单位时间的流量大小来确定，一般不应大于 $1m/s$。

(7) 其他开口

有些系统还需预留测量水温、水位、压力的开口。带有辅助加热的系统还需留有辅助加热系统所需要的各种开口，设计者应根据系统要求合理设计。

需要注意的是，考虑箱壁强度，贮水箱上的最大开口不得大于 200mm，凡经设计计算管径大于 200mm 的，应设置两个或两个以上的开口。

此外，对于不同的系统，贮水箱进出水管的布置应注意以下几个问题：

① 为很好地利用水箱内水的温度分层效应，对于顶水使用的系统，下循环管在水箱内的开口方向应水平或向下；上循环口在水箱内的开口方向应水平或向上；冷水补水进口的开口方向应水平或向下。但对自然循环太阳能热水系统，由于下循环口兼有下循环管的自动排气功能，其在水箱内的开口方向不能向下，否则将造成下循环管无法自动排气而使系统无法自动循环。

② 对于落水使用的循环系统，将上循环管口向下开口，有时甚至将上循环口向下延伸至水箱的下部，有意使水箱混流，以减轻水箱的温度分层；对于直流式定温放水系统，设计时也可将从集热器进入水箱的热水管延伸至水箱的下部，以达到混合水箱水温的作用。

③ 在满足要求的前提下，水箱的开口位置还应尽量注意消除或者减少死水区。但为了防止顶水使用时冷水供应不上，出现热水断流的问题，应在水箱出热水口上部留出一部分热水高度，当冷水供应不上时，起缓冲作用，如图 8-10 所示。

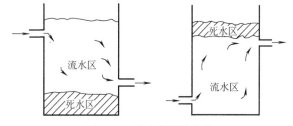

图 8-10 贮水箱开孔分析

8.4.4 间接式系统换热器选型

间接式太阳能热水系统通过换热器加热贮水箱中的水。根据换热方式不同，间接式太阳能热水系统换热方式主要有以下几种：

① 管式换热器，包括盘管和肋片管换热器。

② 夹套式换热器。

③ 板式换热器。

在间接式太阳能热水系统中，换热器的设置应符合下列规定：

① 当采用开式储热装置时，宜采用外置双循环换热器。

② 当采用闭式储热装置时，宜采用内置单循环换热器。

间接式太阳能热水系统贮水箱结构如图 8-11 所示。中小型太阳能热水系统通常采用容积式或半容积式水加热器；大型系统多采用独立于水箱的板式换热器或半即热式水加热器、快速式水加热器等。

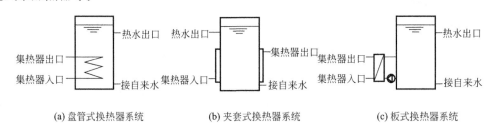

(a) 盘管式换热器系统　　　(b) 夹套式换热器系统　　　(c) 板式换热器系统

图 8-11　间接式太阳能热水系统贮水箱结构示意图

太阳能热水系统换热器的面积可按式（8-18）计算。

$$A_{hx} = \frac{C_r Q_z}{\varepsilon U_{hx} \Delta T_j} \tag{8-18}$$

$$Q_z = \frac{k f Q_w C \rho (T_r - T_l)}{3600 S_y} \tag{8-19}$$

式中，A_{hx} 为换热面积，m^2；Q_z 为太阳能集热系统提供的热量，W；Q_w 为日平均用热水量，kg；ε 为换热器结垢修正系数，一般取值 $0.6 \sim 0.8$；U_{hx} 为换热器的传热系数，$W/(m^2 \cdot ℃)$；ΔT_j 为换热器设计计算温差，一般取值 $5 \sim 10℃$，平板型集热器温差取低值，真空管集热器温差取高值，板式换热器取低值；k 为太阳辐照度时变化数，无具体资料时取 $1.5 \sim 1.8$。

换热器的传热系数 U_{hx} 在没有换热器产品技术参数时，可按表 8-6 选用。

表 8-6　太阳能热水系统换热器的传热系数

换热器类型	盘管式换热器	夹套式换热器	板式换热器
传热系数/[W/(m² · ℃)]	320～410	150～300	1000～3500

8.5　辅助热源

为保证太阳能热水系统可靠供应热水，系统应设置其他能源辅助加热设备。太阳能热水系统常用的辅助热源的种类主要有城市热力管网的蒸汽或热水、电、燃气或燃油、热泵等。

8.5.1　辅助热源设计要求

辅助热源及其水加热设备应结合工程当地的环境条件、能源的供应价格以及供应的可靠程度，经综合对比，选择经济可靠的能源作为太阳能热水系统的辅助热源。按各种热水机组的性能、热效率、设备价格、运行成本、自动化程度、操作条件等选择相应的水加热设备。辅助热源系统设计应符合下列规定：

① 辅助热源的供热量应按无太阳时确定，并符合《建筑给水排水设计标准》（GB 50015—2019）的规定。即不考虑太阳能提供的份额，依据热水供应负荷计算。

② 辅助热源宜因地制宜选择，分散集热、分散供热太阳能热水系统和集中集热、分散供热太阳能热水系统宜采用燃气、电；集中集热、集中供热太阳能热水系统宜采用城市热力管网、燃气、燃油、热泵等。

③ 辅助热源的控制应在保证充分利用太阳能集热量的条件下，根据不同的热水供水方式采用手动控制、全日自动控制或定时自动控制。

④ 辅助热源的水加热设备应根据热源种类及供水水质、冷热水系统类型采用直接加热或间接加热设备。

8.5.2　辅助加热量计算

辅助热源一般通过水加热设备向系统提供热量，辅助热源的设计小时供热量应根据日热水用量小时变化曲线、加热方式及加热设备的工作方式经积分曲线计算确定，或根据《建筑给水排水设计标准》（GB 50015—2019）推荐的公式，依据系统设计小时耗热量等参数进行计算。

8.5.2.1　电辅助加热

(1) 电加热器

电加热器是一种管状电热元件，其加热功率根据太阳能热水系统热水水量和加热时间确定，按下式计算

$$P = \frac{Q_w C (T_{r2} - T_1)}{3600 t} \tag{8-20}$$

式中，P 为电加热器加热功率，kW；Q_w 为日平均用热水量，kg；t 为辅助热源加热时间，h，一般取 3~6h，根据用户特点而定。

(2) 热泵

按热泵获取低位热源的来源可以将热泵分为空气源热泵、水源热泵和地源热泵，其中与太阳能结合应用最为广泛的是空气源热泵。空气源热泵以大气作为低位热源，性能系数（COP）的值一般为 3~4 左右，由于环境温度较低时蒸发器结霜严重，空气源热泵在北方寒冷地区应用存在一定的局限性。

空气源热泵加热方式有直接加热和间接加热两种，如图 8-12 所示。

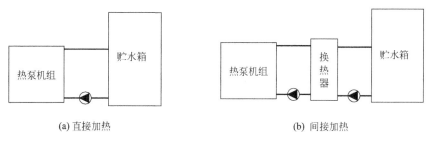

　　(a) 直接加热　　　　　　　　　　　　　(b) 间接加热

图 8-12　空气源热泵加热方式示意图

直接加热的优点是热效率高、系统简单。缺点是在工质泄漏时会污染热水，冷水水质不好时可能造成热泵机组内冷凝器结垢，影响使用寿命。该系统要求冷水进水总硬度（以 $CaCO_3$ 计）不大于 120mg/L。间接加热对冷水进水水质无要求，缺点是系统热效率及出热

水温度低。

空气源热泵机组的布置应符合下列规定：

① 机组不得布置在通风条件差、环境噪声控制严及人员密集的场所；

② 机组进风面距遮挡物宜大于 1.5m，控制面距墙宜大于 1.2m，顶部出风的机组，其上部净空宜大于 4.5m；

③ 机组进风面相对布置时，其间距宜大于 3.0m。

8.5.2.2 燃气、燃油辅助加热

燃气、燃油辅助加热是通过燃气、燃油锅炉，利用燃料燃烧释放出的能量加热通过其炉管内的水。燃气、燃油耗量按下式计算

$$G = 3.6k \frac{Q_g}{Q\eta} \tag{8-21}$$

式中，G 为热源耗量，kg/h 或 m³/h（标准状态）；Q 为燃料热值，kJ/kg 或 kJ/m³（标准状态），无具体数据时可按表 8-7 选取；Q_g 为水加热器设计供热量，W；k 为热媒管道热损失附加系数，$k = 1.05 \sim 1.10$；η 为水加热设备的热效率，无具体数据时可按表 8-7 选取。

表 8-7　燃料热值及加热设备热效率

燃料种类	热值	加热设备热效率
轻柴油	41.8~44MJ/kg	约 0.85
重油	38.5~46.1MJ/kg	
天然气	34.4~35.6MJ/m³（标准状态）	局部加热设备为 0.65~0.75；热水机组为 0.85
城市煤气	14.65MJ/m³（标准状态）	局部加热设备为 0.65~0.75；热水机组为 0.85
液化石油气	46.06MJ/m³（标准状态）	局部加热设备为 0.65~0.75；热水机组为 0.85

8.5.2.3 蒸汽、热水辅助加热

① 以蒸汽为热媒的水加热设备，蒸汽耗量按下式计算

$$G = 3.6k \frac{Q_g}{h'' - h'} \tag{8-22}$$

式中，G 为蒸汽耗量，kg/h；k 为热媒管道热损失附加系数，$k = 1.05 \sim 1.10$；h'' 为饱和蒸汽的热焓，kJ/kg；h' 为凝结水的焓，kJ/kg。

② 以热水为热媒的水加热器设备，热媒耗量按下式计算

$$G = \frac{k\rho Q_g}{1.163(T_{mc} - T_{mz})} \tag{8-23}$$

式中，T_{mc}、T_{mz} 分别为热媒水的初温和终温，℃。

8.6　管网设计

8.6.1　集热系统流量

太阳能集热系统流量选取与太阳能集热器种类有关，一般由太阳能集热器生产厂家给出或根据表 8-8 选取。太阳能集热器单位面积流量乘以系统集热总面积就可得到系统总流量设

计值。

表 8-8　太阳能集热系统流量的推荐选用值

系统类型		太阳能集热器单位面积流量/[m³/(h·m²)]
小型热水系统	平板型集热器	0.072
	全玻璃真空管	0.036~0.072
大型集中供热系统(集热器面积＞100m²)		0.021~0.06
小型分户太阳能供热采暖系统		0.024~0.036
板式换热器间接式太阳能供热系统		0.009~0.012

8.6.2　管网的水力计算

8.6.2.1　管路直径

供水管网管路直径的确定可以根据用水对象不同，依据《建筑给水排水设计标准》（GB 50015—2019）的要求确定。

太阳能集热系统管路直径应根据管路的设计流量计算确定，管道内热水流速宜按表 8-9 选用。自然循环太阳能热水系统应尽量避免产生较大的流动阻力，管道直径可根据表 8-10 的经验值选用。热水供应系统的回水管管径应通过计算确定，初步设计时，可参照表 8-11 确定。

表 8-9　热水管道流速推荐值

公称直径 DN/mm	15~20	25~40	≥50
流速/(m/s)	≤0.8	≤1.0	≤1.2

表 8-10　自然循环管道直径推荐值

集热面积/m²	10~15	16~20	21~30
公称直径 DN/mm	25	32	40

表 8-11　热水回水管径

热水供水管管径/mm	20~25	32	40	50	65	80	100	125	150	200
热水回水管管径/mm	20	20	25	32	40	40	50	65	80	100

8.6.2.2　管道阻力计算

管道内流体的流动阻力分为两类：一是流体与管道壁面摩擦产生的沿程阻力；二是管道连接处的管件（变径、三通）、阀门、水表等管路附件产生的局部阻力。

管道的沿程阻力可按式（8-24）计算，管道的计算内径应考虑结垢和腐蚀引起管道截面缩小的因素。

$$i = 105 C_h^{-1.85} d_j^{-4.87} q_g^{1.85} \tag{8-24}$$

式中，i 为管道单位长度水头损失，kPa/m；d_j 为管道计算内径，m；q_g 为计算管段设计流量，m³/s，太阳能集热系统设计流量依据表 8-8 选用；C_h 为海登-威廉系数，各种塑料管、内衬（涂）塑管取 140，铜管、不锈钢管取 130，内衬水泥、树脂的铸铁管取 130，普通钢管、铸铁管取 100。

管道及其管道上附件的局部水头损失，可按管道的连接方式及其管道附件种类，依据《建筑给水排水设计标准》（GB 50015—2019）选用。

按以上方法计算的沿程阻力和局部阻力之和即为系统循环回路的流动阻力，流动阻力的计算还需注意以下几点：

① 当集热器并联连接时，系统有多个回路，计算流动阻力时，应选择阻力最大的回路计算。

② 集热器串联连接时，集热器的阻力较大，应单独计算。

③ 集热器阻力的计算应根据厂家提供的集热器流体压降数值计算。

8.6.3　水泵的选型

太阳能热水系统水泵主要有供集热系统循环用的循环水泵和热水供应系统的循环水泵。

8.6.3.1　太阳能集热系统循环水泵

① 循环水泵的流量可按式（8-25）计算。

$$q_{jx} = q_{gz} A_j \tag{8-25}$$

式中，q_{jx} 为集热系统循环流量，m^3/h；q_{gz} 为单位面积集热器对应的工质流量，$m^3/(h \cdot m^2)$，应按集热器产品实测数据确定，无实测数据时，可取 $0.054 \sim 0.072 m^3/(h \cdot m^2)$，也可参照表 8-8 选用。

② 开式太阳能集热系统循环水泵的扬程按式（8-26）计算。

$$H_x = h_{jx} + h_j + h_z + h_f \tag{8-26}$$

式中，H_x 为集热系统循环水泵扬程，kPa；h_{jx} 为集热系统循环流量通过循环管路的沿程与局部阻力，kPa；h_j 为循环流量流经集热器的阻力损失，kPa；h_z 为集热器顶部与贮水箱最低水位之间的几何高度差造成的阻力损失，kPa；h_f 为附加压力，取 $20 \sim 50$ kPa。

③ 闭式太阳能集热系统循环水泵的扬程按式（8-27）计算。

$$H_x = h_{jx} + h_j + h_e + h_f \tag{8-27}$$

式中，h_e 为循环流经换热器的阻力损失，kPa。

当集热系统采用防冻液作为集热介质时，需要根据所采用的防冻液特性进行修正。最为常见的防冻液为 $25\% \sim 30\%$ 的乙二醇水溶液，25% 的乙二醇水溶液在 $5℃$ 时管道阻力修正系数为 1.22，30% 的乙二醇水溶液在 $5℃$ 时管道阻力修正系数为 1.257。

8.6.3.2　热水供应系统循环水泵

热水供应系统循环水泵的选型应根据用水终端设施特点，参照《建筑给水排水设计标准》（GB 50015—2019）选用。

① 循环水泵的流量按式（8-28）计算。

$$q_{hx} = K_x q_x \tag{8-28}$$

式中，q_{hx} 为循环水泵流量，m^3/h；q_x 为热水供应系统循环流量，m^3/h；K_x 为相应循环措施的附加系数，取 $K_x = 1.5 \sim 2.5$。

② 循环水泵扬程按式 (8-29) 计算。

$$H_b = h_p + h_x \tag{8-29}$$

式中，H_b 为循环水泵扬程，kPa；h_p 为循环流量通过配水管网的水头损失，kPa；h_x 为循环流量通过回水管网的水头损失，kPa。

当计算 H_b 值较小时，可选 $H_b = 0.05 \sim 0.10\text{MPa}$。

8.6.4 管材和附件

8.6.4.1 管材

① 太阳能热水系统采用的管材和管件应符合现行产品标准的要求。管道的工作压力和工作温度不得大于产品标准标定的允许工作压力和工作温度。

② 热水管道应选用耐腐蚀、安装连接方便可靠、符合饮用水卫生要求的管材。可采用薄壁铜管、薄壁不锈钢管、塑料热水管、塑料和金属复合热水管等。当采用塑料热水管或塑料和金属复合热水管材时，除符合产品标准外，应符合下列要求：a.管道的工作压力应按相应温度下的允许工作压力选择。b.设备机房内的管道不应采用塑料热水管。

③ 太阳能热水供应系统的管道，应采取补偿管道温度伸缩的措施。

④ 当在系统中采用了不同材质管材时，应注意防止不同电动势材料连接可能引起的电化学腐蚀。

⑤ 太阳能集热系统管道可采用钢管、薄壁不锈钢、塑料热水管、塑料和金属复合热水管等。但开式系统管道的耐温不应小于 100℃，闭式系统的耐温不应小于 200℃。在以乙二醇为防冻液主要成分的防冻液系统中，由于乙二醇会与锌发生不良反应，不应采用镀锌钢管。

8.6.4.2 附件

太阳能热水系统的管道和设备上应根据系统需要设置下列附件。

(1) 排气装置、泄水装置

配水干管和立管最高点应设置排气装置，在热水系统的最低点应设泄水装置。

(2) 阀门

热水管网应根据使用要求及维修条件，在下列管段上装设阀门：

① 与配水、回水干管连接的分干管。

② 配水立管和回水立管。

③ 从立管接出的支管。

④ 室内热水管道向住户、公共卫生间等接出的配水管的起端。

⑤ 水加热设备，水处理设备的进、出水管及系统用于温度、流量、压力等控制阀件连接处的管段。

(3) 止回阀

热水管网应在下列管段上设止回阀：

① 加热器或贮水箱的冷水供水管。

② 机械循环系统的第二循环回水管。

③ 冷热水混水器、恒温混合阀等的冷热水供水管。

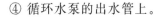
④ 循环水泵的出水管上。

（4）温度计、压力表、水位计

水加热设备的上部、热媒进出口管、贮水箱、冷热水混合器上和恒温混合阀的本体或连接管上应装温度计、压力表；热水循环泵的进水管上应装温度计及控制循环水泵开停的温度传感器；贮水箱应装温度计、水位计。

（5）安全阀

① 闭式太阳能集热系统和闭式热水供应系统中，应设置压力式膨胀罐、安全阀、泄压阀，并符合下列要求：a. 日用热水量≤30m³ 的热水供应系统可采用安全阀等泄压的措施。b. 日用热水量＞30m³ 的热水供应系统应设置压力式膨胀罐。

② 安全阀的开启压力一般取热水系统工作压力的 1.1 倍，但不得大于水加热器本体的设计压力。

③ 安全阀的接管直径应经计算确定，并应符合锅炉及压力容器的有关规定。

④ 安全阀应直立安装在水加热器或水箱的顶部。

⑤ 开式热水供应系统的热水锅炉和水加热器可不装安全阀（劳动部门有要求者除外）。

⑥ 安全阀与设备之间不得装放水管、引气管或阀门。

⑦ 安全阀装设位置，应便于检修。其排出口应设导管将排泄的热水引至安全地点。

（6）膨胀罐

膨胀罐是闭式太阳能集热系统中的关键部件之一。膨胀罐用于补偿闭式太阳能集热系统因温度变化或工质状态变化而造成的系统内工质容积变化。膨胀罐用于平衡系统压力，保证工质工作在设计压力范围内，避免安全阀开启导致工质排出。

常用的膨胀罐有隔膜式压力膨胀罐和胶囊式压力膨胀罐。膨胀罐应设置在水加热器和止回阀之间的冷水进水管上或热水回水管的分支管上，其连接管上不宜设阀门。膨胀罐前应设置一定容积的冷水容器以防止膨胀的热水直接进入膨胀罐对隔膜或胶囊造成破坏，膨胀罐的容积应在常规计算的基础上扩大至少 10％ 以考虑热媒可能沸腾所需要的容积。

膨胀罐容积计算涉及太阳能集热系统工质膨胀量。工质膨胀量与太阳能集热系统防过热措施有关。

① 系统含有防过热散热装置，系统膨胀量主要是工质因温度变化产生的体积变化，系统膨胀量的计算式为

$$V_u = V_c e k \tag{8-30}$$

式中，V_u 为系统膨胀量，L；V_c 为太阳能系统工质容积，L；e 为工质膨胀系数，根据工质物性和温差计算，水可取 0.045，水/乙二醇溶液取 0.07；k 为安全系数，通常取 1.1。

② 系统工作压力较高，一般为 0.8～1MPa，工质汽化温度高于系统水泵停止运行后平衡温度，从而保证系统工质维持在液态。该类系统的膨胀量按式（8-30）计算。

③ 其他闭式系统。系统水箱温度达到温度上限后，水泵停止工作，集热器进入闷晒状态，集热器内部分或全部工质为气态，当集热器散热与吸热达到平衡时，其温度为集热器最高工作温度。该类系统的膨胀量包括工质因温度变化导致的体积变化和集热器进入滞止状态时气态工质所占容积，按下式计算

$$V_u = (V_c e + V_p) k \tag{8-31}$$

式中，V_p 为集热器工质容量，L。

8.6.5　集热系统管路设计要求

集热系统的循环管路设计应符合下列规定：

① 循环管路应短而少弯；绕行的管路宜是冷水管或低温水管。

② 循环管路应有 $0.3\%\sim0.5\%$ 的坡度，以避免气塞。在自然循环太阳能热水系统中，应使循环管路朝贮水箱方向有向上坡度，不允许有反坡；在有水回流的防冻系统中，管路的坡度应使系统中的水自动回流，不应积存。

③ 在使用平板型集热器的自然循环太阳能热水系统中，贮水箱的下循环口应比集热器的上循环口高 0.3m 以上。

④ 在循环管路中，易发生气塞的位置应设有排气阀；当用防冻液作为集热介质时，宜使用手动排气阀。需要排空和防冻回流的系统应设有吸气阀。在系统各回路及系统要防冻排空部分的管路的最低点及易积水的位置应设有排空阀，以保证系统排空。

⑤ 在强制循环太阳能热水系统的管路上，必要时应设有防止集热介质夜间倒流散热的单向阀。

⑥ 在间接系统的循环管路上应设膨胀罐。在闭式间接系统的循环管路上同时还应设有压力安全阀，但不应设有单向阀和其他可关闭的阀门。

⑦ 当集热器阵列为多排或多层集热器组并联时，每排或每层集热器组的进出口管道应设辅助阀门。

⑧ 在系统中宜设流量计、温度计和压力表；但自然循环太阳能热水系统一般不设流量计和压力表。

⑨ 管路的通径面积应与并联集热器组管路的通径面积之总和相适应。

8.7　保温

为减小系统的热损失，暴露在大气中的热水管道及热工设备表面应进行保温，同时，为防冻需要，系统中的冷水管道也应进行保温。一个完整的热工管道和热工设备的保温结构由防腐层、保温层、防水防潮层和保护层组成。

太阳能热水系统常用的保温材料有岩棉、玻璃棉、硬质聚氨酯泡沫塑料、聚苯乙烯泡沫塑料、橡塑泡棉等。保温材料应选择价廉、保温性能好、易于施工、耐用的材料，具体选用时有以下要求：

① 热导率低、价格低。

② 容重小、多孔性材料。

③ 保温后不易变形并具有一定的抗压强度。

④ 保温材料不宜采用有机物和易燃物，以免生虫、腐烂、生菌、引鼠或发生火灾。

⑤ 宜采用吸湿性小、存水性弱、对管壁无腐蚀作用的材料。

⑥ 保温材料应采用非燃和难燃材料，电加热器等的保温必须采用非燃材料。

保温层的厚度可按下式计算

$$\delta = 3.14\frac{d_w^{1.2}\lambda^{1.35}\tau^{1.75}}{q^{1.5}} \qquad (8\text{-}32)$$

式中，δ 为保温层厚度，mm；d_w 为管道或圆柱设备的外径，mm；λ 为保温材料的热导率，kJ/(h·m·℃)；τ 为未保温的管道或圆柱设备外表面温度（设计时可取管道内介质温度），℃；q 为保温后的允许热损失，可按表 8-12 选用，kJ/(h·m)。

表 8-12 保温后允许热损失值　　　　　　单位：kJ/(h·m)

管道直径 DN/mm	流体温度/℃					备注
	60	100	150	200	250	
15	46.1					
20	63.8					
25	83.7					
32	100.5					
40	104.7					
50	121.4	251.2	335.0	367.8		
70	150.7					流体温度 60℃值适用于热水管道
80	175.5					
100	226.1	355.9	460.55	544.3		
125	263.8					
150	322.4	439.6	565.2	690.8	816.4	
200	385.2	502.4	669.9	816.4	983.9	
设备面	—	418.7	544.3	628.1	753.6	

保温层厚度也可参照表 8-13 选取。水加热器、热水分集水器等设备采用岩棉制品、硬聚氨酯发泡塑料等保温时，保温层厚度可为 35mm。未设循环的供水支管，当支管长度 L≥3m 时，宜采用自动调控的电伴热保温措施，支管内水温可按 45℃设计。

表 8-13 热水供、回水管及热媒水管保温层厚度

管径 DN/mm	热水供、回水管				一次热媒水	
	15,20	25～50	65～100	>100	≤50	>50
保温层厚度/mm	20	30	40	50	40	50

当环境湿度较高时，保温材料的含水率相应提高，热导率增加，因此在保温材料的外面必须有防水防潮层，防水防潮层可采用塑料薄膜、油毡、沥青等材料。为防止保温层和防水防潮层机械损伤和风化、腐蚀，在保温层外应有保护层，常用的保护层有两类，一类是采用0.3～0.8mm 厚的镀锌薄钢板或防锈铝板制成的金属保护层，另一类是箔布保护层，常用的是胶黏剂玻璃布、外涂树脂。

8.8 系统控制

太阳能热水系统的控制包括太阳能集热系统的控制及热水供应系统的控制，热水供应系统的控制方式与常规给排水系统类似，本节不再赘述，仅介绍太阳能集热系统控制设计。

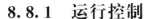

8.8.1　运行控制

太阳能热水系统的运行循环控制方式主要有定温控制、温差控制、光电控制、定时控制四种。光电控制一般利用光敏元件，根据太阳辐照强度控制水泵启停。定时控制通过设定时间控制系统运行。由于光电控制和定时控制这两种控制方式效果差，系统集热效率低，应用较少。定温控制和温差控制是强制循环太阳能热水系统中最常采用的控制方式，分别是利用温度和温差作为驱动信号控制系统阀门的启闭和水泵的启停，实现系统的自动运行。

太阳能热水系统的运行控制功能应符合下列规定：

① 采用温差循环运行控制的集热系统，温差循环的启动值与停止值应可调。

② 在开式集热系统及开式贮水箱的非满水位运行控制设计中，宜在温差循环使得水箱水温高于设定值后，采用定温出水，然后自动补水，在水箱水满后再转换为温差循环。

③ 温差循环控制的水箱测温点应在水箱的下部。

④ 当集热系统循环为变流量运行时，应根据集热器温差改变流量，实现稳定运行。

⑤ 在较大面积集热系统的情况下，代表集热器温度的高温点或低温点宜设置一个以上温度传感器。

⑥ 在开式贮水箱和开式供热水箱的系统中，供热水箱的水源宜有贮水箱供应。

(1) 定温控制

定温控制需在太阳能集热系统的出口设置温度传感器，控制器自动检测集热系统出口温度 T_1。当 T_1 大于启动值时，控制器发出控制信号，启动循环泵，系统开始循环，不断地将集热器中的热水置换到贮水箱中；当 T_1 小于启动值时，控制器发出控制信号，循环泵停止，如图 8-3(a) 所示。

(2) 温差控制

温差控制需在太阳能集热系统的出口及贮水箱的底部分别设置温度传感器，控制器自动检测集热系统出口温度 T_1 与贮水箱温度 T_2，当 T_1-T_2 大于温差循环启动值时，控制器发出控制信号，启动循环泵，系统开始循环，不断地将集热器中的热水置换到贮水箱中，这是一个反复循环的过程，随着贮水箱中热水温度不断升高，T_1-T_2 逐渐减小，直至 T_1-T_2 小于温差循环停止值时，控制器发出控制信号，循环泵停止，如图 8-3(b) 所示。

(3) 上水控制

上水控制需在贮水箱中设置水位传感器，控制器自动检测贮水箱水位，当贮水箱水位低于设定水位且满足其他设定条件时，补水电磁阀或补水水泵启动，为贮水箱补水。

(4) 辅助热源控制

控制器自动检测贮水箱温度 T_2，当水温低于设定值时，且在系统设定的辅助热源启动时间范围内，辅助热源启动，当水温加热到设定值时，辅助热源停止工作。

8.8.2　安全控制

太阳能热水系统的安全控制主要包括防冻控制和防过热控制。

太阳能热水系统的安全控制功能应符合下列规定：

① 太阳能集热系统的集热循环控制应采取防过热措施。

② 当贮水箱中水温高于设定温度时，应停止继续从集热系统与辅助能源系统获得能量。

③ 在冬季有冻结可能地区运行的以水为工质的集热循环系统，不宜采用排空方法防冻运行时，宜采用定温防冻循环优先于电辅助防冻措施；在电辅助防冻措施中，宜采用管路或水箱内设置电加热器且循环水泵防冻的措施优先于管路电伴热辅助防冻措施；当防冻运行时，管路温度宜控制在 5～10℃ 之间。

④ 采用主动排空防冻的太阳能集热系统中，排空的持续时间应可调。

⑤ 在太阳能集热系统和供热水系统中，水泵的运行控制应设置缺液保护。

⑥ 控制系统中的电器设备应设置短路保护和接地故障保护装置及等电位连接等安全措施。

8.8.2.1　防冻控制

在冬季最低温度低于 0℃ 地区，安装太阳能热水系统需要考虑系统防冻问题。系统防冻包括太阳能集热器防冻和管路防冻。对于平板型集热器，如果冬季在结冰地区使用，就必须考虑防冻问题；对于真空管集热器，当在低于 -20℃ 的环境下使用时，也需要考虑防冻问题；对于管路系统，当在低于 0℃ 的环境下使用时，也需要考虑防冻问题。太阳能集热系统防冻方式主要有循环防冻、电加热带防冻、排空防冻和防冻液防冻四种形式。

（1）循环防冻

通过使太阳能热水系统中集热介质循环，达到防止集热器及管路结冰的目的。循环的方式主要有：

① 连续循环。在冬季结冰的季节，使循环水泵连续不停地循环，以防止结冰。显然，这种方法的缺点是既浪费电能，又增加水泵的磨损。

② 间歇循环。在冬季结冰的季节，通过定时器，使循环水泵间歇循环，即循环一定时间，停止一定时间，以防止结冰。这种方法解决了连续循环防冻的缺点，但如果停止循环的时间过长，有可能造成结冰。

③ 定温循环。定温循环有两种控制方法。一种方法是由温控仪根据环境温度来自动控制循环水泵，当环境温度低于某一温度值时，温控仪使循环水泵启动；当环境温度高于某一温度值时，温控仪使循环水泵停止。另一种方法是由温控仪根据太阳能热水系统管路内水的温度来自动控制循环水泵，当管路水温低于某一温度值时，温控仪使循环水泵启动；当管路水温高于某一温度值时，温控仪使循环水泵停止。

循环防冻是一种被动防冻的措施，缺点是一旦停电，将导致结冰冻坏的危险，且在高寒地区使用，即使循环，也仍有可能结冰。尤其是对于散热量很大的平板型集热器，有可能冻坏集热板芯。因此，循环防冻一般用于真空管太阳能热水系统的防冻。

（2）电加热带防冻

通过在太阳能热水系统的管路上加装电加热带的方式，达到防止管路结冰的目的。电加热带有两种方式：

① 温控电加热带防冻。通过温度控制仪控制电加热带通电与断电，达到防止管路结冰的目的。监测的温度可以是环境温度，也可以是管路的水温。

② 自限温电加热带防冻。电加热带本身的发热电阻随温度变化而变化。当温度升高时，发热电阻增大，通过电加热带的电流减小；当温度达到某一数值时，发热电阻很大，几乎使电加热带不导电；当温度下降后，发热电阻又逐步变小。因此，自限温电加热带具有温度自调功能。

电加热带防冻也是一种被动防冻的措施，可以在高寒地区使用。但电加热带只能解决系统管路的防冻，不能解决集热系统中集热器的防冻问题。

（3）排空防冻

通过排空太阳能热水系统管路和集热器中的水，达到防止集热器和管路结冰的目的。排空防冻有两种方式：

① 防冻排空阀防冻。在太阳能热水系统管路的最低处安装防冻排空阀，当环境温度达到可能使管路中的水结冰时，防冻排空阀自动打开，使太阳能热水系统中的水从防冻排空阀排出，从而达到防止结冰的目的。

② 回流排空防冻。当循环水泵停止循环后，集热器和管路中的水自动回流到水箱中，使集热器和管路排空，从而达到防止结冰的目的。

排空防冻是一种主动防冻的措施，防冻比较可靠，尤其是回流排空防冻。因此，排空防冻多用于平板型集热器系统的冬季防冻。对于全玻璃真空管集热器系统，一般不宜采用排空防冻措施，因为排空后再次上水有可能造成全玻璃真空管炸管。另外，采用排空防冻措施时，应使贮水箱低于管路和太阳能集热器安装，并加大系统管路的坡度，以利于水回流通畅。

（4）防冻液防冻

防冻液防冻在工程中最为常用。常用的防冻剂主要为乙二醇水溶液，其他可供选用的防冻液还包括氯化钙、乙醇（酒精）、甲醇、醋酸钾、碳酸钾、丙二醇和氯化钠等。对防冻液的性能要求主要有：

① 与集热器、管路及附件材料具有很好的相容性。

② 低温黏度不太大。

③ 化学性质稳定。

防冻液使用时应注意以下问题：

① 根据环境温度条件选择防冻液的冰点。目前市场上防冻液的冰点有$-15℃$、$-25℃$、$-30℃$、$-40℃$等几种规格，一般选择比所在地区最低气温低 10℃ 以上的防冻液为宜。

② 应选用具有防锈、防腐及除垢能力的防冻液；选用与管道材料、密封材料相匹配的防冻液。

③ 加注防冻液前一定要对太阳能集热系统进行清洗。

④ 禁止直接加注防冻液母液，应按要求配比好后加入系统。

⑤ 不同厂家生产的防冻液不能混加；不可用自来水稀释防冻液，以免自来水中的水垢、杂质与防冻液中的添加剂起反应，生成沉淀。

⑥ 应对使用中的防冻液进行定期、定项检查。检查内容应包括冰点检查、密度检查及外观检查，发现密度增大、防冻液变稠、冰点上升，以及防冻液变蚀、变质、变味、发泡等应及时更换。没有具体要求时最多 5 年必须进行更换。

⑦ 采用乙二醇和丙二醇作为防冻液时，应注意系统过热导致防冻液失效的问题。当太阳能集热系统过热时，过高的温度会导致工质压力升高、汽化和沸腾，使其防冻能力下降。

⑧ 防冻液的组成成分对其冰点有关键性影响，集热系统不应设自动补水，也不应设自动放气阀，以免破坏防冻液成分。在大型系统中，使用防冻液的集热系统应设旁通管路，以防集热系统清晨启动时防冻液温度过低将热交换器或水箱中的水冻结，如图 8-13 所示。

防冻液防冻是一种主动防冻的措施，适用于各种类型的集热器，也适用于双回路太阳能热水系统。

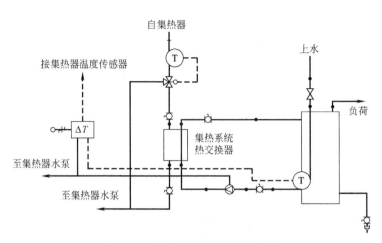

图 8-13   带旁通管路的防冻液系统

8.8.2.2   防过热控制

太阳能热水系统过热一般分为集热系统过热和贮水箱过热。当集热系统的循环泵发生故障、关闭或停电时，可能导致集热系统中集热介质温度过高，对集热器和管路系统造成损坏；对采用防冻液的系统，集热系统中防冻液的温度高于安全使用温度后具有强烈腐蚀性，对系统部件会造成损坏，这种过热现象一般称为集热系统过热。当系统长期无人用水时，贮水箱中热水温度过高，甚至会发生沸腾，沸腾产生的蒸汽会堵塞管道甚至将水箱和管道挤裂，这种过热现象一般称为贮水箱过热。

为保证系统的安全运行，在太阳能热水系统中应设置过热防护措施。防过热控制系统一般由防过热温度传感器和相关的控制器及执行器组成。集热器出口温度传感器可同时作为集热系统防过热温度传感器使用。贮水箱防过热温度传感器一般安装在水箱顶部，对于强制循环系统，由于贮水箱中不存在明显的温度分层，也可以把用于温差循环控制的温度传感器兼作贮水箱防过热温度传感器。

防过热控制的思路是，当发生贮水箱过热时，不允许集热系统采集的热量再进入贮水箱，此时多余的热量由集热系统承担；当集热系统也发生过热时，任由集热系统中的工质沸腾或采取其他措施散热。常用的防过热措施有：

(1) 排空系统或回流系统

当水箱温度大于设定值后，关闭循环水泵，停止集热器向贮水箱传输热量，集热器中工质回流到水箱，集热器处于空晒状态，达到防过热的目的。过热解除后，启动水泵，将集热介质重新注入集热器。采用排空或回流系统防过热时，集热器选用和安装应考虑集热器空晒状态可能承受的高温，以及温度变化可能导致的集热器板芯变形或炸管问题。

(2) 带散热装置的过热保护系统

当贮水箱温度大于设定值后，把集热循环切换到与散热器相连，太阳能集热器得到的热量通过散热装置散失掉，保证系统安全运行。

(3) 太阳能集热器遮盖法防过热

当贮水箱温度大于设定值后，利用自动遮盖装置或人工布置遮盖材料等方法将集热器遮盖一层透光性差的材料，减少投入到集热器上的太阳辐射，防止系统过热。

系统过热最彻底的解决措施应该是在设计阶段就针对用户的用热规律来规划和设计系统，从源头上尽量避免过热现象的发生。在系统部件的选择上，必须以系统的过热保护启动温度作为工作温度来选择，以保证过热防护系统的正常运行。

习题

1. 试述太阳能热水系统的组成。

2. 在设计太阳能热水系统前，应调查了解用户哪些基本情况？

3. 太阳能集热系统的选型应考虑哪些因素？

4. 自然循环太阳能热水系统设计需要注意哪些问题？常见的自然循环太阳能热水系统有哪几种类型？

5. 常见的强制循环太阳能热水系统有哪几种类型？

6. 试分析如图 8-14 所示的两种强制循环太阳能热水系统，并分别说明设计时应注意的问题。

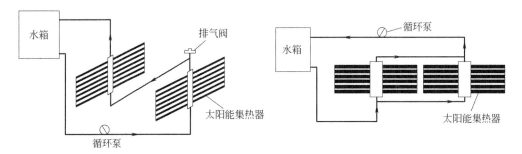

图 8-14　两种强制循环太阳能热水系统

7. 太阳能集热系统中集热器的选择应考虑哪些因素？

8. 在计算集热面积时，如何选择气象参数？

9. 在计算集热面积时，太阳能保证率的选择需要考虑哪些因素？

10. 在确定集热器的安装方位角时，需要考虑哪些因素？

11. 在确定集热器的安装倾角时，需要考虑哪些因素？

12. 在确定集热器在建筑物屋面上的布局时，需要考虑哪些因素？

13. 如果计算的集热器面积大于建筑物的实际安装面积，设计时可采取哪些方式来尽可能提高系统的太阳能保证率？

14. 集热器的连接方式有哪些？在确定集热器连接方式时应注意哪些问题？

15. 如何理解混联系统的几项原则？

16. 太阳能集热系统中如何选择贮水箱的形状及容积？

17. 在什么情况下，太阳能热水系统宜采用双水箱系统？

18. 贮水箱进出水管的布置在设计时应注意哪些问题？

19. 辅助热源选择的依据是什么？

20. 简述集热系统管路设计的要求。

21. 太阳能热水系统中常用的保温材料有哪些？

22.如图 8-15 为两种太阳能热水系统原理图，试分析两种系统分别采用的循环运行控制模式，并叙述其工作原理。

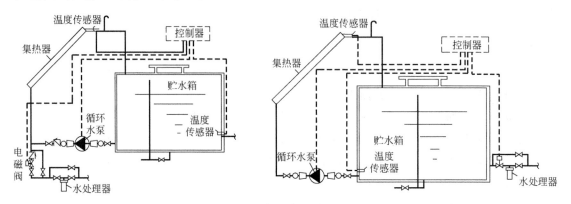

图 8-15　两种太阳能热水系统原理

23.真空管集热系统和平板型集热系统分别宜采用哪种防冻措施？

24.排空防冻在设计时应注意哪些问题？

25.防冻液防冻系统在设计及使用时应注意哪些问题？

26.系统防过热设计的思路是什么？

第 **9** 章

其他太阳能热利用系统

9.1 太阳能采暖系统

太阳能采暖是以太阳能替代或部分替代常规能源为建筑物提供采暖所需要的热量。我国气候大体可划分为严寒、寒冷、夏热冬冷、夏热冬暖、温和等五大气候区。其中，东北、华北和西北（简称"三北"地区）全年累计日平均温度低于或等于 5℃ 的天数一般都在 90 天以上，最多的满洲里达 211 天。而正是这些地区，太阳能资源又十分丰富，因此大力推广应用太阳能采暖系统，可有效节约常规能源，减少环境污染，这不仅具有巨大的经济效益，而且具有明显的社会效益和环境效益。

9.1.1 太阳能采暖的分类

太阳能采暖的建筑称为太阳房。太阳能采暖系统可分为主动式和被动式两大类。主动式太阳能采暖系统又称为主动式太阳房，被动式太阳能采暖系统又称为被动式太阳房。

主动式太阳能采暖系统是以一种能控制的方式，通过太阳能集热器、储热器、管道、风机或循环泵等设备来收集、储存和输配太阳能转换而得的热量，系统中的各部分均可控制，从而达到建筑物所需要的室温。被动式太阳能采暖系统是根据当地气象条件，基本上不添置附加设备，只是依靠建筑物本身的构造和材料的热工性能，使建筑物尽可能多地吸收太阳能并储存热量，以达到采暖的目的。本节主要介绍主动式太阳能采暖系统。

太阳能供热采暖系统可以从不同的角度进行分类，如表 9-1 所示。

表 9-1 太阳能供热采暖系统分类

分类依据	太阳能供热采暖系统名称
工作温度	高温、热电/冷热电联产太阳能供热采暖系统
	中温太阳能供热采暖系统
	低温太阳能供热采暖系统
太阳能集热器	聚光型太阳能供热采暖系统
	非聚光型太阳能供热采暖系统
系统工质	液体工质太阳能供热采暖系统
	空气太阳能供热采暖系统

续表

分类依据	太阳能供热采暖系统名称
集热系统换热方式	直接式太阳能供热采暖系统
	间接式太阳能供热采暖系统
集热器安装位置	地面安装太阳能供热采暖系统
	与建筑结合太阳能供热采暖系统
系统蓄热能力	短期蓄热太阳能供热采暖系统
	季节蓄热太阳能供热采暖系统
采暖用户规模	户式太阳能供热采暖系统
	区域太阳能供热采暖系统

太阳能采暖系统与常规能源采暖系统相比，有如下几个特点：

① 系统运行温度低。由于太阳能集热器的效率随运行温度升高而降低，在满足需要的前提下，应尽可能降低集热器的运行温度，也即尽可能降低采暖系统的热水温度。若采用地面板辐射采暖或顶棚辐射板采暖，则集热器的运行温度在 $30\sim38$℃ 之间即可，所以可使用平板型集热器；若采用普通散热器采暖，则集热器的运行温度必须达到 $60\sim70$℃ 以上，所以应使用真空管集热器。

② 有储存热量的设备。由于照射到地面的太阳辐射能受气候和时间的支配，不仅有季节之差，而且一天之内的太阳辐照度也是不同的，因此太阳能不能成为连续、稳定的能源。要满足连续采暖的需求，系统中必须有储存热量的设备。对于液体太阳能采暖系统，储热设备可采用贮水箱；对于空气太阳能采暖系统，储热设备可采用岩石堆积床。

③ 与辅助热源配套使用。由于太阳能的间歇性，要满足各种气候条件下采暖的需求，太阳能采暖系统中设置辅助热源是必须的。太阳能采暖系统的辅助热源可采用电力、燃气、燃油和生物质能等。

④ 适合在节能建筑中应用。由于地面上单位面积能够接收的太阳辐射能有限，要满足建筑物采暖的需求且达到一定的太阳能保证率，就必须安装足够多的太阳能集热器。如果建筑围护结构的保温水平低，门窗的气密性又差，那么在有限的建筑围护结构面积上（包括屋面、墙面和阳台）不足以安装所需的太阳能集热器面积。

9.1.2 采暖负荷计算

太阳能供热采暖系统负荷包括生活热水负荷和采暖负荷，太阳能集热系统设计负荷应选择其负担的采暖负荷与生活热水负荷中的较大者。

太阳能采暖负荷只出现于冬季，具有明显的季节使用特性。同时，采暖负荷在采暖季的不同时期或一天内的不同时间也不尽相同。比如采暖季初期和末期的采暖负荷比气温最低的采暖季中期要小，一天中白天的采暖负荷比夜间的热负荷小。虽然太阳能采暖负荷呈现波动变化，但与生活热水的集中用热相比，每日的变化相对平稳。总体来说，太阳能采暖负荷与生活热水负荷在负荷大小、负荷变化特点、系统温差等方面存在差异。

太阳能集热系统负担的采暖负荷宜通过采暖季逐时采暖负荷计算确定。采用简化计算方法时，该采暖负荷应为采暖期室外平均气温条件下的建筑物耗热量。

① 供暖热负荷为建筑物耗热量，整个采暖季建筑物的热负荷 Q_H 按式（9-1）计算。

$$Q_{H}=Q_{HT}+Q_{INF}-Q_{IH} \tag{9-1}$$

式中，Q_H 为建筑物耗热量，W；Q_{HT} 为通过围护结构的传热耗热量，W；Q_{INF} 为空气渗透耗热量，W；Q_{IH} 为建筑物内部得热量，包括照明、电器、炊事、人体散热和被动太阳能集热部件得热等，W。

② 通过围护结构的传热耗热量应按式（9-2）计算。

$$Q_{HT}=\varepsilon KF(T_{i}-T_{e})(1+\Phi) \tag{9-2}$$

式中，Q_{HT} 为通过围护结构的传热耗热量，W；T_i 为室内空气计算温度，℃；T_e 为采暖期室外平均温度，℃；ε 为围护结构的温差修正系数；F 为围护结构的面积，m^2；K 为各个围护结构的传热系数，$W/(m^2 \cdot ℃)$；Φ 为围护结构附加耗热量占基本耗热量的比例，%。

室内空气计算温度 T_i、采暖期室外平均温度 T_e、围护结构的温差修正系数 ε、围护结构附加耗热量占基本耗热量的比例 Φ 等参数应按《民用建筑供暖通风与空气调节设计规范》（GB 50736—2012）的规定选取。

围护结构的传热系数按下式计算

$$K=\cfrac{1}{\cfrac{1}{\alpha_{n}}+\sum\cfrac{\delta}{\alpha_{\lambda}\lambda}+R_{k}+\cfrac{1}{\alpha_{w}}} \tag{9-3}$$

式中，α_n 为围护结构内表面换热系数，$W/(m^2 \cdot ℃)$；α_w 为围护结构外表面换热系数，$W/(m^2 \cdot ℃)$；δ 为围护结构各层材料厚度，m；λ 为围护结构各层材料热导率，$W/(m \cdot ℃)$；α_{λ} 为材料热导率的修正系数；R_k 为封闭空气间层的热阻，$m^2 \cdot ℃/W$。

③ 空气渗透耗热量应按式（9-4）计算。

$$Q_{INF}=\rho C_{p}L(T_{i}-T_{e}) \tag{9-4}$$

式中，Q_{INF} 为空气渗透耗热量，W；C_p 为空气比热容，取 $0.28W \cdot h/(kg \cdot ℃)$；$\rho$ 为空气密度，取 T_e 条件下的值，kg/m^3；L 为渗透冷空气量，m^3/h，应按《民用建筑供暖通风与空气调节设计规范》（GB 50736—2012）的规定选取。

在方案设计和初步设计阶段，太阳能集热系统负担的采暖负荷还可由不同地区建筑节能设计标准中的耗热量来计算，计算公式为

$$Q_{H}=q_{H}A_{b} \tag{9-5}$$

式中，Q_H 为建筑物耗热量，W；q_H 为节能设计标准中建筑物耗热量，W/m^2；A_b 为建筑面积，m^2。

9.1.3　空气太阳能采暖系统

所谓空气太阳能采暖系统，就是用太阳能集热器收集太阳辐射能并转换成热能，以空气作为集热器的集热介质，以岩石堆积床作为蓄热介质，热空气经由风道送至室内进行采暖的系统。

空气太阳能采暖系统具有结构简单、安装方便、制作及维修成本低、无需采取防冻和防过热措施、腐蚀问题不严重、热风采暖控制使用方便等优点；其缺点是所需用管道投资大、风机电力消耗大、储热体积大以及不易和吸收式制冷机配合使用等。

空气太阳能采暖系统一般由太阳能空气集热器、岩石堆积床、辅助加热器、管道、风机

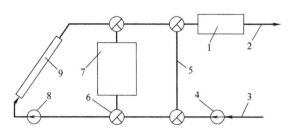

图 9-1　空气太阳能采暖系统示意图

1—辅助加热器；2—送风管道；3—回风管道；4—风机；
5—旁通管；6—三通阀；7—岩石堆积床；8—风机；
9—太阳能空气集热器

等几部分组成，如图 9-1 所示。

风机 8 驱动空气在太阳能空气集热器 9 与岩石堆积床 7 之间不断地循环。集热器吸收太阳辐射能后加热空气，热空气被传送到岩石堆积床中将热量储存起来，或者通过送风管道 2 直接送往建筑物。风机 4 的作用是驱动建筑物内空气的循环，并将建筑物内空气经由回风管道 3 输送到岩石堆积床中，与储热介质进行热交换，加热后的热空气送往建筑物进行采暖。如果热空气的温度太低，需使用辅助加热器 1，可以通过旁通管 5 返回，不再进入岩石堆积床。此外，也可以让建筑物中的冷空气不通过岩石堆积床，而直接通往太阳能空气集热器加热以后，送入建筑物内。

使用空气作为太阳能集热器的集热介质时，空气的容积比热容要比水的容积比热容小得多，前者仅为 1.25kJ/(m³·℃)，后者高达 4187kJ/(m³·℃)；其次，空气与集热器中集热板的换热系数要比水与集热板的换热系数小得多。因此，空气集热器的体积和传热面积都要比液体集热器大得多。

当集热介质为空气时，储热器一般使用岩石堆积床，里面堆满卵石，卵石堆有巨大的表面积及曲折的缝隙。在热空气流通时，卵石堆储存了由热空气所放出的热量；在通入冷空气时，冷空气把储存的热量带走。这种直接换热器具有换热面积大、空气流动阻力小、换热效率高等特点。在这里，岩石堆积床既是储热器又是换热器，因而降低了系统的造价。

岩石堆积床对于容器的密封要求不高，镀锌铁板制成的大桶、水泥管等都适合装卵石。但卵石装进容器以前必须仔细刷洗干净，否则灰尘会随着热空气进入建筑物内。

9.1.4　太阳能地板辐射采暖系统

地板辐射采暖是建筑采暖方式中的一种，它是在房屋地板的下面敷设塑料管，以热水作为采暖系统的热媒。所谓太阳能地板辐射采暖系统，就是由太阳能集热器提供地板辐射采暖所需要的热水。

9.1.4.1　主要特点

地板辐射采暖与传统的散热器采暖相比，具有如下一些特点：

① 在相同的采暖条件下，地板辐射采暖所需的热水温度比散热器采暖要低得多，地板表面平均温度一般要求在 24～28℃ 的范围，供水温度一般在 30～38℃ 即可，因而特别适合与太阳能集热系统相结合，在冬季运行时仍可保持较高的集热效率，即使平板型集热器也可用于太阳能地板辐射采暖。

② 采用地板辐射采暖方式的室内实感温度要比非地板辐射采暖方式的室内实感温度高出 2～4℃，因而室内设计温度可以比通常方式相应地降低 2～4℃，大大减少了房间对于环境的热损失，具有明显的节能效果。

③ 地板辐射采暖的热量是从地板上升到天花板，垂直温度梯度小，符合"脚暖头凉"的人体生理需要，促进血液循环，所以在房间里的人们会感到比散热器采暖更加舒适。

④ 地板辐射采暖的室内水平温度分布均匀，空气对流效应小，可以减少室内尘土的飞扬和扩散，满足舒适卫生的要求。

⑤ 地板辐射采暖在房间水平面上不占用面积，不妨碍室内家具的布置和移动，因而扩大了房间的有效使用面积。

⑥ 地板辐射采暖易于解决高空间、大跨度、矮窗式建筑物采暖供热紧张的问题，对于商场、礼堂、展览馆、办公大厅等的采暖具有重要作用。

9.1.4.2 基本结构

太阳能地板辐射采暖系统通常由太阳能集热器、贮水箱、地下加热盘管、分水器、集水器、循环水泵、辅助热源等部分组成。其中，地下加热盘管及其配套的辐射采暖地板是太阳能地板辐射采暖系统所特有的。

(1) 地下加热盘管

① 盘管的材料。地下加热盘管是太阳能地板辐射采暖系统的关键部件。盘管的材料应采用高柔韧、抗老化、耐高温、耐高压的塑料软管，管材的环向力等应变蠕变特性曲线、物理力学性能等均应符合有关标准的要求。常用的盘管材料有：交联铝塑复合管（XPAP管）、聚丁烯管（PB管）、交联聚乙烯管（PE-X管）、无规共聚聚丙烯管（PP-R管）等。

② 盘管的敷设形式。加热盘管的布置应按照房间分组，并采用"同程原则"，即连接在同一分（集）水器上的各组加热盘管的几何长度应相等。每支环路的管材长度应小于120m，管材间距宜为100～300mm，沿围护结构外墙的管材与外墙内表面的距离宜为100mm。

加热盘管的基本敷设形式有螺旋型、往复型、直列型等几种，如图9-2所示。在工程应用中，地下加热盘管大多采用螺旋型敷设形式。

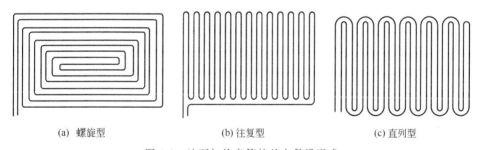

(a) 螺旋型   (b) 往复型   (c) 直列型

图9-2 地下加热盘管的基本敷设形式

图9-2示出的只是加热盘管的基本敷设形式。在实际工程中，由于需要考虑房间的形状、尺寸、分（集）水器的位置等因素，加热盘管的实际敷设结果往往比较复杂，如图9-3所示。

(2) 辐射采暖地板

辐射采暖地板可分为两种形式：楼层辐射采暖地板和底层辐射采暖地板。

楼层辐射采暖地板的构成（从上到下）：地面层（包括装饰层和保护层）、填充层（卵石混凝土）、加热盘管、隔热层、防水层（仅在楼层的潮湿房间敷设）、楼板。

底层辐射采暖地板的构成（从上到下）：地面层（包括装饰层和保护层）、填充层（卵石混

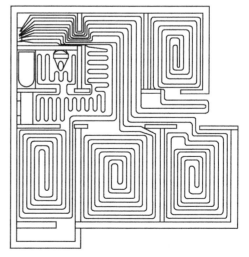

图9-3 房间地下加热盘管布置示意图

凝土)、加热盘管、隔热层、防潮层(在底层敷设)、土壤。

隔热层材料可采用聚苯乙烯泡沫塑料板。为增强隔热板材的整体强度,并便于安装和固定加热盘管,在隔热板材表面可以敷上真空镀铝聚酯薄膜面层(或玻璃布基铝箔面层),也可以铺设低碳钢丝网。典型的辐射采暖地板结构如图 9-4 所示。

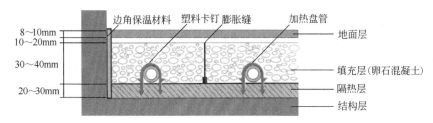

图 9-4 典型的辐射采暖地板结构示意图

9.1.4.3 具有相变蓄热材料的地板辐射采暖

鉴于地板辐射采暖具有节约能源、提高热舒适度等诸多优点,太阳能地板辐射采暖系统已得到越来越广泛的应用。在地板辐射采暖系统中,有一种是将相变蓄热材料(PCM)与地板辐射采暖结合起来。这种系统是将相变蓄热材料做成各种不同几何形状的模块,所用容器如钢筒、铝箔层压盒和聚乙烯管等,与地下加热盘管一同安装在辐射采暖地板内,如图 9-5 所示。

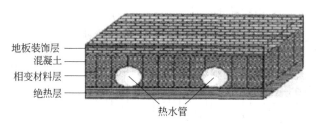

图 9-5 相变蓄热材料在辐射采暖地板中的安装示意图

太阳能地板辐射采暖系统运行时,借助于循环水泵,把白天由太阳能集热器得到的热量,经由地下盘管中的热水,传递给相变蓄热材料模块,使相变蓄热材料由固态熔解变成液态,同时吸收熔解潜热,储存起来以供夜间使用;在夜间,地下盘管中的热水温度降低,相变蓄热材料由液态凝结变成固态,同时放出凝固潜热,满足房间采暖的要求。

蓄能地板蓄热量大,热稳定性能更好,在间歇供暖的条件下,室内温度变化缓慢。但是蓄热介质的稳定性还有待提高,将蓄热介质埋在地板层内,在蓄热介质失去效用后不便于维修及更换,并且增加了地面层的热阻值,影响了传热效果和系统寿命。

9.1.5 太阳能热泵采暖系统

太阳能热泵采暖系统就是将太阳能集热器和热泵组合成一个系统,由太阳能为热泵提供所需要的热源,并实现将低品位热能提升到高品位热能,从而为建筑物进行供热。例如,利用太阳能集热器使水温达到 10~20℃,再用热泵进一步升高到 30~50℃,满足建筑物采暖的要求。太阳能热泵采暖系统的主要优点是不仅可以节省电能,即消耗少量电能而得到几倍于电能的热量,而且可以有效地利用低温热源,减少太阳能集热器的面积,缩小贮水箱的容积,延长太阳能采暖的使用时间。

9.1.5.1 热泵的基本原理

(1) 工作过程

这里所说的热泵是指蒸汽压缩式热泵,它由压缩机、冷凝器、蒸发器和节流阀(膨胀阀或其他节流元件)等部件组成,如图9-6所示。

压缩机是热泵系统的心脏,其作用是压缩和输送工质,使工质在热泵系统中进行循环;冷凝器是热量输出设备,它将蒸发器吸收的热量连同压缩机所消耗的电能一起输送给供热对象;蒸发器是热量的输入设备,在这里工质通过吸收低温热源的热量而蒸发;节流阀对于工质起到节流降压和调节循环流量的作用。

在热泵工作时,压缩机将蒸发器所产生的低压(低温)工质蒸气吸入压缩机汽缸内,经压缩后,工质蒸气压升高(温度也升高),直到略大于冷凝压力,然后再将高压工质蒸气排至冷凝器。在冷凝器内,温度和压力较高的工质蒸气与温度较低的水进行热交换而冷凝成液体。与此同时,被冷凝器提高温度后的水进入房间,实现了供热采暖的目的。被冷凝的工质液体经节流阀节流降压(同时降温)后进入蒸发器,在蒸发器内吸收来自环境的热量而汽化。蒸发器所产生的工质蒸气又被压缩机吸走。因此,热泵在系统中经过压缩、冷凝、节流、汽化这样四个过程,完成一个循环。如果循环不断进行,便实现连续供热。

在热泵系统中,通过工质的状态变化和气液相变,将低品位热能提升到高品位热能,就像水泵以机械功为代价将水从低处提升到高处一样,因此称为热泵。

图9-6 蒸汽压缩式热泵原理图

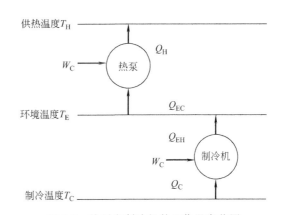

图9-7 热泵和制冷机的工作温度范围

(2) 性能系数

热泵的工作原理与压缩式制冷机的工作原理基本相同,只是工作温度的范围不同,如图9-7所示。

根据热力学第一定律,能量平衡方程式如下:

① 对于热泵,有

$$Q_H = Q_{EC} + W_C \tag{9-6}$$

② 对于制冷机,有

$$Q_{EH} = Q_C + W_C \tag{9-7}$$

式中，Q_H 为向采暖空间的放热量；Q_{EC} 为从低温环境的吸热量；W_C 为压缩机所消耗的电能；Q_{EH} 为向高温环境的放热量；Q_C 为从制冷空间的吸热量。

根据热力学第二定律，压缩机所消耗的电能（W_C）总是起到补偿的作用，使工质能够不断地从低温环境吸热，向高温环境放热，周而复始地进行循环。在热泵系统中，工质不断地从低温环境吸热（Q_{EC}），并向采暖空间放热（Q_H）；在制冷机系统中，工质不断地从制冷空间吸热（Q_C），并向高温环境放热（Q_{EH}）。

因此，压缩机的能耗是一个非常重要的技术经济指标，通常用性能系数（Coefficient of Performance，COP）来衡量热泵或制冷机的能量效率。

对于热泵，性能系数 COP_H（制热性能系数）的定义为

$$COP_H = \frac{Q_H}{W_C} = \frac{Q_{EC} + W_C}{W_C} = 1 + \frac{Q_{EC}}{W_C} \tag{9-8}$$

对于制冷机，性能系数 COP_C（制冷性能系数）的定义为

$$COP_C = \frac{Q_C}{W_C} \tag{9-9}$$

由式（9-8）可见，热泵的制热性能系数 COP_H 总是大于 1。因此，热泵是一种高效节能的装置，可以同太阳能集热器结合组成太阳能热泵采暖系统。

根据太阳能集热器中集热介质的不同，太阳能热泵采暖系统可分为两大类：直接膨胀式和非直接膨胀式。

9.1.5.2 直接膨胀式太阳能热泵采暖系统

直接膨胀式太阳能热泵采暖系统（图 9-8）是将太阳能集热器与热泵蒸发器结合为一体，将其称为集热/蒸发器。

在直接膨胀式太阳能热泵采暖系统中，将太阳能集热器作为热泵的蒸发器，以低沸点工质作为太阳能集热器的集热介质。太阳能集热器吸收太阳辐射并转换成热能，加热低沸点工质，使工质在集热/蒸发器内蒸发，工质蒸气通过压缩机升压升温，进入冷凝器后释放出热量，经过换热器传递给贮水箱内的水，使之达到采暖所需要的温度。与此同时，高压工质蒸气冷凝成液体，然后通过膨胀阀，再次进入集热/蒸发器，形成周而复始的循环。

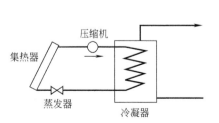

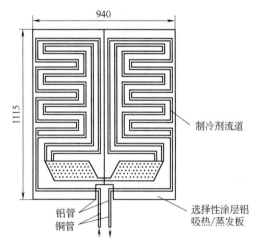

图 9-8　直接膨胀式太阳能热泵采暖系统示意图　　图 9-9　一种集热/蒸发器结构示意图（单位：mm）

太阳能集热器与热泵蒸发器在结构和功能上都合二为一，使得太阳能集热温度与低沸点工质蒸发温度始终保持一致，也就是说，集热温度可以处在一个较低的温度范围内。直接膨胀式太阳能热泵采暖系统这种结构上的优势，可以使得集热效率非常高，甚至采用无透明盖板集热器也可以获得较高的集热效率，因而集热器成本很低。图9-9示出了一种集热/蒸发器的结构和尺寸实例。该集热/蒸发器的板材为工业纯铝（纯度为99%以上），采用热轧吹胀法（又称印刷管路吹胀法）加工而成。制造时，在一张铝板上用石墨印刷出管路图案，将另一张铝板放在上面，加压热轧，然后再冷轧至所需的厚度。这样，在没有用石墨印刷管路的地方就依靠分子的引力作用，将两张铝板黏结牢固，之后再将复合的铝板进行退火处理，并用2.4~2.8MPa的高压氮气进行吹胀，便形成了管路通道。管路的当量直径为8.6mm，管路的总长度为14.9m。集热/蒸发器的背面进行喷塑处理，正面涂刷光谱选择性吸收涂料，且不设任何透明盖板和保温材料，所以称为裸板式结构，属于无透明盖板集热器中的一种。集热/蒸发器的有效集热面积为1.05m^2，总质量约为4.6kg。

直接膨胀式系统的主要优点：

① 与非直接膨胀式系统相比，由于太阳能集热器与热泵蒸发器结合为一体，节省了换热设备，结构更为紧凑，安装更为方便，特别适用于小型家用太阳能采暖系统。

② 由于太阳能集热器的工作温度与热泵的蒸发温度保持一致，且与室外温度接近，集热器的散热损失很小，即使采用普通的平板型集热器，甚至采用无透明盖板集热器也可获得较好的集热性能，降低了设备成本。

直接膨胀式系统的主要缺点：

① 太阳辐照条件受地理纬度、季节转换、昼夜交替及各种复杂气象因素的影响而处于变化之中，而工况的不稳定必将导致系统性能的波动，因而如何保证系统的高效稳定运行，已成为直接膨胀式系统所必须解决的难题之一。

② 由于集热/蒸发器存在热泵工质的泄漏问题，直接膨胀式不适用于大型的太阳能采暖系统。

9.1.5.3　非直接膨胀式太阳能热泵采暖系统

非直接膨胀式太阳能热泵采暖系统是将太阳能集热器与热泵蒸发器分离，它一般是由太阳能集热器、换热器、热泵和两个贮水箱等部件组成的，以水或者防冻液作为太阳能集热器的集热介质，如图9-10所示。

太阳能集热器吸收太阳辐射并转换成热能，用以加热太阳能集热器内的水或防冻液，经过换热器传递给第一个贮水箱内的水，使第一个贮水箱内的水温逐步达到10~20℃，此热量经过换热器传递到热泵的低沸点工质，然后通过低沸点工质的蒸发、压缩和冷凝，释放出热量，经过换热器传递给第二个贮水箱内的水，使第二个贮水箱内的水温升高到30~50℃，满足建筑物采暖的要求，同样，高压工质蒸气冷凝成液体后通过膨胀阀，再次进入第一个贮水箱中的换热器，形成周而复始的循环。

根据太阳能集热循环和热泵循环的不同连接形式，非直接膨胀式太阳能热泵采暖系统又可分为串联式、并联式和双热源式等三种基本形式，如图9-11所示。

串联式太阳能热泵采暖系统是指太阳能集热循环与热泵循环通过蒸发器串联，蒸发器热源全部来自太阳能集热循环所吸收的热量。太阳能集热器提供的热量不直接用于向室内供暖，而是供给热泵蒸发器，以达到提升蒸发器热源温度，进而提高热泵COP的目的。

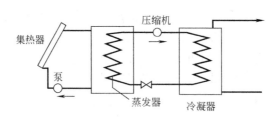

图 9-10   非直接膨胀式太阳能热泵采暖系统示意图

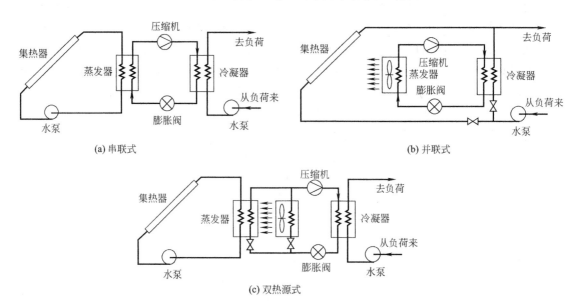

图 9-11   非直接膨胀式系统的几种基本形式

并联式太阳能热泵采暖系统是指太阳能集热循环与热泵循环并联,彼此独立,互相补充。在实际应用中,热泵也可作为直接太阳能采暖系统的辅助热源,实现多工况的切换和运行。在太阳辐射较好的情况下,可以直接利用太阳能集热循环进行采暖,而不必启用热泵循环,使系统运行比较经济;在太阳辐射较差的情况下,启用热泵循环以满足采暖需求,使系统具有较好的稳定性。

双热源式太阳能热泵采暖系统的结构与串联式基本相同,只是热泵循环中包含了两个蒸发器,可同时利用包括太阳能在内的两种低温热源,或者两者互为补充。

非直接膨胀式系统的主要优点:

① 由于太阳能集热器与热泵蒸发器是分离的,系统具有形式多样、布置灵活、应用范围广等优点,便于实现太阳能与建筑设计相结合。

② 非直接膨胀式系统易于实现一机多用,即冬季提供采暖,夏季提供制冷,全年提供生活热水。

非直接膨胀式系统的主要缺点:

① 与直接膨胀式系统相比,非直接膨胀式系统的规模尺寸较大,复杂程度较高,初始投资也较大。

② 系统的太阳能集热循环通常存在管路腐蚀、冬季冻结、夏季过热等问题。

9.2　太阳能制冷

利用太阳能替代或部分替代常规能源进行制冷，已成为太阳能热利用研究的热点之一。夏季太阳辐射强度高，环境温度高，空调负荷增大，电力消耗大。但是夏季阳光辐照强，太阳能集热系统集热效率高，恰好利用丰富的热水驱动吸收式、吸附式制冷机工作，起到能源互补的效果，因此，太阳能制冷具有良好的季节适应性。

太阳能制冷是一种直接利用热能驱动制冷机的制冷方式，常用的太阳能制冷系统有太阳能吸收式制冷系统、太阳能吸附式制冷系统、太阳能除湿制冷系统等。

9.2.1　太阳能吸收式制冷

太阳能吸收式制冷是目前各种太阳能制冷中应用较为广泛的一种制冷方式。吸收式制冷和蒸汽压缩式制冷都是利用液态制冷剂在低压低温下蒸发吸热以达到制冷的目的。两者的不同之处是消耗的能源形式不同，蒸汽压缩式制冷是靠消耗机械能或电能来制冷，而吸收式制冷是利用热能进行制冷。

吸收式制冷使用的工质是由两种沸点相差较大的物质组成的二元溶液，其中沸点高的组分称为吸收剂，沸点低的组分称为制冷剂，两者组合成吸收剂-制冷剂工质对。吸收式制冷的工作原理是：低浓度的吸收剂-制冷剂工质对在高温热源加热下，溶液中沸点低的制冷剂汽化后和溶液分离，分离出的制冷剂蒸气经冷凝、节流降压和蒸发而制冷，又通过浓溶液对制冷剂的吸收使溶液回复到初始的稀溶液状态。因此，吸收式制冷循环是依靠溶液中吸收剂浓度的变化来实现制冷的。目前常用的二元溶液有两种，一种是溴化锂-水溶液，其中溴化锂为吸收剂，水为制冷剂；另一种是氨-水溶液，其中水为吸收剂，氨为制冷剂。

(1) 太阳能溴化锂吸收式制冷系统

太阳能吸收式制冷系统主要包括两大部分：太阳能集热系统和吸收式制冷机。太阳能集热系统包括太阳能收集、转化以及贮存等部分，其中最核心的部件是太阳能集热器。适用于太阳能吸收式制冷领域的太阳能集热器有平板型集热器、真空管集热器、复合抛物面聚光集热器以及抛物面槽式等线聚焦集热器。太阳能溴化锂吸收式制冷系统的工作原理如图 9-12所示。

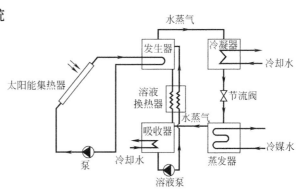

图 9-12　太阳能溴化锂吸收式制冷系统工作原理

溴化锂吸收式制冷系统为密闭负压状态，发生器中的溴化锂稀溶液被太阳能集热器的集热介质加热，稀溶液中的水汽化为水蒸气，溶液浓度提高，浓溶液进入吸收器，水蒸气进入冷凝器中被冷凝为高压低温的液态水，然后经节流阀节流后变为低压液态水进入蒸发器，在蒸发器中吸收冷媒水的热量而蒸发变为低温水蒸气，使得冷媒水温度降低，达到制冷的目的。吸收器中的溴化锂浓溶液吸收来自蒸发器的低温水蒸气变为稀溶液，溴化锂稀溶液通过溶液泵返回发生器，完成整个制冷循环。

吸收式制冷循环可以分为多级循环和多效循环。多级循环采用的是简单的复叠方式，具有各自发生器、吸收器、冷凝器和蒸发器的一个吸收式系统叠置于处于不同压力或浓度下的另一个或多个吸收式系统之上。这种布置方式可以使用 70～80℃ 的热水作为驱动热源，甚至在 65℃ 的热水驱动下系统仍能有效地工作，因此可大幅度降低对太阳能集热器的要求，但系统的 COP 较低，仅在 0.3～0.4，实用性不高。

根据热源在制冷机组内被利用的次数来区分，可以分为单效循环、双效循环或多效循环。高温热源驱动高压发生器后所解吸出的高压制冷剂蒸气在冷凝器中释放出来的冷凝热用于驱动低压发生器，因而热能被有效地利用了两次，此即为双效循环，如图 9-13 所示。在实际系统中，高压冷凝器可以布置在低压发生器中，系统只有 1 个冷凝器、1 个蒸发器和 2 个温度和压力不同的发生器。多效循环通过对热能的多次梯级利用，可显著提高制冷系统的 COP，但系统对驱动热源的温度要求也显著提高。

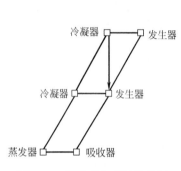

图 9-13　双效吸收式制冷循环

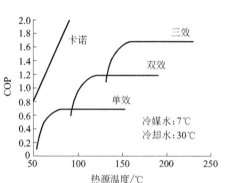

图 9-14　单效、双效和三效溴化锂吸收式
制冷机热源温度与 COP 关系

图 9-14 给出了相同制冷工况下卡诺循环、效数与系统 COP 之间的关系。可以看出，对于单效溴化锂吸收式制冷机，当热源温度在 80℃ 时，系统的 COP 可达 0.7，在 85℃ 后即使再增加热源温度，制冷机的 COP 值也不会有明显的变化。因此，单效溴化锂吸收式制冷机可采用低温太阳能集热器，具有较好的经济性。双效机组 COP 为 1～1.2，热源需为 150℃ 以上的高温水或表压为 0.25～0.8MPa 的蒸汽。系统可采用真空管太阳能集热器或聚焦型太阳能集热器，这将使得系统的初投资过高，系统经济性降低。

此外，从图 9-14 中还可以看出，三种形式的溴化锂吸收式制冷机都存在一个最低的临界热源温度，当热源温度低于该值时，系统的 COP 急剧下降，这也是太阳能制冷系统中须设置辅助能源的原因。

溴化锂吸收式制冷机的优点是系统可在较低热源温度下运行，并对热源温度、冷却水温度等外界条件变化的适应性较强，制冷效率较高。但也存在易结晶、腐蚀性强、系统真空度要求高等缺点。溴化锂吸收式制冷机中的冷媒水温度一般为 5～10℃，通常适用于大型中央空调。

太阳能驱动的溴化锂吸收式制冷系统中，目前比较成熟、应用广泛的仍然是单效溴化锂吸收式制冷系统。单效溴化锂吸收式制冷机的 COP 值不高，产生相同数量的冷量所消耗的一次能源大大高于传统压缩式制冷机。但其优势在于可以充分利用低品位能源，比如以废热、余热等作为驱动能源，从而可以充分有效地利用能量，这是压缩式制冷机无法比拟的。从低品位能源充分利用的角度看，单效机组是节电而且节能的。而采用低温太阳能集热器所产生的太阳能热水正可以用来驱动单效吸收式制冷机,从而组成太阳能驱动的单效溴化锂吸收式制冷系统。

(2) 太阳能氨-水吸收式制冷系统

太阳能氨-水吸收式制冷系统也是利用太阳能作为驱动制冷机运行的热源来实现制冷的。典型的氨-水吸收式制冷系统的COP在0.4~0.6之间,而蒸汽压缩式制冷系统的COP在3~5之间。单从这点来看,似乎利用氨-水吸收式制冷系统从经济性上并不合算,但事实上,在某些特殊场合,例如在远离供电设施、有廉价的废热资源可供利用或者当地有丰富的太阳能资源的地方,利用氨-水吸收式制冷系统的运行费用远远低于常规的蒸汽压缩式制冷系统,这就促成了太阳能驱动的氨-水吸收式制冷系统的问世。与太阳能溴化锂吸收式制冷系统相比,虽然氨-水吸收式制冷系统的COP要低一些,热源温度要求也较高,但是使用氨作为制冷剂的太阳能制冷,可以使蒸发温度降低到0℃以下。因此,自太阳能氨-水吸收式制冷系统问世以来,大多被用来制冰和冷藏。

氨-水吸收式制冷的工作原理与溴化锂吸收式制冷的工作原理基本相同。由于氨和水的沸点相差不大,发生器产生的氨蒸气中会含有较多的水蒸气成分。为了提高氨蒸气的浓度,必须在发生器上部设置分凝和精馏设备,使制冷剂蒸气中氨的浓度达到99.5%以上。太阳能氨-水吸收式制冷系统的工作原理如图9-15所示。

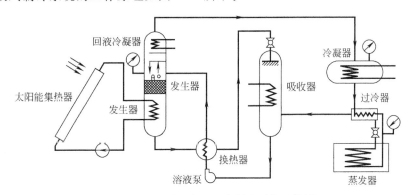

图9-15 太阳能氨-水吸收式制冷系统工作原理

氨-水吸收式制冷系统结构复杂,体积庞大,且系统为正压运行,氨泄漏的危险性大。典型的氨-水吸收式制冷系统的COP较低,而且系统对驱动热源的温度要求也较高,故空调中很少应用。

9.2.2 太阳能吸附式制冷

吸附式制冷是利用固体吸附剂在低温时吸附制冷剂和在高温时解吸制冷剂的原理进行工作的。太阳能吸附式制冷是将太阳能集热器与吸附式制冷系统相结合,主要有太阳能集热型吸附床、冷凝器、储液器、蒸发器等组成,其工作原理如图9-16所示。

系统的工作过程为:白天日照充足时,太阳能吸附集热器吸收太阳辐射能,吸附床温度升高,吸附剂中的制冷剂被解吸出来,使吸附集热器内制冷剂蒸气压力升高,推动制冷剂蒸气进入冷凝器,被冷却介质冷却为液态制冷剂后进入储液器,将由太阳能转化而来的吸附势能储存起来;在夜间或太阳辐照量不足时,环境温度降低,太阳能吸附集热器被冷却,吸附床温度降低,吸附剂开始吸附制冷剂,导致制冷剂蒸气压力降低,引起蒸发器内的制冷剂蒸发,产生制冷效应。当吸附集热器中的吸附剂再次被加热时,过程重复进行。吸附和解吸是

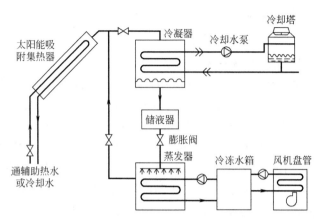

图 9-16　太阳能吸附式制冷系统工作原理

在不同的时段进行，因此吸附式制冷机是一种间歇式制冷系统，为使制冷过程连续，需要采用双床交替的工作模式，如图 9-17 所示。

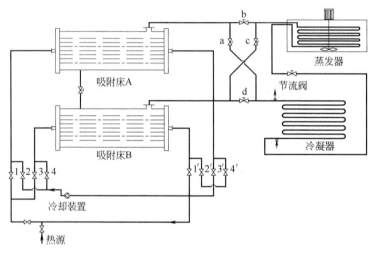

图 9-17　双吸附床连续循环型吸附制冷系统

太阳能吸附集热器可以是平板型，也可以是真空管型。太阳能平板吸附集热器主要由平板吸附床、玻璃盖板、保温材料等构成。平板吸附床就是填充吸附剂的金属壳体，为强化吸附床内的热交换，提高吸附床的性能，可采用在床体中嵌入金属肋片或加入铜粉等强化传热措施。平板吸附集热器的典型结构如图 9-18 所示。

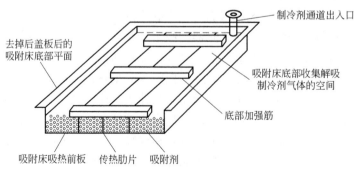

图 9-18　太阳能平板吸附集热器结构示意图

真空管吸附集热管在结构上和普通的真空集热管类似，如图 9-19 所示。吸附集热管的外管为硼硅玻璃管，内管可以是玻璃管，也可以是金属良导体，选择性吸收涂层涂敷在内管的外表面，外管和内管之间抽真空。内管填满吸附剂构成吸附床，吸附剂的自然孔隙为传质通道。集热管的中心配置冷却管，在吸附过程中通入冷却水，带走吸附热，变成低温热水供用户使用。实际应用中，可将多只吸附真空管分别通过制冷剂联箱和冷却水联箱连成一体，然后再与冷凝器、蒸发器相连，组成太阳能吸附式制冷系统。

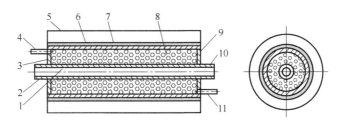

图 9-19　太阳能真空管吸附集热管结构示意图

1—冷却或辅助加热通道；2—水进口；3—上端盖板；4—制冷剂进口；5—玻璃外管；
6—涂层；7—内管；8—吸附床；9—下端盖板；10—水出口；11—制冷剂出口

吸附剂-制冷剂工质对的选择是吸附式制冷中最重要的因素之一。一个性能优良的吸附式制冷系统不但要有合理的循环方式，而且要有在工作温度范围内吸附性能优良、吸附速度快、传热效果好的吸附剂以及汽化潜热大、沸点满足要求的制冷剂。吸附式制冷系统能否适应环境要求，能否满足工作条件，在很大程度上都取决于吸附工质对的选择。常用的吸附剂有硅胶、氯化钙、沸石和活性炭，制冷剂有水、甲醇和氨。吸附剂与制冷剂配对使用，常用的工质对有：活性炭-甲醇、活性炭-氨、氯化钙-氨、沸石-水、硅胶-水、分子筛-水等。

与太阳能吸收式制冷系统相比，太阳能吸附式制冷系统不但结构及运行控制简单，更重要的是大部分吸附工质对所需热源温度较低，均可与低温太阳能集热器配合使用，使系统成本大为降低。如硅胶-水吸附工质对可由 65～85℃的热水驱动，制取 7～12℃的冷媒水。其缺点是单位工质对的制冷功率较小，当所需制冷量较大时，工质对质量及换热设备面积会大幅度增加。因此，太阳能吸附式制冷非常适合小型户式制冷空调系统。

9.2.3　太阳能除湿制冷

太阳能除湿制冷是以太阳能为热源，利用除湿剂吸收空气中的水蒸气以降低空气湿度，然后利用对空气加湿来产生制冷效果。这种制冷方式可以利用 60～100℃的热源驱动，系统结构简单，是一种有效的太阳能除湿空调系统方案，也是空调新风系统可选择的方案。

太阳能除湿制冷系统可以分为固体除湿制冷系统和液体除湿制冷系统两类。

(1) 太阳能固体除湿制冷

太阳能固体除湿制冷系统主要由太阳能集热器、转轮除湿器、转轮换热器、蒸发冷却器和再生器组成，如图 9-20 所示。转轮除湿器为蜂窝结构，通常由波纹板卷绕而成。细小的颗粒状固体除湿剂均匀涂布在波纹板面上，庞大的内表面积可使除湿剂与空气充分接触。转轮的迎风面分成相互密封的工作区和再生区，它们分别与被处理空气（湿空气）和再生空气（干空气）相接触。转轮不停地缓慢旋转，工作区与再生区依次交换，使除湿过程和再生过程周而复始地进行。

系统工作时，待处理的室外空气和部分室内回风进入转轮除湿器，被除湿器绝热除湿。

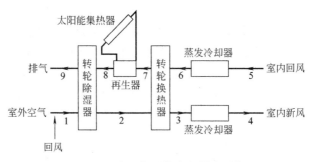

图 9-20   太阳能固体除湿制冷系统

除湿器吸湿过程是一个放热过程，它使通过转轮除湿器的空气变成干热空气，干燥的热空气经过转轮换热器冷却至状态 3，再经过蒸发冷却器加湿降温至所要求的室内新风状态 4 后进入室内。室内排出的空气以状态 5 进入蒸发冷却器，被冷却至状态 6，再进入转轮换热器去冷却干燥的热空气，被加热到状态 7 后进入再生器，在再生器中再次被加热到状态 8 后进入转轮器再生区，使已经吸湿的除湿剂再生。最后，湿热空气被排放到大气中。

固体除湿制冷采用的固体除湿剂材料有活性炭、硅胶、活性氧化铝、天然沸石和人造沸石、硅酸钛、合成聚合物、氯化锂、氯化钙等。

太阳能集热器为再生器提供热源，使吸湿后的除湿剂被加热后再生，再生温度在 80℃左右。固体除湿制冷系统的 COP 约为 0.8～0.9。

（2）太阳能液体除湿制冷

太阳能液体除湿制冷系统主要由太阳能集热器、除湿器、换热器、蒸发冷却器和再生器组成，如图 9-21 所示。环境空气或室内回风进入除湿器和除湿溶液相接触，除去部分水后变成干燥的热风，然后进入蒸发冷却器，加湿到所需的新风状态后送入室内。被水分稀释的除湿溶液进入再生器加热脱水后再回到除湿器。

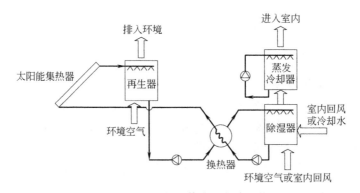

图 9-21   太阳能液体除湿制冷系统

液体除湿制冷采用的液体除湿剂通常为金属卤盐溶液，常用的有溴化锂、氯化钙和氯化锂等。

液体除湿制冷系统中，除湿器是关键的部件，除湿过程中溶液吸收水分是一个放热过程，为了除湿过程的效率不致因温升而下降，除湿器必须进行冷却。目前常用的除湿器有喷淋式和内冷式两类。再生器是使除湿剂溶液中水分蒸发的部件，太阳能集热器为再生器提供热源。再生器大多采用喷淋填料式，以增大溶液和空气的接触面积，增大水分的蒸发量。

9.2.4　太阳能制冷在储粮中的应用

利用太阳能吸附制冷来达到低温储存粮食，可以大幅度降低储粮成本。太阳能驱动的除湿空调既可以减少粮库的太阳辐射热负荷，又能够利用干燥剂吸附除湿方法降低粮仓内的湿度，系统提供的制冷量可使常规冷谷机的制冷负荷大幅降低，从而部分或全部代替冷谷机。这对于利用新能源大幅降低储粮成本具有重要意义。系统不受地理因素的限制，可在太阳能资源丰富的广大地区推广应用。

整个系统包括吸附制冷子系统、蓄冷子系统和干燥除湿子系统三部分。吸附制冷系统包括吸附床、冷凝器、集液器、蒸发器等，干燥除湿系统包括除湿转轮、再生加热器、蓄热式换热器等，还包括风机盘管等送冷装置。系统中冷凝器所用冷却水为蒸发冷却器循环用水。系统可采用活性炭-甲醇工质对，再生温度为 80～100℃，若采用分子筛-水工质对，则需真空管型吸附集热器，集热再生温度需要 150℃左右。系统结构简图如图 9-22 所示。

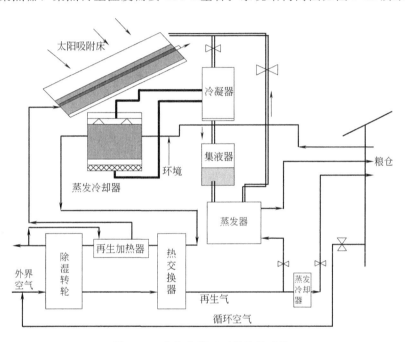

图 9-22　太阳能低温干燥储粮系统

吸附制冷系统采用间歇式（单床）吸附制冷，吸附床设于屋顶，白天吸附床接收太阳辐射热使制冷剂从吸附剂中脱附，这部分制冷剂在水冷冷凝器中经冷却后凝结下来，收集在集液器中，夜间吸附床降温，床内压力降低，吸附剂吸附制冷剂，蒸发器蒸发制冷，将冷量直接提供给粮仓。粮食本身可作为蓄冷载体，夜间被冷却的粮食至白天温度有所回升，到晚上继续被冷却，如此循环。干燥除湿系统以硅胶或分子筛为干燥剂，采用太阳能或其他辅助热源加热再生，可连续工作。处理空气主要来自粮仓，一部分来自仓外，这部分气体除湿后先由来自蒸发冷却器的冷空气预冷，再和粮仓内的循环空气混合经冷却后送入粮仓，出口再生气流温度较高，在日间其中一部分经加热可送往吸附床起到辅助再生的作用。

9.3　太阳能热动力发电

太阳能热发电是将太阳能转化为热能，然后再将热能转化为电能的一种发电方式。太阳能热发电是一种完全清洁的发电方式，与传统的化石燃料电站相比，避免了化石燃料燃烧所带来的环境污染问题；与光伏发电相比，不需要昂贵的硅晶材料，可大幅度降低太阳能发电的成本。同时，通过光热转换获得的热能可以以简单、廉价的方式储存，可以在没有太阳照射的情况下实现连续发电，具有低成本、零污染、稳定性好、连续性强等优点，适合于并网发电。随着技术的进步和产业体系的不断完善，太阳能热发电的技术和经济优势将愈加明显，它将成为太阳能利用的重要方式。

自 20 世纪 50 年代，苏联设计、建造了世界上第一座塔式太阳能热发电的小型试验电站至今，各国对太阳能热发电技术的研究从未终止。20 世纪 70 年代爆发的石油危机使太阳能热发电得到各国政府的重视，在 1981 年至 1991 年间，全世界建造了多种不同形式的兆瓦级太阳能热发电试验电站 20 余座。随后，由于石油价格回落，能源的政治敏感度相应降低，而太阳能热发电由于单位投资大、短时间内缺乏必要的降低成本的技术突破等问题，发展渐趋缓慢，甚至接近于停滞。近年来，由于能源安全和环境问题，各国相应的经济扶持和激励政策相继出台，太阳能热发电产业也随之再次升温成为热点，截至 2019 年底，全球太阳能热发电总装机容量约 7000MW，太阳能发电站单机容量已达到 250MW（槽式）、150MW（塔式），主要集中在美国、西班牙、摩洛哥、南非等国家。2014 年，国际能源署在《太阳能热发电技术路线图》中提到，预计到 2050 年，全球太阳能热发电累计装机容量将达到 1089GW，年发电量 4770TW·h，占全球电力生产的 11.3%（9.6% 来自于纯太阳能）。

我国对太阳能热发电技术的研究起步较晚，2005 年，南京建立了国内第一座塔式 70KW 示范装置。近几年，我国在太阳能热发电聚光集热技术、高温接收器技术等方面取得了突破性进展，至 2019 年 7 月，我国运行电站总装机容量已达到 236MW，单机最大达到 100MW。研究表明，我国符合太阳能热发电基本条件（法向直射辐照度 $\geq 5kW\cdot h/(m^2\cdot d)$，地面坡度 $\leq 3\%$）的太阳能热发电可装机潜力为 16000GW，与美国相近，其中法向直射辐照度 $\geq 7kW\cdot h/(m^2\cdot d)$ 的装机潜力约 1400GW。

太阳能热发电可以分为太阳能热直接发电和太阳能热间接发电，太阳能热直接发电包括太阳能热温差发电、太阳能热离子发电、太阳能热光伏发电等。这几种发电方式目前尚未进入商业化应用，有的仍然处于原理性试验阶段。太阳能热间接发电又可分为非聚光太阳能热发电和聚光太阳能热发电。非聚光太阳能热发电属于低温热发电，包括太阳能池发电、太阳能热气流发电等；聚光太阳能热发电属于高温热发电，又称为太阳能热动力发电，包括槽式太阳能热发电、塔式太阳能热发电和碟式太阳能热发电等。本节主要介绍聚光太阳能热发电。

9.3.1　太阳能热动力发电系统的组成

典型的太阳能热动力发电系统由聚光集热子系统、蓄热子系统、辅助能源子系统、监控子系统和发电子系统等 5 个部分组成，如图 9-23 所示。

9.3.1.1　聚光集热子系统

聚光集热子系统是将低密度的太阳辐射聚集起来并将其转换为热能的装置，系统包括聚光器、接收器和跟踪装置。

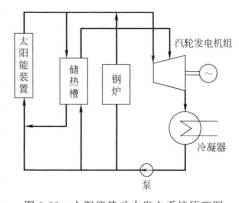

图 9-23　太阳能热动力发电系统原理图

（1）聚光器

聚光器一般分为平面反射聚光和曲面反射聚光。平面反射聚光方式最具代表性的是采用多面平面反射镜，将阳光聚集到置于高塔顶端的接收器。线性菲涅耳反射聚光系统也属于平面反射聚光方式。曲面反射聚光分为一维抛物面和二维抛物面。一维抛物面反射镜也称槽形抛物面聚光器，其整个反射镜是一个抛物面槽，阳光经抛物面槽反射聚集在一条焦线上；二维抛物面反射镜也称碟形（或称盘形）抛物面聚光器，构造上是由一条抛物线旋转360°形成的抛物球面。

太阳能热动力发电中常用的 4 种聚光集热器如图 9-24 所示。

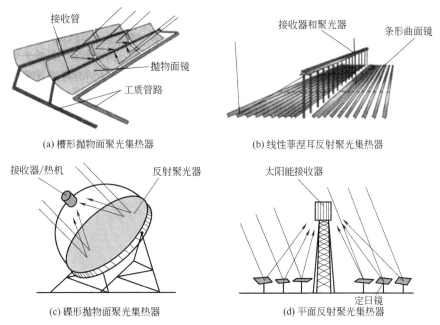

图 9-24　常用的 4 种聚光集热器示意图

（2）接收器

接收器接收聚光器聚集的太阳辐射并将其转换为热能，根据其工作原理的不同，接收器有表面式和空腔式之分。表面式接收器是通过其外表面接收太阳辐射能并进行光热转换。为了提高光热转换效率，一般在接收器表面采用磁控溅射或等离子喷涂方法覆盖选择性吸收涂层。目前，大多数太阳能集热装置都采用表面式接收器。空腔式接收器是利用空腔的黑体效应，将接收器设计成空腔体或复合空腔体，入射太阳辐射通过空腔开口投射到空腔内，使得空腔壁或接收管能够有效地吸收太阳辐射能。这种接收器壁面无需涂覆选择性吸收涂层。

（3）跟踪装置

聚光集热器的跟踪方式可以分为一维跟踪和二维跟踪，或称单轴跟踪和双轴跟踪。一维跟踪只跟踪太阳的方位角，对高度角只做季节性调整；二维跟踪则同时跟踪太阳的方位角和高度角。

目前，在太阳能工程中常用的聚光器跟踪控制方法有两种。一是基于太阳视位置天文算法的跟踪控制，它是根据聚光系统光孔面跟踪太阳视位置求得的运动方程，计算由太阳视位置所确定的光孔面的瞬时高度角和方位角，并由电子装置测量旋转轴的角位置，控制跟踪机构。这是目前精确跟踪控制的通用方法，缺点是存在积累误差。二是基于太阳辐射传感器的跟踪控制，它是采用瞬时测量太阳视位置的方法检测太阳光方向是否偏离传感器轴线，当太

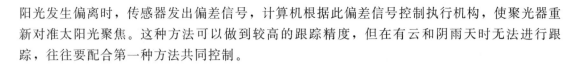

阳光发生偏离时，传感器发出偏差信号，计算机根据此偏差信号控制执行机构，使聚光器重新对准太阳光聚焦。这种方法可以做到较高的跟踪精度，但在有云和阴雨天时无法进行跟踪，往往要配合第一种方法共同控制。

9.3.1.2 蓄热子系统

由于太阳能的间歇性和随机不稳定性，为保证太阳能热动力发电系统的稳定运行，系统中必须设置蓄热装置。蓄热装置一般由以绝热材料包覆的蓄热器构成，蓄热器中含有蓄热介质。在太阳能热动力发电系统中，常用的蓄热介质有水、导热油和金属熔盐。

当系统运行温度较高时，对于以水作为蓄热介质的系统，水容易汽化而变成过热蒸汽，导致系统压力过高；对于以导热油作为蓄热介质的系统，导热油在高温下容易炭化，因此水和导热油都不是太阳能热动力发电系统最适合的蓄热介质。

在太阳能热动力发电系统中，通常采用岩石和金属熔盐作为蓄热介质。研究表明，与导热油相比，采用金属熔盐可以使太阳能热动力发电系统的操作温度提高到 450～500℃，兰金循环的发电效率可达 40%。图 9-25 为美国 Solar One 塔式太阳能电站的蓄能系统示意图。蓄热系统为一圆柱形蓄热罐，称为斜温层罐，罐内装砂石和导热油，导热油在充满砂石的罐内循环，利用冷、热流体温度的不同在罐中建立起温度分层，从而使冷流体和热流体得以区分。

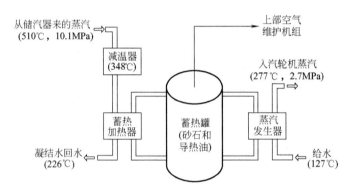

图 9-25 Solar One 塔式太阳能电站的蓄能系统示意图

9.3.1.3 辅助能源子系统

为了使太阳能热动力发电系统能够保持稳定运行，除需要设置蓄热子系统外，还需要配置一定容量的辅助能源子系统，即在系统中增设常规燃料锅炉。它和电站容量之间的配比关系主要取决于工程经济分析。至于选用哪种燃料作为辅助能源，则视太阳能热动力发电系统所在地的能源资源情况和国家政策而定。

9.3.1.4 监控子系统

监控子系统由参数测量装置和监控装置两部分组成。

参数测量装置主要是对太阳辐照量、环境温度、风速等的连续测量记录，以及对云量、冰雹、积雪和雨量等的观测，以保证太阳能热动力发电系统的有效与安全运行。

监控装置主要是指对各子系统的常规热工况、电工况等的监测以及安全报警。

9.3.1.5 发电子系统

发电子系统主要由热动力机械和发电机组成，与火力发电系统基本相同。应用于太阳能热动力发电系统的动力机械有汽轮机、燃气轮机、低沸点工质汽轮机、斯特林发动机等。

太阳能热动力发电系统中热动力机的选择，主要根据聚光集热装置可能提供的工质参数而定。汽轮机和燃气轮机容量大，工作参数高，适用于大型槽式、塔式或条式太阳能热动力发电系统；斯特林发动机的单机容量小，但工作温度要求高，适用于碟式太阳能热动力发电系统；低沸点工质汽轮机适用于太阳池等低温热动力发电系统。

9.3.2 槽式太阳能热发电

槽式太阳能热发电是目前技术成熟度和商业化验证程度最高、成本最低的太阳能热发电技术，应用的代表案例有从 20 世纪 80 年代到 90 年代在美国加州建造的由 9 座电站组成的 354MW 的 SEGS 系列电站、西班牙 Andasoll 号（50MW）和美国的 Nevada Solar One（64MW）等。槽式太阳能热发电系统具有结构相对紧凑、集热装置的占地面积相对于其他热发电方式较小、系统的经济效益不受规模的限制、安装和维护方便等特点，因此，它是太阳能热发电中最适宜推广的一种发电系统。目前，全世界运行和在建的槽式太阳能热发电系统占整个太阳能热发电系统的 90％左右。图 9-26 为一典型槽式太阳能热发电系统原理图。

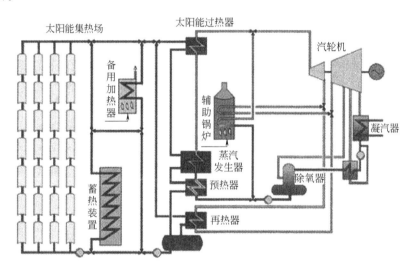

图 9-26 槽式太阳能热发电系统原理图

太阳能集热场由东西方向或南北方向平行排列的多排抛物槽式集热器阵列组成，焦点位于一条直线上，集热管安装在焦线上。反射镜在控制系统的驱动下东西向或南北向单轴跟踪太阳，确保将太阳辐射聚集在集热管上。集热管表面的选择性吸收涂层吸收太阳辐射能并传导给管内的集热介质，被加热后的集热介质先后通过过热器、蒸汽发生器、预热器等一系列热交换器，加热动力回路中的工质水，产生高温高压过热蒸汽，经过换热后的集热介质进入太阳能集热场继续循环流动。过热蒸汽进入汽轮机膨胀做功，然后依次通过冷凝器、给水泵等设备后再次被加热成过热蒸汽。

(1) 系统类型

根据集热介质和循环回路的不同，系统可以分为单回路系统和双回路系统两种。

单回路系统也即直接蒸汽发电系统（DSG），这是近年来备受关注的一种新型槽式热发电技术。其原理是，集热介质水流经太阳能集热场被加热，产生饱和蒸汽或过热蒸汽，经汽轮机做功后被凝汽器冷凝成水，经水泵升压后再次进入集热器场吸热，完成整个循环，如图9-27（a）所示。

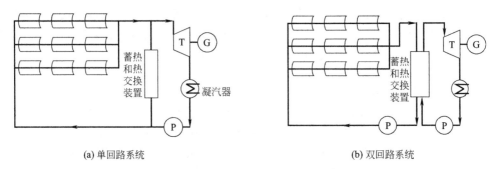

(a) 单回路系统　　　　　　　　　(b) 双回路系统

图 9-27　单回路和双回路系统结构简图

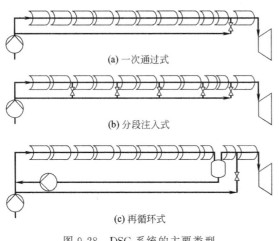

(a) 一次通过式

(b) 分段注入式

(c) 再循环式

图 9-28　DSG 系统的主要类型

单回路系统按蒸汽产生的方式不同可以分为一次通过式、分段注入式和再循环式 3 种，如图 9-28 所示。一次通过式中，给水在集热管中经过预热、蒸发后转变为过热蒸汽，原理简单且投资较少，但是对蒸汽流动过程中的状态控制难度较大。分段注入式是将水从不同的位置注入集热管，来调节循环过程中蒸汽状态参数，这种模式易于控制蒸汽流动过程中的状态参数，但系统运行复杂且成本较高。再循环式类似于传统的再循环锅炉，可以较好地控制汽轮机进口蒸汽参数，但同样由于附加了汽液分离器和循环泵等设备，使得系统成本增加。

双回路系统是集热系统和发电系统在两个不同的循环回路中，集热介质在集热场中被加热，经过换热器把热量传递给发电系统回路中的介质，产生蒸汽流经汽轮机做功，放热后的集热介质进入集热场继续被加热，如图 9-27（b）所示。由于集热系统和发电系统相互独立，集热系统的集热介质一般为导热油，太阳能集热器中流场均匀且为液态流动，工作压力低，控制系统相对简单，系统安全性高，因此，目前槽式太阳能热发电系统多采用双回路系统。

（2）反射镜

在槽式太阳能热发电系统中，汽轮机蒸汽循环发电系统是常规的技术，而聚光器、接收器以及跟踪装置构成的聚焦集热子系统，即太阳岛部分，是槽式太阳能热发电系统的关键技术。

槽式太阳能热发电系统中的聚光器是具有高精度和高反射率的抛物面反射镜，反射镜由反射材料、基材和保护膜构成。根据反射材料在基体材料上的沉积面不同，反射镜有表面镜和背面镜两种。

表面镜是在基材表面蒸镀或涂刷一层具有高反射率的材料，或将金属表面加工处理而成，如薄铝板表面阳极氧化、不锈钢表面抛光等，然后再涂上一层保护膜以防止氧化。表面镜的优点是消除了透射体的吸收损失，反射率较高，但其反射层的保护膜长期暴露在大气环境中，易于受损和老化。背面镜是在基材的背面涂上一层反射材料，基材必须采用透光材料。背面镜是聚光器常用的反射镜面，优点是经久耐用，缺点是阳光必须经过二次透射，增加了整个系统的光学损失。

用作反射材料的有铝、银、不锈钢等的金属板、箔和金属镀膜。其中铝可以被加工成各种形状的板、箔、蒸镀膜等，其反射率较高且容易制取，被广泛地用作表面镜的反射材料。金属银具有很高的反射率，但它和空气中的硫化氢相遇后，很快会失去光泽，因此它只能用于背面镜的反射材料。

基材分为表面镜基材和背面镜基材两种，表面镜基材有塑料、钢板和铝板等，当金属板作为反射板时，它同时兼作基材使用。背面镜基材必须有很高的透射率，表面平滑且不容易老化，常用的背面镜基材为超白低铁玻璃。

（3）接收器

槽式抛物面反射镜为线聚焦装置，阳光经反射镜聚焦后，在焦线处形成一线状光斑带，接收器放置在光斑带上吸收聚焦后的太阳辐射能。目前，槽式抛物面聚光集热器的线聚焦接收器主要有直通式金属-玻璃真空集热管和空腔集热管两种结构形式。

直通式金属-玻璃真空集热管由一根表面带有选择性吸收涂层的金属管和一根同心玻璃管组成，如图9-29所示。金属管与玻璃管密封连接，两者之间形成环形真空。玻璃管和金属管之间采用可伐合金和弹性波纹管作过渡封接，以补偿玻璃管和金属管之间由于材料膨胀系数的不同所产生的位移。

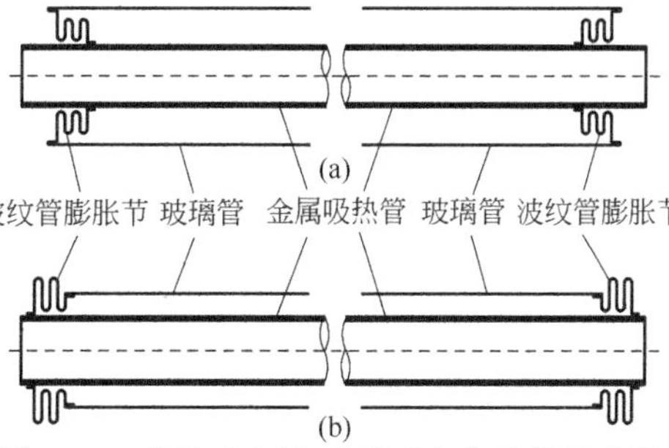

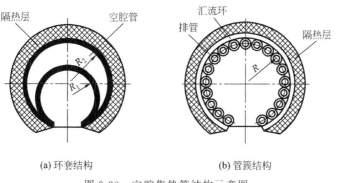

波纹管膨胀节　玻璃管　金属吸热管　玻璃管　波纹管膨胀节

图9-29　直通式金属-玻璃真空集热管示意图
（a）内膨胀管；　（b）外膨胀管

空腔集热管的结构为一槽型空腔，空腔开口对着反射镜面，镜面的反射光经过开口投射到空腔内壁，空腔外表面包覆隔热材料，以降低对环境的热损失。常见的空腔集热管有环套结构和管簇结构两种，如图9-30所示。

隔热层　　　　空腔管

R_2　R_1

排管　汇流环　隔热层

R

(a) 环套结构　　　　　(b) 管簇结构

图9-30　空腔集热管结构示意图

空腔集热管的优点是利用腔体的黑体效应，无需抽真空，也无需光谱选择性吸收涂层，热性能稳定。研究表明，线聚焦的辐射热流几乎均匀地分布在腔体内壁，与真空吸热管相比，具有较低的投射辐射能流密度。真空集热管和空腔集热管的单位长度热损失均随着工质平均温度上升而增大，真空管的热损失大于管簇结构，管簇结构的热损失又大于环套结构。当温度大于230℃，空腔集热管的集热效率大于真空集热管；当温度大于130℃时，真空集

热管的集热效率与空腔集热管相比下降速率显著。因此，对于中高温集热温度，空腔集热管热性能优于真空集热管。

9.3.3 塔式太阳能热发电

塔式太阳能热发电系统又称为集中型太阳能热发电系统，其聚光装置由多个被称为定日镜的平面反射镜组成，每个定日镜都可以独立跟踪太阳，准确地将太阳光反射到固定在塔顶部的接收器上，加热接收器中的工质产生过热蒸汽或高温气体，驱动汽轮机发电机组或燃气轮机发电机组发电，从而将太阳能转化为电能。

塔式太阳能热发电系统具有聚光比和工作温度高、热传递路程短、热损耗少、系统综合效率高等特点，非常适合于大规模、大容量商业化应用。但塔式太阳能热发电系统一次性投入大，每台定日镜都需要一个单独的二维跟踪机构，装置结构和控制系统复杂，维护成本较高。美国在20世纪80至90年代建立了10MW的Solar One，后来演化为Solar Two。2007年西班牙11MW的PS10电站投入运行，标志着该技术进入商业化示范阶段。2015年，392MW的美国Ivanpah塔式电站并网发电，该电站由三座装机分别为133MW、133MW和126MW的塔式电站构成，实现了百兆瓦级的塔式电站的首次和规模化开发。

(1) 系统类型

塔式太阳能热发电系统中，用以吸收太阳辐射能的集热介质通常有水、熔盐、空气等，对于不同的集热介质，系统的类型不同。

① 集热介质为水的系统。以水作为集热介质的塔式电站中，给水经由给水泵送往塔顶部的太阳能接收器中，被加热变成饱和蒸汽或过热蒸汽后，进入汽轮机中做功，带动发电机发电。为保证生产蒸汽的稳定性，系统中常设置蒸汽蓄热装置。这种系统中，给水依次经过接收器的预热、蒸发、过热等换热面后，成为兰金循环汽轮机的工质，因此也常将这种系统称为直接蒸汽生产方式的塔式太阳能热发电系统，如图9-31所示。

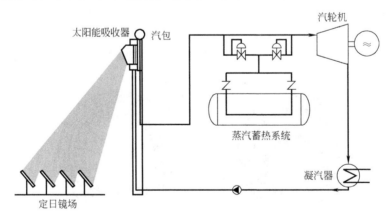

图9-31 集热介质为水的塔式电站工作原理

② 集热介质为熔盐的系统。为获得更高的工质温度，可采用熔盐作为集热介质，熔盐在接收器中被加热后输送到高温蓄热装置，在热交换装置中将水加热成高温水蒸气后进入低温蓄热装置中保存，熔盐泵再次把低温熔盐液送入到接收器吸热，如图9-32所示。

③ 集热介质为空气的系统。以空气作为集热介质的系统，可以达到更高的集热温度。此时系统可以采用以下两种工作方式。一种是采用兰金循环热发电系统，把被接收器加热的热空气送往蒸汽生产系统（HRSG），HRSG中产生的蒸汽被送往蒸汽轮机发电系统发电，

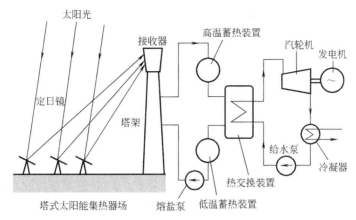

图 9-32　集热介质为熔盐的塔式电站工作原理

如图 9-33 所示。另一种工作方式是将接收器中产生的热空气应用于布雷顿循环-兰金循环联合发电系统，这种系统中，先是由接收器把高压空气加热去推动燃气轮机发电，发电后仍有较高温度的热空气再通过热交换器加热水生产水蒸气去推动汽轮机发电。也可以把经过接收器加热后的高压空气直接送入燃烧室，进一步加热后送入燃气轮机发电，燃气轮机的排气进入兰金循环系统，如图 9-34 所示。

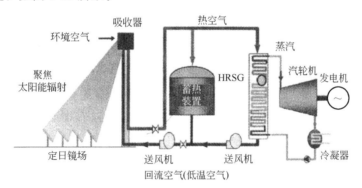

图 9-33　集热介质为空气的塔式电站工作原理（兰金循环）

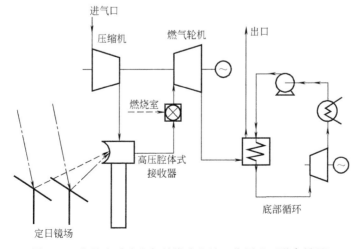

图 9-34　集热介质为空气的塔式电站工作原理（联合循环）

(2) 定日镜

定日镜是塔式太阳能热发电系统中最基本的聚光单元体，由反射镜、镜架和跟踪机构三部分构成，其功能是保证随时变化的入射太阳辐射能准确地反射到置于塔顶的接收器上。定日镜在镜场中的位置是固定的，因此每台定日镜的中心点与塔顶接收器之间的相对位置也是固定的，也即每台定日镜对塔顶接收器的反射光路各自固定不变。

定日镜是塔式太阳能热发电系统的关键部件之一，它不但数量众多、占地面积最大，也是整个工程投资的重头。为了更有效地反射和利用太阳辐射能，要求定日镜具有较高的镜面反射率、较高的镜面平整度、较小的面形误差、较高的跟踪控制精度、较高的机械强度和抗风载能力。

反射镜是定日镜的核心部件，从镜面形状分，主要有平面镜、凹面镜、曲面镜等几种类型。由于定日镜距位于塔顶的接收器较远，为使阳光经定日镜反射后不至于产生过大的散焦，目前国内外采用的定日镜大多是镜表面具有微小弧度（16′）的平凹面镜。

从镜面材料分，反射镜主要有张力金属膜反射镜和玻璃反射镜两种，如图 9-35 所示。

(a) 张力金属膜反射镜　　　　　　　　(b) 玻璃反射镜

图 9-35　定日镜上的反射镜

张力金属膜反射镜的镜面是用 0.2～0.5mm 厚的不锈钢等金属材料制成，可以通过调节反射镜内部压力来调整张力金属膜的曲度。这种反射镜的优点是其镜面由一整面连续的金属膜构成，可以仅通过调节定日镜内部的压力调整定日镜的焦点。但其反射率较低、结构复杂。

玻璃反射镜是目前塔式太阳能热发电系统中最常见的反射镜，其结构采用 3～6mm 厚的玻璃作为基材，在玻璃背面镀银作为反射层，然后覆盖一层铜以保护银反射层，同时用于降低银与保护层之间的内应力，改善保护层与金属之间的黏结。

(3) 接收器

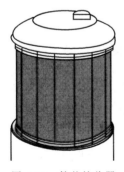

在塔式太阳能热发电系统中，接收器是最为关键的核心装置，它将定日镜所反射、聚集的太阳能直接转化为热能，为发电机组提供所需的热源，从而实现太阳能热发电。塔式太阳能接收器分为间接照射太阳能接收器和直接照射太阳能接收器两类。

间接照射太阳能接收器也称为外露式太阳能接收器，其主要特点是接收器向载热介质的传热过程不发生在太阳照射面，工作时聚光入射的太阳能先加热受热面，受热面升温后再通过壁面将热量向另一侧的载热介质传递。管状接收器属于这一类型，如图 9-36 所示。

图 9-36　管状接收器

管状接收器由若干竖直排列的管子呈环形布置形成一个圆筒体，管外壁涂以耐高温选择性吸收涂层，定日镜聚光形成的光斑直接照射在圆筒体的外壁，载热介质从竖管内部流过，热量以导热和对流方式从管内壁面向载热介质传输。这种接收器可采用水、熔盐、空气等多种载热介质，流体温度一般为100～600℃，压力不大于12MPa，能承受的太阳能能流密度为1000kW/m^2。其优点是可以接收来自塔四周360°范围内的定日镜反射、聚集的太阳辐射，有利于定日镜场的布局设计，但是，由于其吸热体外露于周围环境之中，热损失较大，接收器热效率相对较低。

直接照射太阳能接收器也称空腔接收器，这类接收器的共同特点是接收器向工质传热与入射光加热受热面在同一表面发生，同时，空腔接收器内表面具有接近黑体的特性，可有效吸收入射太阳辐射，从而避免了选择性吸收涂层的问题。但是采用这类接收器时，由于入射光只能从其窗口方向射入，定日镜场的布置受到一定的限制。空腔接收器的工作温度一般在500～1300℃，工作压力不大于3MPa。直接照射太阳能接收器主要包括无压腔体式接收器和有压腔体式接收器两种，如图9-37所示。

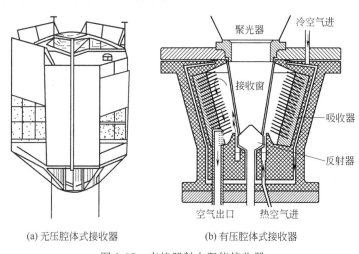

(a) 无压腔体式接收器　　(b) 有压腔体式接收器

图 9-37　直接照射太阳能接收器

无压腔体式太阳能接收器通常要求其吸收体具有较高的吸热、消光、耐温性和较大的比表面积、良好的导热性和渗透性。早期的腔体式太阳能接收器采用金属丝网作为吸收体，具有较大吸收表面的多孔结构金属丝网吸收体置于聚光光斑处，从周围吸入的空气在通过被聚光光斑加热的金属丝网时被加热。由于多采用空气作为载热介质，腔体式太阳能接收器具有结构简单、环境友好、无腐蚀性、不可燃、易于处理等特点，但由于空气的热容低，其性能逊于管状接收器。无压腔体式太阳能接收器所吸入周围空气流经吸热体时为层流流动，对流换热过程相对较弱，不稳定的太阳辐射容易使吸收体局部温度剧烈变化产生热应力，甚至超温破坏接收器，因此，该类型接收器所承受的太阳能能流密度受到一定限制，最高不超过800kW/m^2。

有压腔体式接收器的结构类似于无压腔体式接收器，区别在于有压腔体式接收器加装了一个透明石英玻璃窗口，一方面使太阳光可以射入接收器内部，另一方面可以使接收器内部保持一定的压力，压力增大后，在一定程度上带来的湍流可有效地强化空气与吸收体之间的换热，以降低吸收体的热应力。有压腔体式接收器的优点是换热效率高，但窗口玻璃要同时具有良好透光性、耐高温及耐高压的要求。图9-37（b）为以色列开发的有压腔体式接收器DIAPR，该接收器采用圆锥形高压熔融石英玻璃窗口，内部为安插于陶瓷基底上的针状放射形吸收体，可将流经接收器的空气加热到1300℃，所能承受的平均能流密度为5000～10000kW/m²，工作压力为1.5～3MPa，热效率可达80%。

9.3.4　碟式太阳能热发电

碟式太阳能热发电系统是太阳能热发电中光电转换效率最高的一种热发电方式，它通过旋转抛物面碟式聚光器将太阳辐射聚集到接收器中，接收器吸收能量后传递到热电转换系统，从而实现由太阳能到电能的转换。

碟式太阳能热发电系统可以单机标准化生产，具有使用寿命长、综合效率高、运行灵活性强等特点。但单碟不可能做得很大，因此这种系统单机容量不大，一般功率在5～50kW之间，适合建立分布式能源系统。

（1）系统类型

在碟式太阳能热发电系统中，系统可采用的热力循环有兰金循环、布雷顿循环和斯特林循环等，相应的有碟式兰金循环系统、碟式布雷顿循环系统以及碟式斯特林循环系统等不同的类型。由于碟式系统的单机容量较小，所以传统的兰金循环和布雷顿循环虽然技术成熟，但系统复杂，转换效率低，商业应用价值不大。而斯特林循环的理论效率接近卡诺循环效率，且容量大小不影响其自身的转换效率，因此将斯特林循环应用于碟式太阳能热发电系统是目前国际上研究和应用最多的。

（2）聚光器

碟式太阳能聚光器的主体是碟状抛物面聚光型反射镜，其直径一般在10～20m之间，聚光比为1000～4000。抛物面盘材料一般采用背面镀银玻璃或正面贴有反光薄膜的铝材。目前研究和应用较多的碟式聚光器主要有玻璃小镜面式、多镜面张膜式、单镜面张膜式等几种形式。

玻璃小镜面式聚光器是将若干个小型曲面镜逐一拼接起来，组成一个大型的旋转抛物面反射镜，如图9-38(a)所示。这类聚光器由于采用小尺寸曲面反射镜作为反射单元，可以达到很高的精度，而且可以实现较大的聚光比，从而可以提高聚光器的光学效率。

多镜面张膜式聚光器是以圆形张膜旋转抛物面反射镜作为聚光单元，将这些圆形反射镜以阵列的形式布置在支架上，并且使其焦点皆落于一点，从而实现高倍聚光，如图9-38(b)所示。

 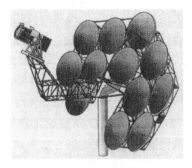 

(a) 玻璃小镜面式　　　　　　(b) 多镜面张膜式　　　　　　(c) 单镜面张膜式

图9-38　碟式太阳能聚光器

单镜面张膜式聚光器只有一个抛物面反射镜，它采用两片厚度不足1mm的不锈钢膜，周向分别焊接在宽度约为1.2m的圆环的两个端面，然后通过液压气动载荷将其中的一片压制成抛物面形状，两层不锈钢膜之间抽成真空，以保持不锈钢膜的形状及相对位置。由于不锈钢膜是塑性变形，很小的真空度即可达到保持形状的要求，如图 9-38（c）所示。

单面镜张膜式和多镜面张膜式聚光镜一旦成形后极易保持较高的精度，其施工难度也低于玻璃小镜面式聚光器，因此得到了较多的关注。

（3）接收器

接收器是碟式太阳能热发电系统的核心部件，分为直接照射式和间接受热式两种。前者是将太阳光聚焦后直接照在热机的换热管上，后者则是通过某种中间介质将太阳能传递给热机。

直接照射式接收器是碟式太阳能热发电系统最早使用的太阳能接收器，如图 9-39 所示。它是将斯特林发动机的换热管簇弯制组合成盘状，聚焦后的太阳光直接照射到这个盘的表面，工作介质高速流过换热管后升温升压，从而推动斯特林发动机运转。这种接收器的特点是能够实现很高的接收能流密度，缺点是由于太阳辐射强度的不稳定以及聚光镜本身可能存在的加工精度不足，换热管上的热流密度将会出现不稳定与不均匀现象，从而导致多缸斯特林发动机中各气缸温度和热量供给的不平衡。

图 9-39　直接照射式接收器

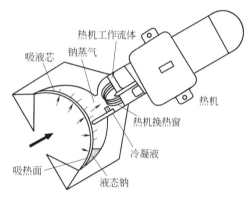

图 9-40　热管接收器

间接受热式接收器是根据毛细吸液芯热管的原理制成的，如图 9-40 所示。热管的工作介质一般采用金属钠、钾或钠钾合金，热管的受热面一般被加工成拱顶形，上面布有吸液芯，吸液芯的作用是使液态金属能均匀分布于换热面上。分布于吸液芯内的液态金属吸收太阳辐射能后产生蒸气，蒸气通过热机换热管将热量传递给热机内的工作介质。蒸气冷凝后变为液态金属，在重力作用下回流至换热表面。由于液态金属始终处于饱和状态，接收器内的温度始终保持一致，从而使热应力达到最小，有效地延长了接收器的寿命。

（4）斯特林发动机

斯特林发动机又称为外燃机，它是由气缸外部供热，推动缸内气体工质循环做功的装置。根据其动力输出的方式不同，可以分为曲柄连杆式和自由活塞式两种形式。曲柄连杆式动力传动机构相对比较复杂，在一定程度上降低了发动机的工作效率，因此，目前碟式太阳能热发电系统中的热电转换装置主要是采用自由活塞式斯特林发动机，其结构简图如图 9-41(a) 所示。

自由活塞式斯特林发动机可以简化为装有两只活塞的气缸，两只活塞分别被称为动力活塞和配气活塞，在两只活塞之间设置一个回热器，回热器是金属网结构的多孔体，在工作循环中交替对工质释放和吸收热量。回热器相对于活塞形成两个空间，一个空间称为热腔，热腔和加热器处于循环的高温部分，另一个空间称为冷腔，冷腔和冷却器处于循环的低温部分，其工作过程示意图如图 9-41(b) 所示。

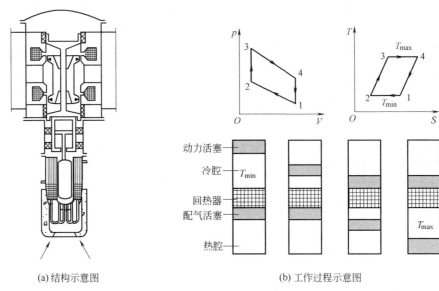

(a) 结构示意图   (b) 工作过程示意图

图 9-41　斯特林发动机

循环开始时，假设动力活塞处于外止点，配气活塞处于内止点，工质全部处于冷腔内，工质容积达到最大，压力和温度则处于最小值，相应为 p-V 图和 T-S 图中的点 1。

1—2 等温压缩过程：配气活塞停留在内止点位置，动力活塞向内止点运动压缩冷腔内的气体，压缩所产生的热量经缸壁散失于环境中，气体压力上升，温度不变，当动力活塞达到内止点时，压缩过程结束。

2—3 等容加热过程：两个活塞同时运动，活塞之间的容积不变。这时工质从冷腔经过回热器进入热腔，吸收回热器中的储热，温度和压力升高。

3—4 等温膨胀过程：动力活塞停留在内止点，工质在热腔中吸收接收器热量做等温膨胀，推动配气活塞向外止点运动并对外做功。

4—1 等容放热过程：两个活塞同时运动，工质容积不变。工质从热腔经过回热器流入冷腔，并向回热器放热，温度和压力降低。

由此可见，斯特林循环由两个等温过程和两个等容过程组成，在一个完整的斯特林循环中，气体对外所做的功为高温膨胀过程中所做功与低温压缩过程中所做功的差值。

9.4　太阳能海水淡化

我国人均水资源不足 2400m³，仅为世界平均水平的 1/4。沿海地区虽占国土面积的 13%，却居住着全国 40% 的人口，提供 60% 以上的国民生产总值。由于人口稠密，沿海地区大部分城市人均水资源量低于 500m³，部分地区的人均水资源量甚至在 200m³ 以下，水资源的紧张正阻碍着这一地区的经济发展速度。因此发挥临海优势，走海水淡化之路，是解决沿海城市缺水问题的一条重要途径。而且，目前应用海水淡化技术来开发辅助水源已成为各国最常采用的方法。

人类利用太阳能淡化海水已有很长的历史。最早有文献记载的太阳能淡化海水是 15 世纪中叶由一名阿拉伯炼丹术士实现的。这名炼丹术士使用抛光的大马士革凸透镜对太阳聚焦，照射到盛满海水的玻璃瓶中，对海水进行太阳能蒸馏。今天，人们对太阳能淡化海水技术的研究有了很大的发展，各种新型的系统层出不穷，其中许多在经济上已能与传统的海水淡化装置相比拟。预计在不远的将来，太阳能淡化海水技术将能为人类提供更多、更清洁、更经济的优质淡水。

9.4.1 传统海水淡化方法概述

从海水中取出淡水，或去除海水中的盐分，都可达到海水淡化的目的。实际的海水淡化过程也基本上可分为这两大类。目前可实际应用的海水淡化方法以前一类为主，仅电渗析法与离子交换法属于后一类。表 9-2 中所列为目前实际应用的主要传统海水淡化方法。

表 9-2 传统海水淡化方法

从海水中分离出淡水	蒸馏法	竖管蒸馏
		多级闪蒸
		蒸汽压缩蒸馏
		空气增湿除湿法
		材料吸收与吸附法
	冷冻法(结晶法)	蒸汽压缩式真空冷冻法
		蒸汽吸收式真空冷冻法
		冷媒直接接触冷冻法
	水合物法(结晶法)	
	溶剂萃取法	
	反渗透法(膜法)	
从海水中分离出盐分	电渗析法(膜法)	
	离子交换法	

(1) 蒸馏法

蒸馏法是将海水加热汽化，再使蒸汽冷凝而得淡水。根据所用能源及流程、设备不同，又可分为以下几种主要形式。

① 竖管蒸馏。将多个蒸发器串联，原料海水进入第一级蒸发器，由加热蒸汽间接加热，产生的蒸汽称为二次蒸汽，引至下一级蒸发器作为加热蒸汽使用，浓海水也依次进入下一级蒸发器进行蒸发。串联蒸发器的个数称为级数（也有称效数），最末一级与减压系统相连，以保证浓海水沸点由首级至末级逐级降低，从而实现前一级中二次蒸汽对后一级浓海水的加热作用。自二级以后，各级的冷凝水即为产品淡水。竖管蒸馏的优点是热利用效率高。缺点是锅垢危害严重，设备费用较高。

② 蒸汽压缩蒸馏。海水先经预热，至蒸发器中受热汽化，产生的二次蒸汽经压缩后，又返回蒸发器夹套中冷凝，这样就供给了过程所需热量。此方法的特点是除了开工之初需辅助热源产生蒸汽作为起动外，不需要外部热源。蒸汽压缩蒸馏的优点是热利用效率高，缺点也是锅垢危害严重。

③ 多级闪蒸。海水先经加热，然后引至一个压力较低的设备中使之骤然蒸发，依次再进入压力更低的一级骤然蒸发，产生的蒸汽在海水预热管外冷凝而得到淡水，经逐级预热的海水则进入主加热器中由来自热源的蒸汽加热。此方法的特点是加热与蒸发过程分离，设备构造较简单，费用较低，特别适合于大规模生产。缺点是盐水循环量大，运行费用高。

(2) 冷冻法

海水结冰时，只有纯水呈冰晶析出，盐则不同时析出，取冰融化即得淡水。利用这一原理进行海水淡化的方法,即为冷冻法。根据所用冷冻剂不同及对冷冻的处理方法不同,冷冻法又分为以下三种形式。

① 蒸汽压缩式真空冷冻法。海水预冷至0℃左右后,喷入高真空冷冻室中,部分水汽化吸热,使剩余海水冷冻而析出冰晶(水本身即为冷冻剂)。形成的冰晶与盐水的固液混合物经分离洗涤后,除去冰晶表面附着及内部包藏的盐分,然后融化而得淡水。产生的蒸汽经压缩后进入融化器冷凝。冰融化和蒸汽冷凝所得淡水,一部分用作产品淡水放出,另一部分返回洗涤分离器中用于洗涤固液混合物。

② 蒸汽吸收式真空冷冻法。以吸收剂吸收冷冻室产生的蒸汽,从而使海水不断汽化与冷冻结冰。稀释后的吸收剂经浓缩再生后循环使用。除以吸收系统代替压缩机外,其他与蒸汽压缩式真空冷冻法相同。

③ 冷媒直接接触冷冻法。以不溶于水、沸点接近于海水冰点的正丁烷为冷冻剂,与海水混合,预冷后进入冷冻室中,室内温度约为-3℃,压力稍低于大气压,正丁烷便汽化吸热,使海水冷冻结冰。正丁烷蒸汽压缩至一个大气压以上,进入融化器与冰直接接触,正丁烷蒸汽液化,冰融化,形成水与正丁烷的不互溶体系,借密度不同而分离,水作为产品放出,正丁烷在过程中循环使用。

冷冻法的优点是结晶潜热较小,过程本身所需能量较小;操作温度低,结垢及腐蚀很轻。缺点是冰晶悬浮体输送、分离困难,操作技术要求高;冰晶洗涤也困难,且需要消耗部分产品淡水。

(3) 电渗析法

阴离子交换膜与阳离子交换膜相间排列,隔成多个区间,海水充满于间隔中,在外加直流电场作用下,阴、阳离子分别透过阴膜和阳膜,从而使某区间中海水淡化的同时,使相邻区间的海水被浓缩,淡水与浓水得以分离。电渗析法的特点是从海水中除去盐离子,能量转化方式合理,用于含盐量5000mg/kg以下的咸水淡化,较其他所有淡化方法都经济。但该方法不能除去不带电荷的杂质,且经济效果随含盐量的增加而显著降低。目前已出现用于海水淡化的高温电渗析法,耗能较低。

电渗析法的关键是离子交换膜。良好的离子交换膜应具有优良的选择透过性(即阴膜只允许阴离子透过,阳膜只允许阳离子透过)、优良的电化学性能、足够的机械强度及化学稳定性等。高温电渗析法中的膜还应具有耐高温的特性。

(4) 反渗透法

当海水与淡水以半透膜隔开时,淡水便会自动向海水一侧渗透,若在海水一侧施加大于海水渗透压(约25个大气压)的外压,则海水中的纯水将反渗透至淡水中。反渗透法的特点是过程中没有相的变化,所以能量耗费较少,而对有机杂质与不带电荷的杂质,同样能达到分离效果。但受高压操作和半透膜性能的限制,单个淡化器产量不能太大,原水浓度也不宜过高。

(5) 溶剂萃取法

某些有机溶剂,如三己胺等,在低温下能溶解一定量的水,而当温度升高时,又能将溶解的水分离出来。利用这一特性进行海水淡化的方法称为溶剂萃取法。海水与溶剂在萃取塔中逆向接触,然后经回热器和热交换器被送至分离器中,在分离器中分离出水,溶剂循环使用。溶剂萃取法的优点是操作温度接近室温,能耗低,设备腐蚀轻。缺点是溶剂在水中有一定的溶解度,影响淡水水质,仅对于低含盐量的咸水选择性较好。此法的关键是寻找理想的萃取剂。

（6）水合物法

某些气体化合物，如丙烷等，与水不互溶，但在低温下能与水形成多分子的水合晶体（如 $C_3H_8 \cdot 17H_2O$），利用这一特性进行海水淡化的方法，称为水合物法。

预冷海水与液态丙烷在育晶槽中混合，在形成水合物的条件下，形成含水合物晶体 $10\% \sim 15\%$ 的盐水固液混合物，经分离、洗涤、融化而得淡水，丙烷循环使用。水合物法的优点类似于冷冻法。缺点是结晶粒子小，分离和洗涤较困难，淡化水质也较差，且洗涤过程也要消耗一定淡水。

（7）离子交换法

利用离子交换树脂的活性基团，与盐水中的阴、阳离子进行交换而获得淡水的方法，称为离子交换法。盐水经过阳离子交换树脂后，阳离子被树脂中的 H^+ 取代，再经过阴离子交换树脂，则阴离子又被树脂中的 OH^- 取代。H^+ 与 OH^- 结合成水，盐水中的盐则被除去。

盐水中的离子浓度越高，树脂的再生费用也越大，因此对海水及浓度较高的咸水，一般不用此法，而在低盐分的水处理和高纯度水的制备上此法应用得很广泛。另有一种称为银式泡沸石的无机离子交换树脂，与海水混合后，能与其中钠离子、镁离子、钙离子、氯离子和硫酸根离子等主要离子发生沉淀而分离出淡水。此法成本较高，仅作为制取少量应急用水的方法。

由以上分析可以看出，传统海水淡化技术的运行原理大致可分为两类：

① 相变过程：包括多级闪蒸（MSF）、多效沸腾（ME）和蒸汽压缩（VC）等。

② 渗析过程：主要有反渗透法（RO）和电渗析法（ED）等。

相变过程最显著的优势就是能够重复利用蒸发与冷凝过程的潜热，使之在预热进入装置的海水的同时，冷凝部分蒸汽成为产品淡水。此时，描述系统性能的是造水比，它是一个有量纲的系数，意义为消耗单位质量蒸汽或能量所能产生的淡化水，即 kg/2326kJ，这里的 2326kJ 为水在 73℃ 时的蒸发潜热值。渗析过程代表了用电能直接生产淡水的发展方向，具有装置简单、易于小型化和单位能耗产水率高等显著特点。

在现有的太阳能海水淡化技术中，无论是能量的利用效率，还是单位集热器采光面积的产水率，都不是很高，甚至可以说远低于传统海水淡化装置，在规模化和产业化方面也存在极大的困难。所以，不少专家已经指出，与传统海水淡化工业相结合，是太阳能海水淡化技术发展的必由之路。

9.4.2　太阳能海水淡化装置的分类

纵观太阳能海水淡化研究的历史，利用太阳能进行海水（或者苦咸水）的淡化，其能量的利用方式无外乎两种：其一是利用太阳能产生热能以驱动海水相变的过程，简称热法；其二是利用太阳能发电以驱动渗析过程，简称膜法。从热力学的观点来说，前者使用的是低级能，后者使用的则是高级能。

热法是利用太阳能集热器将太阳能转化为热能加热海水，使海水蒸发成水蒸气后，再通过冷凝获得淡水。膜法是使用太阳能光伏电池板将太阳能转化为电能，然后利用一定压力下离子反渗透原理，使用电驱动高压力水泵压缩海水使其通过特制的膜，在膜的另一边获得淡水。当然除了以上两种方法以外，还有其他海水淡化方法，比如自然真空海水淡化法、太阳能热-反渗透法等等。目前，热法仍是太阳能海水淡化技术的主流。

由于太阳能热利用技术的发展，它与海水淡化技术的结合衍生出了许多装置。甚至可以说，当前的太阳能热利用技术可以与任何一种传统的海水淡化系统相结合，从而形成了太阳能海水淡化技术的用能方式、结构形式的多样化。也正因此，太阳能海水淡化技术越来越成熟。对于利用太阳能产生热能驱动海水相变过程的海水淡化系统，就其能量利用方式而言，一般可分为直接法和间接法两大类。顾名思义，直接法系统直接利用太阳能在集热器中进行蒸馏，而间接法系统的太阳能集热器与海水蒸馏部分是分离的。但是，近20多年来，也有不少学者对直接法和间接法的混合系统进行了深入研究。显然，膜法太阳能海水淡化也可以说是间接利用太阳能的。因此，不难归纳出目前太阳能海水淡化技术的大致分类，如表9-3所示。

表9-3 太阳能海水淡化技术的大致分类

太阳能海水淡化	直接法	太阳能蒸馏	被动式
			主动式
		增湿除湿	
	间接法	太阳能集热器＋	多级闪蒸
			多效蒸馏
			压缩蒸馏
			膜蒸馏
		热发动机＋	反渗透
			冷冻法
		太阳能光伏板＋	反渗透
			电渗析

9.4.3　被动式太阳能蒸馏系统

传统的太阳能海水淡化装置又称被动式太阳能海水淡化装置。装置中不存在任何利用电能驱动的动力元件，如水泵和风机等，也不存在利用附加的太阳能集热器等部件进行主动加热的海水淡化装置。装置的运行完全是在太阳光的作用下被动地完成。

被动式太阳能蒸馏系统还可作如下细分（表9-4）。

表9-4 被动式太阳能蒸馏系统的分类

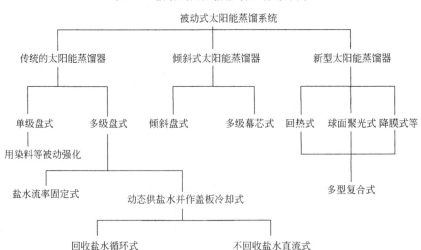

(1) 盘式太阳能蒸馏器

被动式太阳能蒸馏系统最典型的例子就是盘式太阳能蒸馏器，也称为温室型蒸馏器。盘式蒸馏器是最简单的蒸馏器，它的应用历史可以追溯至 16 世纪。其性能虽比不上结构复杂、效率更高的主动式太阳能蒸馏器，但其结构简单，制作、运行和维护都比较容易，以生产同等数量淡水的成本计，这种蒸馏器仍优于其他类型的蒸馏器，因而它仍有较大的市场价值。

盘式太阳能蒸馏器是一个密闭的温室，如图 9-42 所示。涂黑的浅槽中装了薄薄的一层海水，整个盘用透明的顶盖层密封。透明顶盖多用玻璃制作，但也可用透明塑料制作。到达装置上部的太阳光大部分透过透明的玻璃盖板，小部分被玻璃盖板反射或吸收。透过玻璃盖板的太阳辐射一部分从水面反射，其余的通过盛水槽中的黑色衬里被水体吸收，使海水温度升高，并使部分水蒸发。因顶盖吸收的太阳能很少，且直接向大气散热，故顶盖的温度低于盘中的水温。因而，在水面和玻璃盖板之间

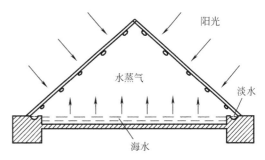

图 9-42 盘式太阳能蒸馏器原理

将会通过辐射、对流和蒸发进行热交换。于是，由盘中水蒸发的水蒸气会在顶盖的下表面凝结而放出汽化潜热。只要顶盖有一合适的倾角，凝结水就会在重力的作用下顺顶盖下流，汇集在集水槽中，再通过装置的泄水孔流出蒸馏器外成为成品淡水。

目前对盘式太阳能蒸馏器的研究主要集中于新材料的选取、各种热性能的改善以及将它与各类太阳能集热器配合使用。比较理想的盘式太阳能蒸馏器的效率约在 35%，每天的产水量依赖于太阳辐照量，一般在 $3\sim4kg/m^2$。如果在海水中添加浓度为 172.5mg/kg 的黑色萘胺，蒸馏水产量可以提高 29%。为了减少盘中海水的热容并增加海水的蒸发面积，有学者进行了在海水中添加木炭、海绵或者让海水通过浸渍幕芯进行蒸发的实验，结果证明能较大地提高产水量。

太阳能蒸馏法不受原水浓度的限制，淡水纯度高（一般可达 $10^{-5}mg/kg$），特别适用于气温高、日照时间长的缺水地区。在热源充足和有废热可利用的地区也可采用与此类似的装置方便地得到淡水。

(2) 多级盘式太阳能蒸馏器

单级盘式太阳能蒸馏器结构简单，取材方便，运行时基本无需人员管理，因而受到用户青睐。但产水效率低、占地面积宽是它的主要缺陷。分析盘式太阳能蒸馏器的传热过程不难发现，未能充分利用装置内水蒸气在盖板处凝结所释放出来的潜热，是造成装置单位面积产水量低的重要原因。

在传统的盘式太阳能蒸馏器中，当水蒸气在玻璃盖板内表面冷凝时，冷凝潜热传给玻璃，致使玻璃升温，会影响进一步冷凝的效果，同时这部分热量因对流和辐射而散失掉，造成了热量的浪费。为充分利用水蒸气的凝结潜热，除了上节提到的利用海水冷却盖板，并将这部分海水重复利用的方法之外，研究者还设计出了多种多级盘式太阳能蒸馏器，几种基本形式分别如图 9-43、图 9-44 所示。

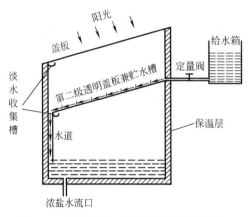

图 9-43 单斜面两级盘式太阳能蒸馏器

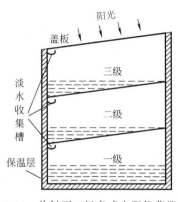

图 9-44 单斜面三级盘式太阳能蒸馏器

(3) 外凝结器式盘式太阳能蒸馏器

水能在空气中蒸发，与空气中原有的水蒸气存在分压差有关。如果原有空气中水蒸气分压低于现在水表面附近的水蒸气饱和分压，那么蒸发过程能够发生，低于越其则蒸发过程越剧烈。传统的盘式太阳能蒸馏器利用装置上方的透明盖板作凝结器，虽然这样做使装置更为简单，但也带来了两点不利：a. 水蒸气凝结时放出潜热，使盖板温度升高，从而提高了盖板附近的水蒸气分压，使蒸发面与冷凝面之间的水蒸气分压差减小；b. 蒸汽在盖板上凝结后产生水膜与水珠，在一定程度上降低了盖板的透射率，使装置内盐水接收到的太阳能总量降低，不利于装置性能的提高。鉴于此，Hassan 等人对在传统盘式太阳能蒸馏器中外加凝结器的装置进行了研究，其装置如图 9-45 所示。

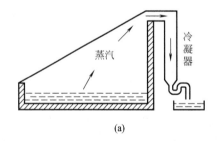
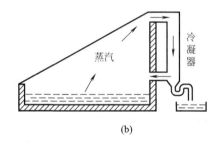

图 9-45 有被动冷凝器的太阳能蒸馏器

Hassan 的理论与实验研究表明，当外凝结器的冷凝面积足够大（与玻璃盖板采光面积相近）时，增加外凝结器，对图 9-45(a) 所示的情况可以增加产水量 30%（相较无冷凝器），对图 9-45(b) 所示结构可增加产水量近 50%。因此，在实际工程中，增加外冷凝器是有意义的。

(4) 多级芯型盘式太阳能蒸馏器

传统盘式太阳能蒸馏器中，海水的热容大，受热升温缓慢，延迟了出淡水时间。为了克服这一缺陷，Sodha 等人研制了一种多级芯型盘式太阳能蒸馏器。

图 9-46 给出了这类装置的剖视图。它的运行原理是：装置中的海水不是均摊于整个装置的底盘中，而是集中盛入一个水槽中。选择一些对水有较强亲和作用或毛细作用的多纤维材料，如黄麻布、棉纱布等，一端浸在海水里，另一端置于一个倾斜平面的顶部，而一部分

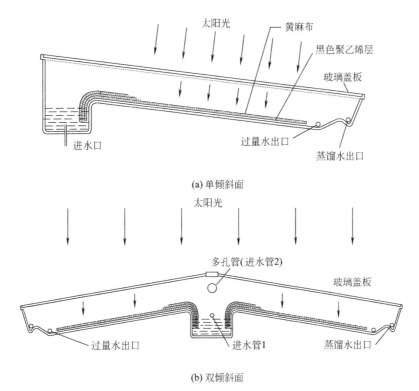

图 9-46 多级芯型盘式太阳能蒸馏器剖视图

纤维还从倾斜面顶部一直延伸至底部，形成一个平整的纤维薄层。水在纤维的毛细管作用下被汲至斜面的高端，然后在重力的作用下，顺着斜面的纤维流向低端，形成一个均匀的海水薄层。由于薄层中海水的热容非常小，在太阳光照射下海水很快蒸发，从而提早了装置的出水时间，也使通过装置其他部件的热损失减少。为了增加对太阳光的吸收，这些多纤维材料可以染成黑色。装置的操作要点是使整个汲水芯保持湿润状态，在斜面上形成均匀水膜。Sodha 的研究指出，采取这些措施后，太阳能蒸馏器的单位面积产水量比传统盘式蒸馏器提高 $16\%\sim50\%$，效率提高 $6.5\%\sim18.9\%$。

（5）倾斜式太阳能蒸馏器

简单的盘式太阳能蒸馏器存在着一些不可避免的弱点，其中一个缺点是，作为一个太阳能采集装置，当吸热面（在蒸馏器中就是水面）水平放置时，其全年截取的太阳辐射总量总是少于面积相同、适当地倾斜放置的吸热面所得到的能量（赤道附近除外），倾斜的太阳能蒸馏器就是据此设计的。要布置一个倾斜的水面是困难的，但可以用不同的方法来实现这个目的。图 9-47 就是一个较好的方案。此蒸馏器的水盘做成阶梯状，将海水均匀分配在不同的阶梯中，盘内的水深仅 $1.27\mathrm{cm}$，因此在日出后，其温度即迅速升高，当全天辐照量达到 $2300\mathrm{kJ/m^2}$ 时，日产水率可达 $4.8\mathrm{kg/m^2}$，明显高于一般的盘式蒸馏器。

9.4.4 主动式太阳能蒸馏系统

被动式太阳能蒸馏系统的严重缺点是工作温度低，产水量不高，也不利于在夜间工作和利用其他余热。为此，Soliman 等人最先提出了主动式太阳能蒸馏系统的思想。到今天，人

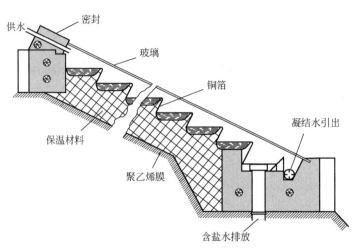

图 9-47　倾斜布置的盘式太阳能蒸馏器

们已提出了数十种主动式太阳能蒸馏系统的设计方案，并对此进行了大量研究。主动式太阳能蒸馏系统的大致分类见表 9-5。

表 9-5　主动式太阳能蒸馏系统的分类

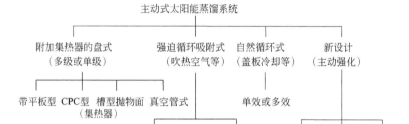

在主动式太阳能蒸馏系统中，其配备有其他的附属设备，使得它的运行温度得以大幅度提高，或使其内部的传热传质过程得以改善。加之，大部分的主动式太阳能蒸馏系统都能主动回收蒸汽在凝结过程中释放的潜热，因而这类太阳能蒸馏系统能得到比传统太阳能蒸馏系统高一倍甚至数倍的产水量。这是目前主动式太阳能蒸馏系统被广泛重视的根本原因。

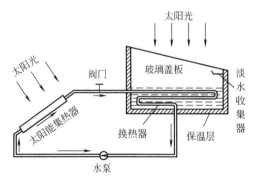

图 9-48　有平板型太阳能集热器辅助加热的盘式太阳能蒸馏系统结构图

（1）有平板型太阳能集热器辅助加热的盘式太阳能蒸馏器

为了克服传统盘式太阳能蒸馏器运行温度低、出水慢的缺陷，Rai 和 Tiwari 首次通过实验研究了平板型集热器与盘式太阳能蒸馏器相结合的装置。研究结果表明，附加集热器的采用大幅度提高了蒸馏器的运行温度，从而较大程度地提高了单位采光面积的产水量。有平板型太阳能集热器辅助加热的盘式太阳能蒸馏系统的一般结构如图 9-48 所示。

蒸馏器部分主要起蒸发与冷凝作用，受热海水产生蒸发，然后蒸汽在冷凝盖板上凝结产生淡水，这一过程与传统盘式太阳能蒸馏器无异。蒸馏器部分也能接收部分太阳能。平板型太阳能集热器主要起收集和贮存太阳能的作用。由于它的效率较高，可以将其中的水（或其他液体）加热至较高的温度。平板型集热器收集到的太阳能通过泵和置于蒸馏器内的盘管换热器送入蒸馏器中，使海水温度升高。有些装置也直接用蒸馏器中的海水作平板型集热器的工作流体，但由于海水有很强的腐蚀性，为了保护平板型集热器，一般较少采用。

（2）有主动外凝结器的盘式太阳能蒸馏器

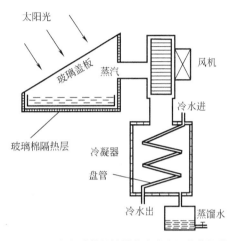

图 9-49 有主动外凝结器的盘式太阳能蒸馏器

传统的盘式太阳能蒸馏器中，蒸汽的浮升及在盖板附近的冷凝过程均为自然对流的传热传质过程，限制了装置性能的改善。为了强化蒸汽的蒸发与凝结过程，Mohamad 等人提出了外带凝结器的主动式设计，如图 9-49 所示。

它的运行原理是，盘式太阳能蒸馏器收集热能，并让海水蒸发。但受热海水产生的蒸汽并不完全在玻璃盖板上凝结，而是有一部分由电动风机抽取送入蒸馏器外的冷凝器中。在冷凝器中通有冷却盘管，当由蒸馏器来的热蒸汽与冷却盘管接触时，受冷在盘管上凝结，产生蒸馏水。这一设计的优势在于，由于风机的抽取作用，蒸馏器内处于负压中，有利于水的蒸发。缺点是设备更复杂，投资成本更高，而且还需要一部分电能。

（3）太阳能集热器与多效盘式太阳能蒸馏器的结合

有太阳能集热器主动供热的盘式太阳能蒸馏器的最显著特点是装置可以在更高温度下运行，从而提高海水蒸发的动力。然而，对传统的盘式蒸馏器，当水蒸气在盖板处凝结时，凝结潜热将很快通过盖板散失到环境中，不利于装置温度的进一步提高，也不利于潜热的重复利用。为了解决这个问题，有学者提出了多效主动式太阳能蒸馏器的概念，实验证明这一解决方案是可行的。

Adhikari 较早对有太阳能集热器主动加热的多级盘式蒸馏器进行了研究，Adhikari 给出的装置以及各盘的形状和尺寸如图 9-50 所示。装置的级数可调，取一至四级。各盘均用

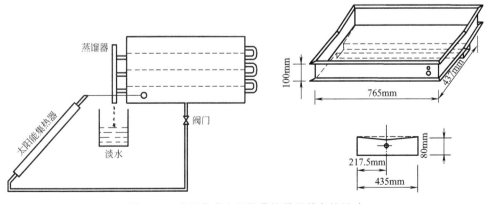

图 9-50 多级盘式太阳能蒸馏器及其盘的尺寸

金属铝板制成，盘的开口面积为 $0.330m^2$，平均盘高 $0.09m$，盘间用 3mm 的橡胶片密封。太阳能集热器产生的热水进入盘式蒸馏器的最底盘。

（4）单级降膜蒸发与降膜冷凝式太阳能蒸馏装置

降膜蒸发与降膜冷凝过程在许多领域均有应用，比如在制冷、空气分离以及传统海水淡化工业等领域中都有大量应用。它的优点是工质的热容极小，可以很快达到与供热体相接近的温度。而且在降膜过程中，液膜展开的面积相当大，有利于液体的蒸发或蒸汽的冷凝，也有利于蒸汽与供热体之间的热交换。正是这些优点，使得降膜蒸发或冷凝过程在太阳能蒸馏装置中被采用。其中具有竖板或竖管式降膜蒸发与冷凝腔的太阳能海水淡化装置就是比较常见的一种。

图 9-51 示出了一种单效竖板降膜蒸发与竖板降膜冷凝型太阳能蒸馏器的工作原理。它主要由太阳能集热器、竖板降膜蒸发器和冷凝器以及贮海水箱等组成。其中，竖板蒸发器和冷凝器被组装在同一个腔体内，形成蒸发-冷凝腔。竖板蒸发器和冷凝器均有多种形式，为了使在蒸发器上流动的海水膜均匀，通常在竖板上铺垫一些吸水性强的多孔材料，比如棉纱布或玻璃纤维等。也可以在竖板上加装网格或将竖板压制成具有各种槽道的强化板，并做亲水处理。冷凝器也有多种形式，有的做成扁盒式，内通冷的海水；有的由带肋片的管道组成，内通冷的海水；有的干脆用冷的淡水做吸收膜，让其直接在竖板上流下，直接吸收蒸汽；等等。此类装置的运行方式解释如下。

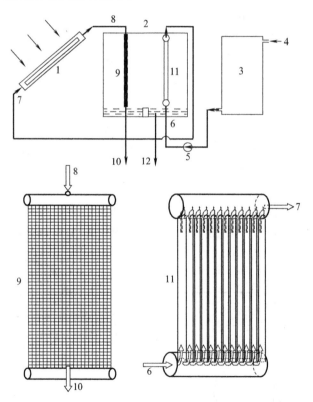

图 9-51　单效竖板降膜蒸发与竖板降膜冷凝型太阳能蒸馏器

1—太阳能集热器；2—蒸发/冷凝室；3—贮水箱；4—冷水入口；5—水泵；6—冷却水入口；
7—预热水入口；8—热水进；9—蒸发器；10—废水出；11—冷凝器；12—淡水

来自贮水箱 3 的海水，经水泵 5 的抽取，来到冷凝器 11 的下端，然后沿冷凝器内的流道向上流动，在这过程中，它带走蒸汽在冷凝器表面冷凝时的潜热，使自身温度升高。出冷凝器上口后，海水经管道进入太阳能集热器 1 中，在那里吸收太阳光的热能，使温度进一步提高，达到所设计的最高温度，然后经管道来到降膜蒸发器的上入口，进入蒸发器顶端的溶液分配器，经分配器分配后，海水在重力的作用下沿蒸发器表面均匀降落，形成一层膜状海水。此时海水在下落的过程中不断蒸发，同时温度不断降低，到达蒸发器底部时温度变得最低，最后经浓溶液出口排出装置。在冷凝器 11 外表面上产生的凝结淡水也在重力的作用下降落在冷凝器底部，最后经淡水出口排出蒸发/冷凝室并经收集得到成品淡水。

Kudish 等对图 9-51 所示装置进行了理论与实验研究，结果表明，上述装置在晴好天气条件下，当海水流率在 $40\sim50\mathrm{kg\cdot m^{-2}\cdot d^{-1}}$ 范围及蒸发器与冷凝器间距为 2cm 时，产淡水能力将达到 $11\mathrm{kg\cdot m^{-2}\cdot d^{-1}}$，比传统太阳能蒸馏装置的每平方米集热面积日产淡水 $3\sim5\mathrm{kg}$ 有较大提高。

(5) 多级降膜蒸发与多级降膜凝结式太阳能蒸馏装置

降膜式太阳能蒸馏器最显著的优点是装置中保存的海水量很少，因而装置的热容较小，海水受热快，温升迅速，有利于装置在较高温度下运行，也有利于装置尽快产出淡水。还有，降膜蒸发过程中，单位质量的海水所展开的表面积远比传统盘式太阳能蒸馏器中海水所展开的表面积大，有利于海水的蒸发。因此，降膜式蒸馏器得到较多的重视。

但单级（或单效）降膜式太阳能蒸馏器的排盐水温度往往较高，热损失较大，不利于太阳能的高效利用，也未充分回收蒸汽的凝结潜热。为克服上述缺陷，许多学者提出了多级降膜式的设计思想。较传统的多级降膜式太阳能蒸馏器的设计如图 9-52 所示。它由一个包括集热器和贮水箱的太阳能热水器和一个蒸馏装置组成。在蒸馏装置中有一组垂直放置的金属板，来自贮水箱的热水从固定在最左面的金属板左侧的盘管中自上向下流过，热水在加热金属板后温度降低并流回贮水箱。与此同时，需要蒸馏温度较低的含盐水则从最右边金属板右侧的管内自下向上流过，使金属板冷却。而这些水又作为蒸馏器的补给水进入各块金属板上方的配水槽中（右边第一块板除外），并从各块板的右侧缓缓流下。可见，由于左边第一块金属板被来自水箱的热水加热，使一部分顺板右侧流下的含盐水蒸发，并在第二块板的左表面上凝结，释放出来的汽化潜热被金属板吸收后用来使顺第二块板右侧流下的含盐水蒸发。这一过程继续下去，直到最右面那块板为止。在最右面的板上，来自海水

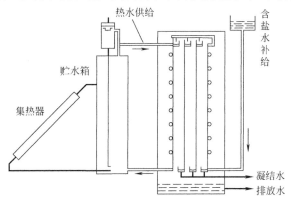

图 9-52　三级降膜式太阳能蒸馏器

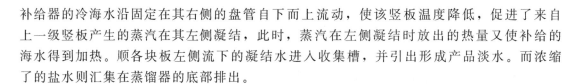

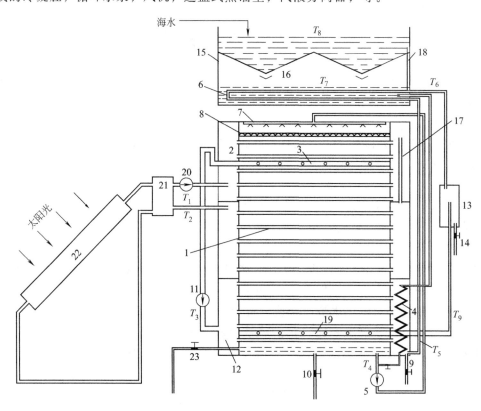

补给器的冷海水沿固定在其右侧的盘管自下而上流动，使该竖板温度降低，促进了来自上一级竖板产生的蒸汽在其左侧凝结，此时，蒸汽在左侧凝结时放出的热量又使补给的海水得到加热。顺各块板左侧流下的凝结水进入收集槽，并引出形成产品淡水。而浓缩了的盐水则汇集在蒸馏器的底部排出。

（6）横管降膜蒸发闭循环式太阳能蒸馏装置

此类太阳能蒸馏装置是很有特点的一类主动式太阳能蒸馏装置，它利用了较多的现代海水淡化工业的新技术，比如横管降膜蒸发技术、多次回热技术以及主动强化传热传质技术等。但它又保留了太阳能蒸馏技术的最基本特点，如运行温度不高、不用抽真空、制造与使用方便及易于小型化等。

装置的剖面如图9-53所示。它主要由下述部分组成：一个带有海水喷管及海水分配器的蒸发腔（一个有许多水平横管从其中穿过的长方形盒子）；一个由若干横管、管壳及回热器组成的冷凝腔；循环水泵；风机；送盘式蒸馏室；汽液分离器；等。

图9-53　横管降膜蒸发闭循环式太阳能蒸馏装置

1—加热横管；2—分配腔；3—抽气管；4—回热器；5—循环泵；6—换热器；7—喷管；8—孔板；9、10、14、23—阀门；11—空气泵；12—冷凝腔；13—气液分离器；15—盘式蒸馏室；16—集水槽；17、18—连通管；19—风管；20—水泵；21—贮水箱；22—太阳能集热器

系统的运行可分步表述如下：

① 由太阳能集热器22提供的热水通过水泵20送入装置，经由一个管壳形分配腔2进入蒸发腔中的加热横管1，在那里放出热量加热流在管外的海水。热水出横管后经连通管17进入下一级的热水分配腔，再经一个管壳形分配器进入加热横管，最后经出口返回至贮水箱

21 中。第二级加热与第一级加热在结构上类似，但热水的流动方向相反，如图 9-53 所示。

② 为了减少装置的热容及有利于蒸发过程的进行，装置采用横管降膜蒸发的工作模式。即海水经喷管 7 喷出，经一块孔板 8 再分配后，均匀地滴降至蒸发腔中的加热横管 1 上，在那里形成海水降膜并受热蒸发。未蒸发的浓盐水最终落至蒸发腔底，一部分经溢流阀门 23 流出装置，另一部分经循环泵 5 再循环至喷管 7 进行循环使用。新海水由输入装置经连通管 18 进入盘式蒸馏室 15，在那里被换热器 6 加热并产生蒸发，蒸汽在第一级盘底背部凝结形成一部分蒸馏水并经集水槽 16 输出。盘式蒸馏室 15 中剩余的海水经管道被再输入至冷凝腔 12 右边的回热器 4 中再预热，最后流至循环泵 5 前与一部分浓盐水混合进行循环使用。

③ 当海水从一根水平管到另一根水平管形成降膜流动时，它从水平管内的热水中吸收大量的热量，并产生蒸发，在蒸发腔中放出大量水蒸气。这些水蒸气通过抽气管 3 由空气泵 11 抽至冷凝腔 12 中，再经管壳形分配器进入加热横管 1 内，在那里它经冷凝放热而产生出淡水，并将热量传回给管外的海水，回收了一部分凝结潜热。由于泵的作用，蒸发腔中形成了负压，而冷凝腔中形成了正压，因而加速了水的蒸发与凝结过程，使装置的性能得到加强。通过横管后的蒸汽在冷凝腔 12 右边被回热器 4 进一步冷却并释放潜热给进入的海水，最后经管道进入换热器 6 中，放出热量给盘式蒸馏室 15 中的海水后进入气液分离器 13，并进行气液分离。最后剩余的低温气体经风管 19 送回至装置蒸发腔的下部，进行再循环，而淡水则经水阀门 14 交给用户。在装置中气体始终是闭循环运行的，具有很好的稳定性及可靠性，不受外界干扰。

9.4.5　增湿除湿型太阳能淡化装置

饱和湿空气的含湿量随空气温度的变化而显著变化。增湿除湿型太阳能海水淡化装置就是利用空气的这个性质设计的，它通过空气在海水淡化装置中的增湿与除湿过程实现从海水中获取淡水。事实上，大气层中循环的水汽主要来自海洋，按照蒸发—凝结—降水—蒸发过程，周而复始地循环。可以说增湿除湿海水淡化系统就是这个循环过程的升级人造版本。

任一温度较低的饱和或不饱和湿空气与温度为 T_2 的热海水接触，其温度增加，含湿量变为 d_2，然后再与温度 T_1 的冷水或冷壁进行热交换，其含湿度减小，含湿量变为 d_1，在此过程中空气将释放水分而得到淡水。例如：

$$T_2 = 60℃, d_2 = 0.177 \text{kg（淡水）/kg（干空气）}$$
$$T_1 = 30℃, d_1 = 0.032 \text{kg（淡水）/kg（干空气）}$$

每一循环所得淡水量为：

$$d = d_2 - d_1 = 0.177 - 0.032 = 0.145 \text{kg（淡水）/kg（干空气）}$$

此方法的特征是不需要真空，运行温度也不需要太高，温海水可以很方便地由太阳能集热器获得，也可利用其他工业余热制取淡水。其缺点是需要有较大功率的循环风机，要消耗一定电力。由于装置的运行温度不高，也需要有较大的换热面积。

(1) 饱和空气增湿除湿式太阳能蒸馏器

饱和空气增湿除湿式太阳能蒸馏器主要由三个部分组成：太阳能集热器、蒸发器和冷凝器。为了提高系统的效率，有些装置还增加了空气预热器和冷热海水热交换器。一台塔形饱和空气增湿除湿式太阳能蒸馏器运行原理及结构如图 9-54 所示。

太阳能集热器一般用真空管集热器或平板型集热器建成，它负责为系统提供热能，以产生高温海水。蒸发器一般由不易腐蚀的固体材料填充而成，海水可从堆积材料表面流过，由

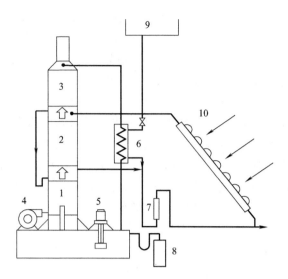

图 9-54　塔形饱和空气增湿除湿式太阳能蒸馏器

1—空气预热段；2—蒸发段；3—冷凝段；4—风机；5—冷却水循环泵；6—淡水冷却器；

7—转子流量计；8—淡水量筒；9—高位海水贮罐；10—真空管太阳能集热器

下往上运动的空气可以从堆积材料的缝隙流过，形成空气与海水的逆向换热。冷凝器则由带肋片的气液换热器组成，也可用冷的淡水作工质，由水泵循环，让热湿空气直接与淡水接触，形成直接接触式冷凝器。

　　该系统工作时，经集热器加热的热海水在蒸发段顶部喷淋而下，与从塔底进入的空气逆向接触，经过热、质交换，空气在被加热的同时，不断蒸发海水，水蒸气使空气逐渐趋向饱和。最后，饱和的热空气进入冷凝器，受冷放热凝析出水分，成为淡水。而热海水在加热空气的过程中，温度迅速下降，以略高于环境空气的温度排出塔外。热饱和空气在冷凝器中产生淡水的同时，大量放热，加热了进入冷凝器的冷海水（或冷淡水），饱和废气从塔顶排出。

（2）降膜蒸发增湿除湿型太阳能蒸馏器

　　如图 9-55 所示为一种高效的降膜蒸发增湿除湿型太阳能蒸馏器，它以湿空气为工作

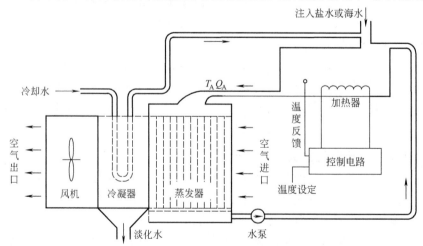

图 9-55　降膜蒸发增湿除湿型太阳能蒸馏器结构示意图

介质，通过湿空气的状态变化生产淡水。系统可以用太阳能驱动，也可用其他工业余热驱动。该装置采用了工业上常用的降膜蒸发技术，因而较大程度地减少了蒸发器与冷凝器的尺寸，提高了蒸发与冷凝过程的效率。装置的基本原理是利用低品位热能将储罐中的海水加热，利用落差将流量为 Q_A、温度为 T_A 的热海水喷淋在蒸发器上。蒸发器所采用的是蜂窝结构填料，该结构由纸质构成，增湿强度高，气流在风机的驱动下强迫流过蒸发器使热海水迅速蒸发成水蒸气，由于蒸发效率较高，水蒸气接近饱和状态（相对湿度一般都在95％以上），经冷却水冷却，水蒸气在冷凝器表面冷凝为淡水。未蒸发的海水经蒸发器流到底槽里，这时海水温度降低，经水泵打入储水罐内继续加热，如此循环，可不断得到淡化水。

9.4.6 与常规装置相结合的太阳能海水淡化系统

近年来，由于中温太阳能集热器的应用日益普及，比如真空管集热器、槽形抛物面型集热器以及中温大型太阳池等，使得建立在较高温度段（≥75℃）运行的太阳能蒸馏器成为可能，也使以太阳能作为能源，与常规海水淡化系统相结合变成现实，而且正在成为太阳能海水淡化研究中的一个很活跃的课题。由于太阳能集热器供热温度的提高，太阳能几乎可以与所有传统的海水淡化系统相结合（传统的以电能为主的海水淡化系统在此暂不考虑）。已经取得阶段性成果并有推广前景的主要有：太阳能多级闪蒸系统（图9-56）、太阳能多效蒸发系统（图9-57）和太阳能压缩蒸馏系统（图9-58）等。

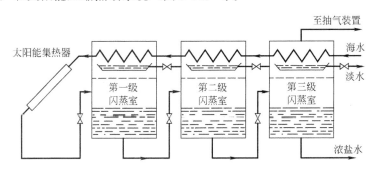

图 9-56　太阳能多级闪蒸系统示意图

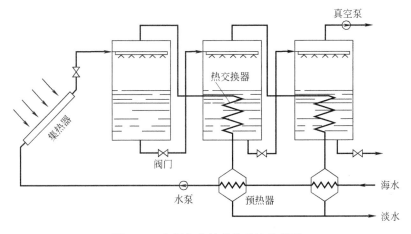

图 9-57　太阳能多效蒸发系统示意图

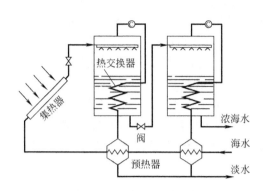

图 9-58　太阳能压缩蒸馏系统示意图

例如，科威特已建成了利用 $220m^2$ 的槽形抛物面太阳能集热器及一个 7000L 的贮热罐为多达十二级的闪蒸系统供热的太阳能海水淡化装置，每天可产近 10t 淡水。该装置可在夜间及太阳辐射不理想的情况下连续工作，其单位采光面积每天的产水量甚至超过传统太阳能蒸馏器产水量的 10 倍。可见，太阳能系统与常规海水淡化装置相结合的潜力是巨大的。理论计算表明，多效蒸发比多级闪蒸系统具有更多的优点，在拥有相同性能系数的条件下，它所需的级数更少、耗能更低，所需的外界功量也更少。太阳能蒸汽压缩系统也具有广阔的前景，特别在电能相对便宜的地区。

有报道指出，在各类多效蒸发系统中，多级堆积管式蒸发系统最适合以太阳能作为热源。这种装置有许多优点，其中最主要的一点是它能在输入蒸汽量为 0～100％ 之间的任何一点稳定运行，并能根据蒸汽量自动调整工作状态。而且它所需的供热温度在 70～100℃ 之间，这很容易用槽形抛物面或真空管太阳能集热器达到。

但是，在以上介绍的综合系统中，也存在着一些亟待解决的问题，比如：不利于小型化、设备投资费用较高、存在有一定的腐蚀结垢问题等。

习题

1. 与常规能源采暖系统相比，太阳能采暖系统有哪些特点？
2. 与传统的散热器采暖相比，地板辐射采暖具有哪些优点？
3. 非直接膨胀式太阳能热泵采暖系统的主要优缺点是什么？
4. 简述太阳能溴化锂吸收式制冷系统结构及原理。
5. 简述太阳能吸附式制冷系统的工作原理。
6. 太阳能热动力发电系统一般由哪几个部分组成？
7. 太阳能热动力发电有哪几种方法？试说明每种方法的发电原理。
8. 反射镜是太阳能热动力发电系统中的关键设备之一，试说明太阳能热动力发电中反射镜的种类及结构。
9. 试说明斯特林发动机的原理。
10. 光伏发电、光热发电都是利用太阳能发电，差别在于利用的原理不同。那么，两者各自的优劣势是什么呢?

11.聚光集热器是太阳能热动力发电技术中的关键部件，太阳能热动力发电主要包括哪些技术路线？

12.试分析传统太阳能蒸馏器单位面积产量过低的原因。

13.试提出一两种热法和膜法相结合的太阳能海水淡化技术。

附　录

附表1　我国的太阳能资源区划指标

资源区划代号	名称	年太阳辐照量/[MJ/(m²·a)]	资源区划代号	名称	年太阳辐照量/[MJ/(m²·a)]
Ⅰ	资源极富区	≥6700	Ⅲ	资源较富区	4200~<5400
Ⅱ	资源丰富区	5400~<6700	Ⅳ	资源一般区	<4200

附表2　我国的太阳能资源分区及分区特征

分区	年太阳辐照量/[MJ/(m²·a)]	主要地区	月平均气温≥10℃，日照时数≥6h的天数
资源极富区	≥6700	新疆南部、甘肃西北一角	275左右
		新疆南部、西藏北部、青海西部	275~325
		甘肃西部、内蒙古巴彦淖尔市西部、青海一部分	275~325
		青海南部	250~300
		青海西南部	250~275
		西藏大部分	250~300
		内蒙古乌兰察布市、巴彦淖尔市及鄂尔多斯市一部分	>300
资源丰富区	5400~<6700	新疆北部	275左右
		内蒙古呼伦贝尔市	225~275
		内蒙古锡林郭勒盟、乌兰察布市、河北北部一隅	>275
		山西北部、河北北部、辽宁部分	250~275
		北京、天津、山东西北部	250~275
		内蒙古鄂尔多斯市大部分	275~300
		陕北及甘肃东部一部分	225~275
		青海东部、甘肃南部、四川西部	200~300
		四川南部、云南北部一部分	200~250
		西藏东部、四川西部和云南北部一部分	<250
		福建、广东沿海一带	175~200
		海南	225左右
资源较富区	4200~<5400	山西南部、河南大部分及安徽、山东、江苏部分	200~250
		黑龙江、吉林大部分	225~275
		吉林、辽宁、长白山地区	<225
		湖南、安徽、江苏南部、浙江、江西、福建、广东北部、湖南东部和广西大部分	150~200

续表

分区	年太阳辐照量/ [MJ/(m² · a)]	主要地区		月平均气温≥10℃, 日照时数≥6h 的天数
资源较富区	4200～＜5400	湖南西部、广西北部一部分		125～150
		陕西南部		125～175
		湖北、河南西部		150～175
		四川西部		125～175
		云南西南一部分		175～200
		云南东南一部分		175 左右
		贵州西部、云南东南一隅		150～175
		广西西部		150～175
资源一般区	＜4200	四川、贵州大部分		＜125
		成都平原		＜100

附表 3　大气层外月平均日太阳辐照量 H_0

（太阳常数＝1367W/m²）　　　　　　　单位：MJ/(m² · d)

纬度/ (°)	大气层外月平均日太阳辐照量											
	1 月	2 月	3 月	4 月	5 月	6 月	7 月	8 月	9 月	10 月	11 月	12 月
60.0	3.5	8.2	16.7	27.3	36.3	40.6	38.4	30.6	20.3	10.7	4.5	2.3
55.0	6.1	11.2	19.6	29.3	37.2	40.8	39.0	32.2	22.9	13.6	7.2	4.8
50.0	9.1	14.2	22.3	31.2	38.1	41.1	39.6	33.7	25.3	16.6	10.2	7.6
45.0	12.1	17.2	24.8	32.9	38.8	41.3	40.0	35.0	27.5	19.4	13.2	10.5
40.0	15.1	20.1	27.2	34.3	39.3	41.3	40.2	36.1	29.5	22.1	16.2	13.6
35.0	18.1	22.8	29.3	35.5	39.5	41.1	40.2	36.9	31.3	24.7	19.1	16.7
30.0	21.1	25.5	31.2	36.4	39.6	40.7	40.0	37.5	32.9	27.1	22.0	19.7
25.0	23.9	27.9	32.9	37.1	39.4	40.0	39.6	37.8	34.2	29.3	24.8	22.6
20.0	26.7	30.2	34.4	37.5	38.9	39.1	38.9	37.8	35.3	31.3	27.4	25.5
15.0	29.3	32.3	35.5	37.6	38.1	38.0	37.9	37.6	36.1	33.1	29.8	28.2
10.0	31.7	34.1	36.4	37.5	37.1	36.6	36.7	37.1	36.6	34.6	32.1	30.8
5.0	33.9	35.7	37.1	37.1	35.9	35.0	35.3	36.3	36.8	35.9	34.1	33.1
0.0	35.9	37.0	37.4	36.4	34.4	33.2	33.6	35.3	36.8	36.9	36.0	35.3
-5.0	37.6	38.1	37.5	35.4	32.7	31.1	31.7	34.1	36.5	37.7	37.5	37.3
-10.0	39.1	38.9	37.3	34.2	30.7	28.9	29.6	32.6	35.9	38.1	38.9	39.0
-15.0	40.4	39.4	36.8	32.7	28.6	26.5	27.4	30.8	35.0	38.3	39.9	40.4
-20.0	41.4	39.6	36.0	31.0	26.3	23.9	24.9	28.8	33.9	38.2	40.7	41.7
-25.0	42.1	39.6	35.0	29.0	23.8	21.3	22.3	26.7	32.5	37.8	41.3	42.6
-30.0	42.5	39.3	33.7	26.9	21.2	18.5	19.7	24.3	30.9	37.2	41.5	43.3
-35.0	42.7	38.7	32.1	24.5	18.4	15.7	16.9	21.8	29.0	36.3	41.5	43.8
-40.0	42.7	37.8	30.3	22.0	15.6	12.8	14.0	19.2	27.0	35.1	41.3	44.0

续表

纬度/	大气层外月平均日太阳辐照量											
(°)	1月	2月	3月	4月	5月	6月	7月	8月	9月	10月	11月	12月
-45.0	42.4	36.7	28.3	19.4	12.8	9.9	11.2	16.5	24.7	33.7	40.8	44.0
-50.0	41.9	35.3	26.1	16.6	9.9	7.1	8.3	13.6	22.2	32.0	40.1	43.8
-55.0	41.3	33.8	23.6	13.7	7.1	4.5	5.6	10.8	19.6	30.2	39.2	43.5
-60.0	40.6	32.1	21.0	10.8	4.4	2.1	3.1	7.9	16.8	28.1	38.3	43.2

附表4 常用显热储存材料的物理性质

储热材料	密度 ρ/ (kg/m^3)	比热容 C/ $[kJ/(kg \cdot ℃)]$	容积比热容 ρC/ $[kJ/(m^3 \cdot ℃)]$	热导率 λ/ $[W/(m \cdot ℃)]$	备注
水	1000	4.18	4180	2.1	
防冻液 (35%乙二醇水溶液)	1058	3.60	3810	0.18	
砾石	1850	0.92	1700	1.2~1.3	干燥
沙子	1500	0.92	1380	1.1~1.2	干燥
土	1300	0.92	1200	1.9	干燥
土	1100	1.38	1520	4.6	湿润
混凝土块	2200	0.84	1840	5.9	空心块
砖	1800	0.84	1340	2.0	
陶器	2300	0.84	1920	3.2	瓦
玻璃	2500	0.75	1880	2.8	
铁	7800	0.46	3590	170	
铝	2700	0.90	2420	810	
松木	530	1.25	665	0.49	
硬纤维板	500	1.26	628	0.33	
塑料	1200	1.26	1510	0.84	
纸	1000	0.84	837	0.42	

附表5 固体储热材料的物理性质

固体储热材料	密度(50~100℃)/ (kg/m^3)	比热容(50~100℃)/ $[kJ/(kg \cdot ℃)]$	容积比热容(50~100℃)/ $[kJ/(m^3 \cdot ℃)]$
铝	2700	0.88	2376
硫酸铝	2710	0.75	2031
氧化铝	3900	0.84	3276
砖	1698	0.84	1426
氯化钙	2510	0.67	1682
干土	1698	0.84	1426
氧化镁	3570	0.96	3427

续表

固体储热材料	密度(50～100℃)/ (kg/m³)	比热容(50～100℃)/ [kJ/(kg·℃)]	容积比热容(50～100℃)/ [kJ/(m³·℃)]
氯化钾	1980	0.67	1327
硫酸钾	2660	0.92	2447
碳酸钠	2510	1.09	2736
氯化钠	2170	0.92	1996
硫酸钠	2700	0.92	2484
铸铁	7754	0.46	3567
河卵石	2245～2566	0.71～0.92	1594～2361

附表6　常用无机盐水合物的热物理性质

水合物 分子式	结晶水 的变化	熔点/℃	熔解潜热/ (kJ/kg)	熔解焓/ (kJ/℃)	固态比热容/ [kJ/(kg·℃)]	液态比热容/ [kJ/(kg·℃)]	密度/ (kg/m³)	溶解度/ %
$Ba(OH)_2$	0～8	72	301	270	1.17		2130	>50
$CaCl_2$	2～6	29.5	180	123	1.46	2.30	1680	>56
$Ca(NO_3)_2$	2～4	39.7	140	105	1.46		1820	>74
$Cd(NO_3)_2$	3～4	59.5	106	98.3	1.09	1.59	2450	>73
$Cd(NO_3)_2$	4～6	57	127	112	1.55	2.10	1870	>61
$CuSO_4$	1～7	96	170	132			1950	>45
$Cu(NO_3)_2$	4～6	24	123	123	1.38	2.01	2070	>62
$FeCl_3$	0～6	37	226	197				>70
$LiNO_3$	0～3	30	297	120				>61
$Mg(NO_3)_2$	4～6	90	160	113	2.26	3.68	1460	>65
$MgSO_4$	1～7	48	202	157	1.51		1460	>39
$MgCl_2$	4～6	117	172	90.4	1.59	3.68	1560	>50
$MnCl_2$	2～4	58	178	107			2010	>52
$Mn(NO_3)_2$	2～3	35.5	102	87.9	1.42	1.72		极易溶
$Mn(NO_3)_2$	4～6	26	140	134			1820	>67
$NaC_2H_3O_2$	0～3	58	180	87.9	1.97	3.35	1450	>60
$NaOH$	0～1	64	272	46.9				>75
Na_2CO_3	1～10	34	251	237	1.88	3.35	1440	>34
Na_2CrO_4	4～10	20	163	192			1480	>48
Na_2HPO_4	2～12	36.5	264	276	1.55	3.18	1520	>44
Na_3PO_4	2～12	70	220	243			1640	>44
$Na_2S_2O_3$	0～5	49	213	155	1.65	2.38	1680	>67
Na_2SO_4	0～10	32.4	251	266	1.78	3.31	1460	>34
$Ni(NO_3)_2$	4～6	57	152	139	1.59	3.10	2050	>64
$Zn(NO_3)_2$	4～6	36.4	130	121	1.34	2.26	2070	>67

附表 7　液态金属的热物理性质

金属名称及其熔、沸点	$T/℃$	$\rho/$ (kg·m^{-3})	$\lambda/$ (W·m^{-1}·K^{-1})	$C_p/$ (kJ·kg^{-1}·K^{-1})	$\nu/$ ($\times10^8$m^2·s^{-1})	$\alpha/$ ($\times10^6$m^2·s^{-1})
汞 熔点-38.9℃ 沸点357℃	20	13550	7.90	0.139	11.4	4.36
	100	13350	8.95	0.1373	9.4	4.89
	150	13230	9.65	0.1373	8.6	5.30
	200	13120	10.3	0.1373	8.0	5.72
	300	12880	11.7	0.1373	7.1	6.64
锡 熔点231.9℃ 沸点2270℃	250	6980	34.1	0.255	27.0	19.2
	300	6940	33.7	0.255	24.0	19.0
	400	6865	33.1	0.255	20.0	18.9
	500	6790	32.6	0.255	17.3	18.8
铋 熔点271℃ 沸点1477℃	300	10030	13.0	0.151	17.1	8.61
	400	9910	14.4	0.151	14.2	9.72
	500	9785	15.8	0.151	12.2	10.8
	600	9660	17.2	0.151	10.8	11.9
锂 熔点179℃ 沸点1317℃	200	515	37.2	3.600	111.0	17.2
	300	505	39.0	3.600	92.7	18.3
	400	495	41.9	3.600	81.7	20.3
	500	434	45.3	3.600	73.4	22.3
铋铅(56.5%Bi) 熔点123.5℃ 沸点1670℃	150	10550	9.8	0.146	28.9	6.39
	200	10490	10.3	0.146	24.3	6.67
	300	10360	11.4	0.146	18.7	7.50
	400	10240	12.6	0.146	15.7	8.33
	500	10120	14.0	0.146	13.6	9.44
钠钾(25%Na) 熔点-11℃ 沸点784℃	100	852	23.2	1.143	60.7	26.9
	200	828	24.5	1.072	45.2	27.6
	300	808	25.8	1.038	36.6	31.0
	400	778	27.1	1.005	30.8	34.7
	500	753	28.4	0.967	26.7	39.0
	600	729	29.6	0.934	23.7	43.6
	700	704	30.9	0.900	21.4	48.8
钠 熔点97.8℃ 沸点883℃	150	916	84.9	1.356	59.4	68.3
	200	903	81.4	1.327	50.6	67.8
	300	878	70.9	1.281	39.4	63.0
	400	854	63.9	1.273	33.0	58.9
	500	829	57.0	1.273	28.9	54.2
钾 熔点64℃ 沸点760℃	100	819	46.6	0.805	55.0	70.7
	250	783	44.8	0.783	38.5	73.1
	400	747	39.4	0.775	29.6	68.6
	750	678	28.4	0.769	20.2	54.2

附表 8　冷水计算温度　　　　　　　　　　　　　　　　单位：℃

区域	省、市、自治区		地面水	地下水	区域	省、市、自治区		地面水	地下水
东北	黑龙江			6~10	东南	浙江		5	15~20
	吉林					江苏	偏北	4	10~15
	辽宁	大部					大部	5	15~20
		南部		10~15		江西	大部		
华北	北京		4	10~15		安徽	大部		
	天津					福建	北部		
	河北	北部		6~10			南部	10~15	20
		大部		10~15		台湾		10~15	20
	山西	北部		6~10	中南	河南	北部	4	10~15
		大部		10~15			南部	5	15~20
	内蒙古			6~10		湖北	东部	5	
西北	陕西	偏北	4	6~10			西部	7	
		大部		10~15		湖南	东部	5	
		秦岭以南	7	15~20			西部	7	
	甘肃	南部	4	10~15		广东、港澳		10~15	20
		秦岭以南	7	15~20		海南		15~20	17~22
	青海	偏东		10~15	西南	重庆		7	15~20
	宁夏	偏东	4	6~10		贵州			
		南部		10~15		四川	大部		
	新疆	北疆	5	10~11		云南	大部		
		南疆	—	12			南部	10~15	20
		乌鲁木齐	8			广西	大部		
东南	山东		4	10~15			偏北	7	15~20
	上海		5	15~20		西藏		—	5

附表 9　热水用水定额

序号	建筑物名称及分类		单位	用水定额/L		使用时间/h
				最高日	平均日	
1	普通住宅	有热水器和淋浴设备	每人每日	40~80	20~60	24
		有集中热水供应(或家用热水机组)和淋浴设备		60~100	25~70	
2	别墅		每人每日	70~110	30~80	24
3	酒店式公寓		每人每日	80~100	65~80	24
4	宿舍	居室内设卫生间	每人每日	70~100	40~55	24 或定时供应
		设公用盥洗卫生间		40~80	35~45	
5	招待所、培训中心、普通旅馆	设公用盥洗室	每人每日	25~40	20~30	24 或定时供应
		设公用盥洗室、淋浴室		40~60	35~45	
		设公用盥洗室、淋浴室、洗衣室		50~80	45~50	
		设单独卫生间、公用洗衣室		60~100	50~70	

序号	建筑物名称及分类		单位	用水定额/L		使用时间/h
				最高日	平均日	
6	宾馆	旅客房间	每床位每日	120～160	110～140	24
		员工房间	每人每日	40～50L	35～40	8～10
7	医院住院部	设公用盥洗室	每床位每日	60～100	40～70	24
		设公用盥洗室、淋浴室		70～130	65～90	
		设单独卫生间		110～200	110～140	
		医务人员	每人每班	70～130	65～90	8
	门诊部、诊疗所	病人	每病人每次	7～13	3～5	8～12
		医务人员	每人每班	40～60	30～50	8
		疗养院、休养所住房部	每床位每日	100～160	90～110	24
8	养老院、托老所	全托	每床位每日	50～70	45～55	24
		日托		25～40	15～20	10
9	幼儿园、托儿所	有住宿	每儿童每日	25～50	20～40	24
		无住宿		20～30	15～20	10
10	公共浴室	淋浴	每顾客每次	40～60	35～40	12
		淋浴、浴盆		60～80	55～70	
		桑拿浴(淋浴、按摩池)		70～100	60～70	
11	理发室、美容院		每顾客每次	20～45	20～35	12
12	洗衣房		每千克干衣	15～30	15～30	8
13	餐饮厅	中餐酒楼	每顾客每次	15～20	8～12	10～12
		快餐店、职工及学生食堂		10～12	7～10	12～16
		酒吧、咖啡厅、茶座、卡拉OK房		3～8	3～5	8～18
14	办公楼	坐班制办公	每人每班	5～10	4～8	8～10
		公寓式办公	每人每日	60～100	25～70	10～24
		酒店式办公		120～160	55～140	24
15	健身中心		每人每次	15～25	10～20	8～12
16	体育场(馆)	运动员淋浴	每人每次	17～25	15～20	4
17	会议厅		每座位每次	2～3	2	4

注：1.热水温度按60℃计。

2.学生宿舍使用IC卡计费用热水时，可按每人每日最高日用水定额25～30L、平均日用水定额20～25L。

3.表中平均日用水定额仅用于计算太阳能热水系统集热器面积和计算节水用水量。

附表10　卫生器具热水的一次和小时用水定额及使用水温

序号	卫生器具名称		一次用水量/L	小时用水量/L	使用水温/℃
1	住宅、旅馆、别墅、宾馆、酒店式公寓	有淋浴器的浴盆	150	300	40
		无淋浴器的浴盆	125	250	
		淋浴器	70～100	140～200	37～40
		洗脸盆、盥洗槽水嘴	3	30	30
		洗涤盆(池)	—	180	50

续表

序号	卫生器具名称			一次用水量/L	小时用水量/L	使用水温/℃
2	宿舍、招待所、培训中心	淋浴器	有淋浴小间	70~100	210~300	37~40
			无淋浴小间	—	450	
		盥洗槽水嘴		3~5	50~80	30
3	餐饮业	洗脸盆	工作人员用	3	60	30
			顾客用	—	120	
		淋浴器		40	400	37~40
4	幼儿园、托儿所	浴盆	幼儿园	100	400	35
			托儿所	30	120	
		淋浴器	幼儿园	30	180	
			托儿所	15	90	
		盥洗槽水嘴		15	25	30
		洗涤盆(池)		—	180	50
5	医院、疗养院、休养所	洗手盆			15~25	30
		洗涤盆(池)		—	300	50
		淋浴器			200~300	37~40
		浴盆		120~150	250~300	40
6	公共浴室	浴盆		125	250	40
		淋浴器	有淋浴小间	100~150	200~300	37~40
			无淋浴小间	—	450~540	
		洗脸盆		5	50~80	35
7	办公楼	洗手盆		—	50~100	35
8	理发室、美容院	洗脸盆		—	35	35
9	实验室	洗脸盆		—	60	50
		洗手盆			15~25	30
10	剧场	淋浴器		60	200~400	37~40
		演员用洗脸盆		5	80	35
11	体育场馆	淋浴器		30	300	35
12	工业企业生活间	淋浴器	一般车间	40	360~540	37~40
			脏车间	60	180~480	40
		洗脸盆	一般车间	3	90~120	30
		盥洗槽水嘴	脏车间	5	100~150	35
13	净身器			10~15	120~180	30

注：1.一般车间指现行国家标准《工业企业设计卫生标准》(GBZ 1—2010)中规定的3、4级卫生特征的车间，脏车间指该标准中规定的1、2级卫生特征的车间。

2.学生宿舍等建筑的淋浴间，当使用IC卡计费用水时，其一次用水量和小时用水量可按表中数值的25%~40%取值。

附表 11　热水小时变化数 K_h 值

类别	住宅	别墅	酒店式公寓	宿舍(居室内设卫生间)	招待所、培训中心、普通旅馆	宾馆	医院、疗养院	幼儿园、托儿所	养老院
热水用水定额/[L/人(床)·d]	60~100	70~110	80~100	70~100	25~40 40~60 50~80 60~100	120~160	60~100 70~130 110~200 100~160	20~40	50~70
使用人(床)数	100~6000	100~6000	150~1200	150~1200	150~1200	150~1200	50~1000	50~1000	50~1000
K_h	4.80~2.75	4.21~2.47	4.00~2.58	4.80~3.20	3.84~3.00	3.33~2.60	3.63~2.56	4.80~3.20	3.20~2.74

注：1.小时变化数应根据热水用水定额高低、使用人（床）数多少取值，当热水用水定额高、使用人（床）数多时取低值，反之取高值；使用人（床）数小于等于下限值及大于等于上限值的，K_h 就取下限值或上限值，其他情况下可采用内插法取值。

2.设有全日集中热水供应系统的办公楼、公共浴室等表中未列出的其他类别建筑，K_h 可按给水的小时变化数选取。

附表 12　直接供应热水的热水锅炉、热水机组或水加热器的最高水温和配水点的最低水温

水质处理情况	热水锅炉、热水机组或水加热器出口的最高水温/℃	配水点的最低水温/℃
原水水质无需软化处理、原水水质需水质处理且有水质处理	75	50
原水水质需水质处理但未进行水质处理	60	50

注：1.当热水供应系统只供淋浴和盥洗用水，不供洗涤盆（池）洗涤用水时，配水点最低水温可不低于 40℃。

2.局部热水供应系统和以热力管网热水作热媒的热水供应系统，配水点最低水温为 50℃。

3.从安全、卫生、节能、防垢等考虑，适宜的热水供应温度为 55~60℃。

4.医院的水加热温度不宜低于 60℃。

附表 13　乙二醇防冻液冰点和浓度的关系

冰点/℃	乙二醇浓度/%	20℃时的密度/(kg/L)	冰点/℃	乙二醇浓度/%	20℃时的密度/(kg/L)
-10	28.4	1.0340	-35	50.0	1.0671
-15	32.8	1.0426	-40	54.0	1.0713
-20	38.5	1.0506	-45	57.0	1.0746
-25	45.3	1.0586	-50	59.0	1.0786
-30	47.8	1.0627			

参考文献

[1] DUFFIE J A, BECKMAN W A. Solar Engineering of Thermal Processes [M]. 4th ed. New York: John Wiley & Sons, 2013.

[2] 陈仲能, 邓先瑞. 太阳辐射与热能 [M]. 北京: 高等教育出版社, 1989.

[3] 左大康. 地球表层辐射研究 [M]. 北京: 科学出版社, 1991.

[4] 何利群, 丁立行. 太阳能建筑的热物理计算基础 [M]. 合肥: 中国科学技术大学出版社, 2011.

[5] 祝昌汉. 我国直射辐射的计算方法及其分布特征 [J]. 太阳能学报, 1988, 8 (1).

[6] 祝昌汉. 我国散射辐射的计算方法及其分布 [J]. 太阳能学报, 1984, 6 (3).

[7] 陈成钧. 太阳能物理 [M]. 连晓峰, 等译. 北京: 机械工业出版社, 2012.

[8] 何梓年. 太阳能热利用 [M]. 合肥: 中国科学技术大学出版社, 2009.

[9] 刘鉴民. 太阳能利用原理、技术、工程 [M]. 北京: 电子工业出版社, 2010.

[10] 葛绍岩, 那鸿悦. 热辐射性质及其测量 [M]. 北京: 科学出版社, 1989.

[11] 罗运俊, 何梓年, 王长贵. 太阳能利用技术 [M]. 北京: 化学工业出版社, 2005.

[12] 张鹤飞. 太阳能热利用原理与计算机模拟 [M]. 西安: 西北工业大学出版社, 2004.

[13] ZEKAI Ş. 太阳能基础理论与建模估算技术——大气、环境、气候变化和可再生能源 [M]. 付青, 译. 北京: 电子工业出版社, 2013.

[14] 中华人民共和国国家质量监督检验检疫总局, 中国国家标准化管理委员会. 太阳能热利用术语: GB/T 12936—2007 [S]. 北京: 中国标准出版社, 2007.

[15] 史月艳, 那鸿悦. 太阳光谱选择性吸收膜系设计、制备及测评 [M]. 北京: 清华大学出版社, 2009.

[16] 李云奇, 龚堡, 俞善庆. 真空镀膜技术与设备 [M]. 沈阳: 东北工学院出版社, 1992.

[17] 魏海波, 龚肖南, 孙清, 等. 真空磁控溅射法沉积平板集热器板芯选择性吸收涂层 [J]. 真空, 2010, 47 (3).

[18] 郭信章, 尹万里, 于凤勤, 等. 氮氧化铝选择性吸收膜组织结构的研究 [J]. 太阳能学报, 1992, 13 (4).

[19] 钟迪生. 真空镀膜——光学材料的选择与应用 [M]. 沈阳: 辽宁大学出版社, 2001.

[20] 杨世铭, 陶文铨. 传热学 [M]. 北京: 高等教育出版社, 2009.

[21] 孔珑. 工程流体力学 [M]. 北京: 中国电力出版社, 2007.

[22] 赵军, 马一太, 马远, 等. 分析太阳能平板集热器吸热板芯传热性能的一种简易方法 [J]. 太阳能学报, 2001, 22 (4).

[23] 王如竹, 代彦军. 太阳能制冷 [M]. 北京: 化学工业出版社, 2006.

[24] 郑宏飞, 何开岩, 陈子乾. 太阳能海水淡化技术 [M]. 北京: 北京理工大学出版社, 2005.

[25] 薛德千. 太阳能制冷技术 [M]. 北京: 化学工业出版社, 2006.

[26] BONG T Y, NG K C, BAO H. Thermal performance of a flat-plate heat-pipe collector array [J]. Solar Energy, 1993, 50 (6).

[27] 俞金娣, 张鹤飞. 计算太阳能集热器性能的实用公式及其应用 [J]. 太阳能学报, 1995, 16 (4).

[28] 王瑞平. 平板型太阳能集热器效率分析 [J]. 西安科技学院学报, 2002, 23 (3).

[29] 张鹤飞.用无因次参数确定平板集热器的热迁移因子 [J].太阳能学报，1988，9 (2).

[30] 中华人民共和国国家质量监督检验检疫总局，中国国家标准化管理委员会.平板型太阳能集热器：GB/T 6424—2007 [S].北京：中国标准出版社，2007.

[31] 中华人民共和国国家质量监督检验检疫总局，中国国家标准化管理委员会.太阳能集热器热性能试验方法：GB/T 4271—2007 [S].北京：中国标准出版社，2008.

[32] MOUMMI N，YOUSEF-ALI S，MOUMMI A，et al . Energy analysis of a solar air collector with rows of fins [J]. Renewable Energy，2004，29 (13).

[33] 吴振一，窦建清.全玻璃真空太阳集热管热水器及热水系统 [M].北京：清华大学出版社，2008.

[34] 何梓年，李炜，朱敦智.热管式真空管太阳能集热器及其应用 [M].北京：化学工业出版社，2011.

[35] TABASSUM S A，et al. Heat removal from a solar energy collector with a heat-pipe absorber [J]. Solar & Wind Technology，1988，5.

[36] 中华人民共和国国家质量监督检验检疫总局，中国国家标准化管理委员会.玻璃-金属封接式热管真空太阳集热管：GB/T 19775—2005 [S].北京：中国标准出版社，2005.

[37] 中华人民共和国国家质量监督检验检疫总局，中国国家标准化管理委员会.全玻璃真空太阳集热管：GB/T 17049—2005 [S].北京：中国标准出版社，2005.

[38] 李明，夏朝凤.槽式聚光集热系统加热真空管的特性及应用研究 [J].太阳能学报，2006，27 (1).

[39] 刘鉴民.太阳能热动力发电技术 [M].北京：化学工业出版社，2012.

[40] KALAELVAM S，PARAMESHWARAN R. Thermal energy storage technologies for Sustainability：syetems design，assessment and applications [M]. Amsterdam：Elsevier Inc.，2014.

[41] WELFORD W T，WINSTON R. 非成象聚光器光学 [M].王国强，译.北京：科学出版社，1987.

[42] EAMES P C，NORTON B. Details parametric analysis of heat transfer in CPC solar energy collectors [J]. Solar Energy，1993，50.

[43] 方贵银，等.蓄能空调技术 [M].北京：机械工业出版社，2006.

[44] 张雄，张永娟.建筑节能技术与节能材料 [M].北京：化学工业出版社，2009.

[45] 伊松林，张璧光.太阳能及热泵干燥技术 [M].北京：化学工业出版社，2011.

[46] 郭茶秀，魏新利.热能存贮技术与应用 [M].北京：化学工业出版社，2005.

[47] 崔海亭，杨锋.蓄热技术及其应用 [M].北京：化学工业出版社，2004.

[48] 张寅平，胡汉平，孔祥东，等.相变贮能——理论和应用 [M].合肥：中国科学技术大学出版社，1996.

[49] 樊栓狮，梁德清，杨向阳，等.储能材料与技术 [M].北京：化学工业出版社，2004.

[50] 培克曼 G，吉利 P V.蓄热技术及其应用 [M].程祖虞，昊士光，译.北京：机械工业出版社，1989.

[51] 陆学善.相图与相变 [M].合肥：中国科学技术大学出版社，1990.

[52] 丁静，魏小兰，彭强，等.中高温传热蓄热材料 [M].北京：科学出版社.2013.

[53] 张秀荣，朱冬生，高进伟，等.石墨/石蜡复合相变储热材料的热性能研究 [J].材料研究学报，2010，24 (3).

[54] 张正国，王学泽，方晓明.石蜡/膨胀石墨复合相变材料的结构与热性能 [J].华南理工大学学报，2006，34 (3).

[55] 李媛媛.相变储能复合材料的研究与制备 [D].北京：北京化工大学，2013.

[56] 夏莉，张鹏，周圆，等，石蜡与石蜡/膨胀石墨复合材料充/放热性能研究 [J].太阳能学报，2010，31 (5).

[57] 曾翠华.水合盐储能材料性能研究 [D].广州：广州工业大学，2005.

[58] 刘栋，徐云龙.成核剂对 $CaCl_2 \cdot 6H_2O$ 相变材料储热性能的影响 [J].太阳能学报，2007，28 (7).

[59] Solar heating-Domestic water heating systems-Part 2：Outdoor test methods for system performance characterization and yearly performance prediction of solar-only systems：ISO9459—2 [S]. 1995.

[60] 郑瑞澄.民用建筑太阳能热水系统工程技术手册 [M].北京：化学工业出版社，2011.

[61] 袁家普.太阳能热水系统手册 [M].北京：化学工业出版社，2009.

［62］　何梓年，朱敦智.太阳能供热采暖应用技术手册［M］.北京：化学工业出版社，2009.

［63］　中华人民共和国住房和城乡建设部.建筑给水排水设计标准：GB 50015—2019［S］.北京：中国计划出版社，2019.

［64］　高援朝，沙永玲，王建新.太阳能热利用技术与施工［M］.北京：人民邮电出版社，2010.

［65］　贾英洲.太阳能供暖系统设计与安装［M］.北京：人民邮电出版社，2011.

［66］　中华人民共和国住房和城乡建设部.民用建筑太阳能热水系统应用技术标准：GB 50364—2018［S］.北京：中国建筑工业出版社，2018.

［67］　中华人民共和国住房和城乡建设部.太阳能供热采暖工程技术标准：GB 50495—2019［S］.北京：中国建筑工业出版社，2019.

［68］　饶政华，李玉强，刘江维，等.太阳能热利用原理与技术［M］.北京：化学工业出版社，2020.